化妆品

功效评价与应用

Efficacy Evaluation and Application of Cosmetics

主　编　何　黎　刘　玮　李　利　赖　维
副主编　项蕾红　吴　艳　涂　颖

人民卫生出版社
·北京·

图书在版编目（CIP）数据

化妆品功效评价与应用 / 何黎等主编 . —北京：
人民卫生出版社，2024.1
ISBN 978-7-117-35356-4

Ⅰ. ①化… Ⅱ. ①何… Ⅲ. ①化妆品–效果–评价
Ⅳ. ①TQ658

中国国家版本馆 CIP 数据核字（2023）第 184512 号

人卫智网	www.ipmph.com	医学教育、学术、考试、健康， 购书智慧智能综合服务平台
人卫官网	www.pmph.com	人卫官方资讯发布平台

化妆品功效评价与应用
Huazhuangpin Gongxiao Pingjia yu Yingyong

主　　编：何　黎　刘　玮　李　利　赖　维
出版发行：人民卫生出版社（中继线 010-59780011）
地　　址：北京市朝阳区潘家园南里 19 号
邮　　编：100021
E - mail：pmph @ pmph.com
购书热线：010-59787592　010-59787584　010-65264830
印　　刷：北京顶佳世纪印刷有限公司
经　　销：新华书店
开　　本：787 × 1092　1/16　　印张：15
字　　数：365 千字
版　　次：2024 年 1 月第 1 版
印　　次：2024 年 2 月第 1 次印刷
标准书号：ISBN 978-7-117-35356-4
定　　价：188.00 元
打击盗版举报电话：010-59787491　E-mail：WQ @ pmph.com
质量问题联系电话：010-59787234　E-mail：zhiliang @ pmph.com
数字融合服务电话：4001118166　　E-mail：zengzhi @ pmph.com

编委名单

刁　萍　四川大学华西医院
刁庆春　重庆市中医院
马　琳　首都医科大学附属北京儿童医院
王　珊　首都医科大学附属北京儿童医院
王飞飞　云南贝泰妮生物科技集团股份有限公司
王晓莉　海军军医大学第二附属医院
王银娟　德之馨（中国）投资有限公司
卢永波　广东博溪生物科技有限公司
申春平　首都医科大学附属北京儿童医院
朱学骏　北京大学第一医院
仲少敏　北京大学第一医院
刘　玮　中国人民解放军空军特色医学中心
刘　苓　四川大学华西医院
刘海洋　中国科学院昆明植物研究所
许爱娥　杭州市第三人民医院
那　君　北京大学第一医院
严　欢　中国科学院昆明植物研究所
李　利　四川大学华西医院
杨　智　昆明医科大学第一附属医院
吴　艳　北京大学第一医院
吴文娟　昆明医科大学第一附属医院

何　黎　昆明医科大学第一附属医院
汪　洋　首都医科大学附属北京儿童医院
张　丽　中国医科大学附属第一医院
张　楠　四川大学华西医院
项蕾红　复旦大学附属华山医院
胡祥宇　重庆市中医院
顾　华　昆明医科大学第一附属医院
唐　洁　四川大学华西医院
唐海燕　重庆市中医院
涂　颖　昆明医科大学第一附属医院
谈益妹　上海市皮肤病医院
梅　蓉　四川大学华西医院
梅鹤祥　上海拜思丽实业有限公司
梁　虹　武汉大学人民医院
梁　源　首都医科大学附属北京儿童医院
舒晓红　四川大学华西医院
赖　维　中山大学附属第三医院
熊之洁　四川大学华西医院
熊丽丹　四川大学华西医院
樊国彪　上海市皮肤病医院
戴　杏　武汉大学人民医院

何黎,博士,博士研究生导师,国家二级教授,昆明医科大学第一附属医院云南省皮肤病医院执行院长,何梁何利基金奖获得者,国家卫生计生突出贡献中青年专家,享受国务院政府特殊津贴。教育部创新团队带头人、教育部省部共建协同创新中心负责人、国家临床重点专科负责人、全国痤疮研究中心首席专家、全国光医学及皮肤屏障研究中心负责人,云南省科技领军人才等。

担任亚太皮肤屏障研究会副主席,中华医学会皮肤性病学分会副主任委员,中国中西医结合学会皮肤性病专业委员会副主任委员,中国整形美容协会功效性化妆品分会会长,《中国皮肤性病学杂志》副主编;《中华皮肤科杂志》《临床皮肤科杂志》等国家级期刊编委。

在光损伤性皮肤病及功效性护肤品研究领域做出重要贡献。近5年围绕光损伤性皮肤病主持国家自然科学基金联合重点项目等20余项科研课题,在 *Nature Communications*、*Journal of Innovation and Development* 等期刊发表论文300余篇,主编出版专著及教材10部,主持或参与制定诊疗指南、专家共识10项,牵头制定功效性护肤品行业评价标准6项,获国家发明专利13项,获云南省科技进步奖特等奖、一等奖,创新团队一等奖。

先后获全国劳动模范、国之名医·卓越建树、全国教书育人十大楷模、全国优秀科技工作者、兴滇人才、云岭学者、云岭名医等荣誉称号。

刘玮，主任医师，教授，博士研究生导师，空军总医院皮肤病医院原院长、皮肤科主任。任中国医师协会皮肤科医师分会顾问，中华医学会医学美学及美容学分会副主任委员，中国整形美容协会标准化工作委员会会长，中国照明学会光生物和光化学专业委员会前主任委员等。现任中央军委保健委员会会诊专家，《中华皮肤科杂志》《临床皮肤科杂志》《中国皮肤性病学杂志》《中华医学美容杂志》等十余种期刊编委，2019年获"国之名医·卓越建树"荣誉称号。

长期从事皮肤病性病专业的医疗、科研和教学工作，主要研究方向为皮肤光生物学、化妆品皮肤不良反应及化妆品功效性评价，编写《化妆品皮肤病诊断标准及处理原则》等7项强制性国家标准。在国内外专业期刊发表学术论文100余篇，主编及主译著作20余部。代表著作有《现代美容皮肤科学基础》《皮肤科学与化妆品功效评价》。

　　李利,博士,博士研究生导师,四川大学华西医院皮肤科主任医师,化妆品评价中心主任。四川医学院 77 级医学专业,留学法国获博士学位(Ph. D)、皮肤科高级专业医师研修证书(AFSA)。四川省学术与技术带头人,国家药监局化妆品注册和备案检验检测机构(华西医院)技术负责人,国家药监局化妆品人体评价和大数据重点实验室(四川大学)主任。法国 FRANCHE-COMTÉ 大学名誉教授。任中国抗衰老促进会皮肤慢病管理与健康促进分会会长,中国整形美容协会医疗美容继续教育分会副会长,四川省医学会医学美学与美容学分会主任委员等学术职务,创建四川省医师协会皮肤科医师分会并担任首任会长。

　　主要研究方向为皮肤医学美容、化妆品人体功效与安全评价。创建"皮肤医学美容与化妆品"专业方向博士研究生培养点。连续 15 年主持国家继续医学教育项目"化妆品研发应用与皮肤无创测量技术培训班"。创建国家精品在线开放课程 / 本科一流课程和四川大学文化素质通识课程《化妆品赏析与应用》。围绕损容性疾病开展了系列研究,在干细胞逆转光损伤方面获得了令人鼓舞的研究成果。负责涵盖国家自然科学基金项目在内的纵横向课题 80 余项,主编、参编专著 20 余部,牵头编撰团体标准 4 项,专家共识、指南 5 项,发表论文 300 余篇(SCI 收录 90 余篇),担任《中华医学美学美容杂志》《中国皮肤性病学杂志》等十种期刊编委。

主编简介

赖维,博士,博士研究生导师,中山大学附属第三医院皮肤科原主任、化妆品检测中心主任。

任广东省医疗行业协会副会长兼皮肤科管理分会主任委员,广东医学会皮肤性病学分会名誉主任委员,中国中西医结合学会皮肤性病专业委员会化妆品学组副组长,中华医学会皮肤性病学分会常务委员兼皮肤美容学组组长,中国医师协会皮肤科医师分会第四、第五届委员会副会长兼青年委员会主任委员,中国医师协会美容与整形医师分会第四、第五、第六届委员会副会长,世界华人皮肤科医师协会副会长,国际皮肤科学会联盟(International League of Dermatological Societies, ILDS)、美国皮肤病学会(American Academy of Dermatology, AAD)及欧洲皮肤病与性病学会(European Academy of Dermatology and Venereology, EADV)国际会员等,并曾担任国家药监局化妆品标准专家委员会委员及化妆品评审专家。任《皮肤性病诊疗学杂志》副主编,《中华皮肤科杂志》《临床皮肤科杂志》《中国皮肤性病学杂志》等多种国内专业期刊编委及国际专业期刊审稿人。

从事化妆品皮肤病及化妆品功效与安全性评价工作20余年,共完成国内外8 000多种化妆品的安全性和功效评价工作,并参与了部分国家化妆品标准的制定,主持和承担了国家自然科学基金项目9项,卫生部、省科委及横向联合科研项目多项,主编、主译、副主编教材和专著12部,参与教材和编写著作18部,在国内外专业期刊发表论文200余篇(其中SCI收录80余篇)。主持和参与20多项皮肤病诊疗指南、专家共识和美容相关团体标准的制定。主要研究方向为皮肤光老化机制、化妆品功效与安全性评价、化妆品皮肤病及损容性皮肤病。

曾获中国优秀中青年皮肤科医师、岭南名医、羊城好医生等荣誉称号。

　　皮肤是人体最大的器官,覆盖人体表面,极易受到外界环境的影响,引起许多皮肤病,它既是解剖学和生理学上的重要器官,又是美的载体。研究表明,特应性皮炎、银屑病等多种皮肤病与内脏器官疾病密切相关,如银屑病可合并高血压、高脂血症等系统性疾病,特应性皮炎伴有肠道菌群失调。因此,维持皮肤正常生理功能,减少皮肤病的发生不仅是为了维持人体外在美,对全身系统性疾病的预防也可起到积极的作用。

　　早在我国古代,人们就已经使用天然植物、动物油脂、矿物质保护皮肤。近年来,随着皮肤病发病机制研究的深入,国内外学者逐渐发现某些化妆品具有修复皮肤屏障、舒缓皮肤敏感、抑制色素合成的功效,已用于临床皮肤病的辅助治疗。因此,在多个国际、国内指南和专家共识中均提及具有一定功效的化妆品可用于多种皮肤病的防治,极大地促进了全球化妆品的功效研发。特别是自20世纪70年代以来,精细化工技术、植物萃取技术的不断发展,为化妆品提供了越来越多的功效性活性原料,也赋予了化妆品越来越多的功效。但由于化妆品行业发展良莠不齐,化妆品导致的不良反应时有发生。为了缩短我国化妆品行业与国外的差距,促进我国化妆品行业的快速发展,2020年国务院颁布了《化妆品监督管理条例》,并进一步出台了《化妆品分类规则和分类目录》《化妆品功效宣称评价规范》《化妆品安全评估技术导则》等新规,给予化妆品研发及生产足够广阔的创新发展空间,同时按照相对严格的法规进行管理,进一步规范我国化妆品原料生产、配方设计、功效评价、生产、销售多个环节。

　　为了认真贯彻落实国家化妆品相关政策法规,让广大皮肤科医师、化妆品行业的从业人员系统了解化妆品的活性成分、种类、不同类型化妆品的功效评价、配方设计及在临床上科学合理地选择使用化妆品,特组织我国该领域专家编写此书。本书从我国最新的化妆品相关政策法规、皮肤的结构及其生理功能、不同类型化妆品的活性成分及其功效评价、适用于皮肤病防治及特殊人群的化妆品配方设计,以及化妆品的临床应用等方面进行系统阐述。希望通过本书的出版,让更多皮肤科医师熟练地掌握功效性护肤品的合理应用,让科研院所及企业有针对性地筛选出品质好的化妆品原料,提高研发及生产功效性护肤品的品质,保证化妆品的安全性,更好地服务于广大人民群众。

　　全书内容虽然经过反复推敲,多次修改和完善,但由于水平有限,难免有不妥之处,恳望各位同仁及读者提出宝贵意见,以便再版时修改。

何　黎　刘　玮　李　利　赖　维

2023 年 12 月 20 日

第 一 章

化妆品概述

第一节　化妆品范畴

　　自古至今,人们对美的追求从未停歇,在原始社会,人们把动物油脂涂抹在皮肤上,使肤色健美有光泽。在古代,人们用牛奶洗浴,保持躯体润滑。随着化学工业的不断发展,20 世纪 70 年代,人们将石油化工合成的原料用于化妆品生产,但化工合成原料导致不良反应的发生,促使人们将目光转到天然成分的研发,从陆地到海洋,从植物到动物,随着萃取技术的不断发展,各种天然成分被用于化妆品的配方中,逐渐形成化妆品发展的主流。为了保证天然护肤原料的相互融合,各种添加剂也不断地应用到化妆品的生产中,导致很多化妆品虽然声称天然,但并不一定是纯天然。某些化妆品基质中的化学添加剂也造成了皮肤损伤,化妆品不良反应频发。2010 年"零负担"产品开始在欧美流行并逐渐得到人们的认可,人们在选择化妆品时希望产品成分更为温和,对皮肤刺激性小,同时,随着化妆品市场的不断细分,不同类型的化妆品也相继孕育而生。本章将就我国化妆品范畴的由来以及国内外化妆品相关管理法规进行阐述,为后续化妆品功效研究与应用奠定基础。

一、我国化妆品范畴

(一)化妆品的概念

　　2020 年 6 月 29 日国务院发布的《化妆品监督管理条例》指出,化妆品是指以涂擦、喷洒或者其他类似方法,施用于皮肤、毛发、指甲、口唇等人体表面,以清洁、保护、美化、修饰为目的的日用化学工业产品。

　　从定义上看,化妆品的使用部位不仅为人体皮肤,还包括毛发、指(趾)甲,甚至牙齿。使用的方式包括人们最常用的涂擦方式,以及喷洒、含漱等形式。使用化妆品的目的不仅有清洁、美容、保护皮肤,还有改变外观、修正气味等功效。可以看出,化妆品的范畴很广,包括护肤、洗发、漱口、香水、护甲及美甲等类型的产品。

　　根据《化妆品分类》(GB/T 18670—2017),按照化妆品使用部位可分为皮肤用化妆品、发用化妆品等。本书着重阐述的为皮肤用化妆品,称为护肤品。传统意义上的护肤品具有清洁、补水、保湿、防晒等功效,满足人们对皮肤护理的基础需求,经常使用具有护肤、美容、保持年轻化等作用。

(二)特殊化妆品

　　1989 年 9 月 26 日国务院批准,1989 年 11 月 13 日卫生部发布的《化妆品卫生监督条例》规定特殊用途化妆品是指用于育发、染发、烫发、脱毛、美乳、健美、除臭、祛斑、防晒的化妆品。

1991年3月27日卫生部发布的《化妆品卫生监督条例实施细则》(卫生部令第13号)规定:特殊用途化妆品投放市场前必须进行产品卫生安全性评价。特殊用途化妆品的人体试用或斑贴试验,应当在产品通过初审后,在国务院卫生行政部门批准的单位进行。特殊用途化妆品审查批准程序中所提交的材料包括:产品名称,产品成分、限用物质含量,制备工艺简述和简图,育发、健美、美乳产品主要成分使用依据及文献资料,产品卫生安全性评价资料,产品样品及其检验报告书,产品使用说明书(或其草案)、标签及包装设计、包装材料。

2020年颁布的《化妆品监督管理条例》中第十六条将化妆品区分为普通化妆品及特殊化妆品,美白、防晒类护肤品仍属于特殊化妆品,但增加了"宣称新功效的化妆品"为特殊化妆品;并在第二十二条中规定:化妆品的功效宣称应当有充分的科学依据。化妆品注册人、备案人应当在国务院药品监督管理部门规定的专门网站公布功效宣称所依据的文献资料、研究数据或者产品功效评价资料的摘要,接受社会监督。

2021年4月国家药品监督管理局连续出台了三条新规《化妆品分类规则和分类目录》《化妆品功效宣称评价规范》《化妆品安全评估技术导则》。在《化妆品分类规则和分类目录》中第三条规定:化妆品注册人、备案人应当根据化妆品功效宣称、作用部位、使用人群、产品剂型和使用方法,按照本规则和目录进行分类编码。第五条规定:化妆品应当根据功效宣称分类目录所列的功效类别选择对应序号,功效宣称应当有充分的科学依据。第九条规定:功效宣称、作用部位或者使用人群编码中出现字母的,应当判定为宣称新功效的化妆品。

在国家药品监督管理局关于发布《化妆品功效宣称评价规范》的公告中要求:自2022年1月1日起,化妆品注册人、备案人申请特殊化妆品注册或者进行普通化妆品备案的,应当依据《化妆品功效宣称评价规范》的要求对化妆品的功效宣称进行评价,并在国家药品监督管理局指定的专门网站上传产品功效宣称依据的摘要。功效宣称的化妆品种类包括:防脱发、祛斑美白、防晒、祛痘、修护、舒缓、抗皱、紧致、控油、去角质、防断发、去屑、保湿、护发、宣称适用于敏感皮肤、宣称温和无刺激、宣称无泪配方等。其中的第三条:本规范所称化妆品功效宣称评价,是指通过文献资料调研、研究数据分析或者化妆品功效宣称评价试验等手段,对化妆品在正常使用条件下的功效宣称内容进行科学测试和合理评价,并做出相应评价结论的过程。第五条:化妆品的功效宣称应当有充分的科学依据,功效宣称依据包括文献资料、研究数据或者化妆品功效宣称评价试验结果等。该规范对不同功效宣称的化妆品需要提交的功效宣称材料进行了规定(表1-1)。进行特定宣称的化妆品(如宣称适用敏感皮肤),应当通过人体功效评价试验或消费者使用测试的方式进行功效宣称评价。在《化妆品功效宣称评价规范》中还规定了关于化妆品新功效评价的要求:对于需要提交产品功效宣称评价资料的,应当由化妆品注册和备案检验机构按照强制性国家标准、技术规范规定的试验方法开展产品的功效评价,并出具报告。使用强制性国家标准、技术规范以外的试验方法,应当委托两家及以上的化妆品注册和备案检验机构进行方法验证,经验证符合要求的,方可开展新功效的评价,同时在产品功效宣称评价报告中阐明方法的有效性和可靠性等参数。因此,可以看出,国家对特殊化妆品的功效管理更加明确,监管力度也在不断增加,以促进我国具有功效宣称的化妆品更加科学、规范地发展,真正满足人民群众对美好生活的需求。

表 1-1 化妆品功效宣称评价项目要求

序号	功效宣称	人体功效评价试验	消费者使用测试	实验室试验	文献资料或研究数据
1	祛斑美白①	√			
2	防晒	√			
3	防脱发	√			
4	祛痘	√			
5	滋养②	√			
6	修护②	√			
7	抗皱	*	*	*	△
8	紧致	*	*	*	△
9	舒缓	*	*	*	△
10	控油	*	*	*	△
11	去角质	*	*	*	△
12	防断发	*	*	*	△
13	去屑	*	*	*	△
14	保湿	*	*	*	*
15	护发	*	*	*	*
16	特定宣称（宣称适用敏感皮肤、无泪配方）	*	*		
17	特定宣称（原料功效）	*	*		
18	宣称温和（无刺激）	*	*		△
19	宣称量化指标的（时间、统计数据等）	*	*	*	△
20	宣称新功效	根据具体功效宣称选择合适的评价依据			

注：选项栏中画"√"的为必做项目；选项栏中画"*"的为可选项目，但必须从中选择至少一项；选项栏中画"△"的，为可搭配项目，但必须配合人体功效评价试验、消费者使用测试或实验室试验一起使用。
①仅通过物理遮盖作用发挥祛斑美白功效，且在标签中明示为物理作用的，可免予提交产品功效宣称评价资料。
②如功效宣称作用部位仅为头发的，可选择体外真发进行评价。

从产品本质来看，无论是普通化妆品还是特殊化妆品，其宣称的功效都是化妆品产品属性的延伸，代表了化妆品行业的发展趋势和进步。随着我国化妆品市场的发展以及广大消费者对化妆品认知的不断提高，国家进一步完善化妆品法规定位及法规管理体系，通过法规进一步规范其研发、配制、生产各环节,去其糟粕,取其精华,才能更好地促进我国化妆品行业的发展,使其更好地顺应社会和市场需求。

二、国外化妆品范畴

1961 年美国化妆品化学家协会创始人之一 Raymond Reed 提出了"药妆品"(cosmeceuticals)的概念,由化妆品(cosmetics)和药品(pharmaceutical)组合而成。1984年,Albert Kligman 在该协会的全国科学会议上对"药妆品"概念进行了进一步的详细介绍。2005 年,Albert Kligman 发表的文章指出"药妆品"可被看作功能性化妆品或活性化妆品。"药妆品"在国外各国的称呼有所不同,但含义一致,在欧洲被称为"活性化妆品""医学化护肤品";在美国被按照非处方药品管理,在日本被归类为"医药部外品";在韩国被称为"机能性化妆品"。"药妆品"在国外已广泛用于问题皮肤或皮肤病的日常皮肤护理中,如敏感性皮肤及黄褐斑、痤疮、特应性皮炎(atopic dermatitis, AD)、湿疹等皮肤病。

为了规范我国化妆品市场的监管,2019 年 1 月 10 日,国家药品监督管理局发布了《化妆品监督管理常见问题解答(一)》,明确了国家药品监督管理局对于"药妆""药妆品""医学护肤品"概念的监管态度。指出:我国现行《化妆品卫生监督条例》中第十二条、第十四条规定,化妆品标签、小包装或者说明书上不得注有适应证,不得宣传疗效,不得使用医疗术语,广告宣传中不得宣传医疗作用。对于以化妆品名义注册或备案的产品,宣称"药妆""医学护肤品"等"药妆品"概念的,属于违法行为。目的是规范市场监管,避免误导患者、延误治疗,以免产生严重后果。

表 1-2 和表 1-3 列举了不同国家和地区的化妆品参照法规、定义及不同类别产品的分类,进一步了解其他国家和地区对化妆品监管的相关管理法规。

表 1-2 国外化妆品定义

国家或地区	法规	化妆品定义
欧盟	《欧盟国会与市政委员会第 1223/2009 法规(化妆品)》	用以接触人体外部(表皮、毛发系统、指甲、嘴唇和外部生殖器)或者牙齿和口腔黏膜,专门或者主要使其清洁、具有香气、改变外观,起到保护作用、保持其处于良好状态或者调整身体气味的物质或混合物
美国	《联邦食品、药品和化妆品法案》	预计以涂抹、喷洒、喷雾或其他方法使用于人体,能起到清洁、美化、增进魅力或改变外观目的的物品(肥皂除外)
日本	《药机法》(原《药事法》)	以涂抹、喷洒或其他类似方法使用,起到清洁、美化、增添魅力、改变容貌或保持皮肤或头发健康等作用的产品,对人体使用部位产生的作用是缓和的
韩国	《化妆品法》	起到清洁、美化人体的效果,以增加魅力、美化外表,或者可以保持或加强肌肤、毛发的健康,以涂抹、轻揉或喷洒等类似方法用于人体的物品
加拿大	《食品和药品法案》	所有为清洁、改善或改变肤色、皮肤、头发或牙齿而生产、销售或展示的物质或混合物,包括除臭剂和香水

表 1-3 化妆品在不同国家或地区的分类管理

类别	中国《化妆品卫生监督条例》（1989 年版）	中国《化妆品监督管理条例》（2020 年版）	欧盟	美国	日本	韩国	加拿大
祛斑美白	特殊用途化妆品	特殊化妆品	化妆品/药品（依据产品宣称）	NDA* 药品	医药部外品	机能性化妆品	药品
防晒	特殊用途化妆品	特殊化妆品	化妆品	OTC† 药品	化妆品/医药部外品	机能性化妆品	药品
除臭	特殊用途化妆品	普通化妆品	化妆品	化妆品	医药部外品	医药外品	化妆品
抑汗	除臭类化妆品	普通化妆品	化妆品	OTC† 药品	医药部外品	医药外品	化妆品
抗皱	非特殊用途化妆品	普通化妆品	化妆品	化妆品	化妆品	机能性化妆品	化妆品
祛痘	非特殊用途化妆品	普通化妆品	化妆品/药品（依据产品宣称）	OTC† 药品	医药部外品	机能性化妆品/药品	药品
美黑产品	非特殊用途化妆品	普通化妆品	化妆品	化妆品	化妆品/医药部外品	机能性化妆品	化妆品
染发	特殊用途化妆品	特殊化妆品	化妆品	化妆品	医药部外品	普通化妆品（暂时性染发）/机能性化妆品（永久性染发产品）	化妆品
烫发	特殊用途化妆品	特殊化妆品	化妆品	化妆品	医药部外品	普通化妆品	化妆品
防脱发	特殊用途化妆品	特殊化妆品	化妆品/药品（依据宣称）	NDA* 药品（生发及防脱发）	医药部外品	机能性化妆品	药品

注：NDA*，new drug application，美国新药申请；OTC†，over the counter drug，柜台发售药品。

（一）欧盟

欧盟主要参照《欧盟国会与市政委员会第 1223/2009 法规（化妆品）》法规，在前言第 6 条中指出，化妆品和药品、医疗器械、生物制剂之间存在明确界线，在欧盟的监管体系中，化妆品不再划分亚类。

（二）美国

美国《联邦食品、药品和化妆品法案》颁布于 1938 年,由于当时化妆品整体行业发展水平较低,化妆品的定义相对简单和保守,部分在我国作为化妆品管理的产品,如除臭、脱毛、育发等产品,在美国作为非处方药［又称柜台发售药品（over the counter drug, OTC）］进行管理。

（三）日本

日本除化妆品与药品外,还有一类"医药部外品"。遵循日本《医药品、医疗器械等品质、功效及安全性保证等有关法律》（简称"《药机法》",即原《药事法》）规定,"医药部外品"共有三类:第一类主要包括除臭、防痱、防脱、脱毛等产品;第二类主要包括驱虫产品等;第三类为具有特定功效,由日本厚生劳动省指定的产品。第三类"医药部外品"在上市前通过许可审批,审批的重点在于功效、安全和质量规格,其功效成分通过以下两种形式的列表严格管理,列表以外的功效成分需随产品进行严格的新原料审批。日本厚生劳动省于 2008 年发布的《医药部外品可用原料名单药用化妆品功效成分清单》,以及"别纸规格（即不公开发布的一份原料清单）",即为保护知识产权企业单独获批的功效成分可选择不公开,由厚生劳动省掌握。通过许可审批的产品可在包装上标注"药用""医药部外品"等字样。

（四）韩国

韩国《化妆品法》规定,韩国化妆品可分为一般化妆品和"机能性化妆品"。"机能性化妆品"原本主要包括美白、抗皱、防晒、助晒产品,2017 年后增加染发、脱毛、防脱、缓解粉刺、缓解特异性皮炎干燥、缓解萎缩纹等产品。

（五）加拿大

加拿大化妆品和药品之间界线明确,较为特别的是,在加拿大存在一类"介于化妆品和药品之间的产品"（products at the cosmetic-drug interface, PCDI）概念。加拿大卫生部在官方网站上对部分产品进行了分类举例,其中明确防晒产品［包括带有防晒系数（sun protection factor, SPF）的彩妆品］、痤疮皮肤护理产品、美白产品等不属于化妆品。此外,为指导企业更好地对PCDI 进行分类,加拿大卫生部还发布了相关指南。此外,修护、舒缓、抗皱、紧致、控油、去角质、保湿、宣称适用于敏感皮肤、宣称温和无刺激、宣称无泪配方等化妆品均属于普通化妆品。

近年来随着人民生活消费水平的提高,公众对于化妆品,特别是特殊用途化妆品的需求日益增长。根据目前《化妆品监督管理条例》修订情况,未来我国将加强对化妆品功效宣称的管理,相信在不久的将来,我国会相继出台针对各种化妆品及其功效评价的相关法规,以规范和促进我国化妆品行业的发展。

（刘玮 何黎 赖维）

第二节 我国特殊化妆品发展史

随着皮肤病发病机制的研究不断深入,精细化工技术的发展,越来越多的特殊用途化妆品相继问世。同时,临床医师及广大消费者对化妆品的了解不断深入,利用化妆品的基本护肤属性加强皮肤病皮肤护理,缓解临床症状的理念也越来越普及。

2019 年中国(除港澳台地区)护肤品市场规模达 2 444 亿元,但与欧美、日韩等较为成熟的市场相比,我国护肤品市场规模占化妆品整体市场规模比重仍较低,2017 年舒缓、清痘、美白等宣称功效的护肤品市场份额占整个化妆品市场的 17.3%。但在日本药房产品销售比重中,"药妆品"占到近 50% 的份额,欧美国家药妆品的市场份额占整个化妆品市场的 60% 以上。化妆品新法规的出台,对功效性护肤品的发展必然起到强有力的推动作用,其内涵包括以下几方面。

一、活性成分的精准化及生产工艺的精细化

(一)活性成分的精准化

随着皮肤病发病机制研究的不断深入,以及生物化学的发展,化妆品的研发也越来越趋向于在明确各皮肤病发病机制的基础上,精准选择合适的活性成分用于化妆品的配方设计中,更多来源的活性成分也用于化妆品中,例如生理性脂质、营养性抗氧化剂、金属类、海洋动植物、天然植物、维生素等。同时,活性成分单体化的发展,在提高其功效性的基础上增加了安全性。广大消费者可在临床皮肤科医师的指导下,更为精确地选择合适的化妆品,从而使化妆品的适用性更强,也更利于依据皮肤健康状况及皮肤病的种类、分型、分期精准选择相应的护肤品。

(二)生产工艺的精细化

药品生产工艺逐渐应用于化妆品生产中,例如:防晒类化妆品中的氧化锌(ZnO)和二氧化钛(TiO_2)可采用纳米颗粒技术,使其颗粒直径小于100nm,提高其延展性、贴敷感,不会让消费者产生厚重的感觉;化妆品配方中经常会添加脂溶性及水溶性活性成分,为了增加其稳定性,可采用脂质体技术等,增加两种不同溶解度活性成分的相容性;为了增加活性成分的透皮吸收及缓慢释放,除了采用纳米颗粒技术外,还可将活性成分和某些载体相结合。这些技术在化妆品中的深入应用,提高了活性成分的利用度及功效性。

功效性护肤品工艺精细化技术在我国还处于发展状态,今后这类化妆品的研发可借助生物学、精细化工等其他交叉学科新型技术,如基因芯片技术、新型皮肤透皮技术等,使其对皮肤生理功能的作用更具精准化。

二、化妆品功效宣称应有科学依据

在《化妆品功效宣称评价规范》中,分别就不同功效宣称化妆品的评价原则进行了规定,例如:仅具有保湿功效的化妆品,可以通过文献资料调研、研究数据分析或者化妆品功效宣称评价试验等方式进行功效宣称评价;具有抗皱、紧致、舒缓、控油、去角质功效的化妆品,应当通过化妆品功效宣称评价试验方式,可以同时结合文献资料或研究数据分析结果,进行功效宣称评价;具有祛斑美白、防晒、祛痘、滋养和修护功效的化妆品,应当通过人体功效评价试验方式进行功效宣称评价。这些规定体现了我国对化妆品功效的分级管理思路。为了配合这些工作,我国学者何黎牵头并组织编写了《祛痘类功效性护肤品安全/功效评价标准》(T/CNMIA 0010—2020)、《祛痘类功效性护肤品产品质量评价标准》(T/CNMIA 0011—2020)、《舒敏类功效性护肤品安全/功效评价标准》(T/CNMIA 0013—2020)、《舒敏类功效性护肤品产品质量评价标准》(T/CNMIA 0014—2020),从原料质量、

活性成分功效评价及应用评价几方面进行了规范,相信今后还会有更多的团体标准、行业标准,甚至国家标准不断发布,促进我国化妆品,特别是"宣称新功效的化妆品"的规范化发展。

三、化妆品安全性应有科学依据

功效性护肤品可以通过影响皮肤结构和功能,修复皮肤屏障、改善肤质,加强皮肤护理缓解某些皮肤病的症状及预防复发。随着各类活性成分的不断更新,在赋予了护肤品越来越多的功效性的同时,更应该提高其安全性。可依据目前颁布的行业标准以及团体标准,如《化妆品皮肤刺激性检测重建人体表皮模型体外测试方法》(SN/T 4577—2016)、《化妆品屏障功效测试体外重组 3D 表皮模型测试方法》(T/SHRH 023—2019)、《祛痘类功效性护肤品临床评价标准》(T/CNMIA 0012—2020)、《舒敏类功效性护肤品临床评价标准》(T/CNMIA 0015—2020)等进行安全性评价。

目前,化妆品中的活性成分多为复合物或化合物,难以界定是哪一个单体发挥作用,也难以评估是哪一个单体缺乏安全性。例如:已知外用洋甘菊(chamomile)具有舒缓作用,而洋甘菊中的有效成分是红没药醇(bisabolol),在一些化妆品的标签上声称含有洋甘菊或红没药醇,但没有剂量等标注,无法判断该种化妆品中所含的有效成分是否一定发挥舒缓作用。另外,目前一些新兴的化妆品中的活性成分多来源于植物、海洋生物等,可能会含有各种污染物,包括重金属、杀虫剂和真菌毒素等。如何去除这些污染物质,并保证活性成分的有效浓度也是今后化妆品功效及安全性研究的重要部分。

目前,我国要求化妆品上市前需进行安全性、刺激性和致敏性评估。此外,对于特殊化妆品要求依据《化妆品监督管理条例》完善相应的功效评价,但对"具有新功效宣称的化妆品"如何进行功效及安全性评价仍缺乏指导性文件,而市场上部分化妆品,尤其是非特殊用途化妆品,在没有确切的功效评价资料时进行功效宣称,造成虚假宣传、夸大宣传等诸多乱象,给消费者选择和使用都带来极大的阻碍。2021 年,国家药品监督管理局发布的《化妆品功效宣称评价规范》为进一步提高我国特殊化妆品的安全性及规范其功效评价起到积极的推动作用。

四、加强健康教育

目前,广大消费者甚至临床医师对化妆品的认识还有许多不足及误区。一方面,临床医师的化妆品知识有待提高,消费者需要被教育合理使用化妆品;另一方面,由于某些化妆品市场销售部门的功效宣传仅注重于吸引消费者,而失去医学的严谨性,使消费者无法正确地评估及选择合适的化妆品。因此,行业内专家组织编写了多个护肤品应用指南,如《功效性护肤品在慢性光化性皮炎中的应用指南》《舒敏保湿类护肤品在敏感性皮肤中的应用指南》《抗粉刺类护肤品在痤疮中的应用指南》,加强对医师的培训,使其能指导患者正确、科学、合理地进行皮肤护理。另外,还需通过社会公益宣传活动等形式加强对广大消费者的健康教育,相信在政府的指导下、在广大皮肤科医师的积极参与下、在广大消费者的理解和支持下,我国化妆品的发展必将会满足人民群众对皮肤健康的需求。

(刘玮　何黎　赖维)

参 考 文 献

［1］中华人民共和国国家市场监督管理总局,中国国家标准化管理委员会.化妆品分类:
　　BET 18670—2017［S］.北京:中国标准出版社,2018:5.

［2］李佳兴.美国食品和药品管理局"药妆"管理概述［J］.首都食品与医药,2012,19
　　（20）:8.

［3］张明明,王海涛,何聪芬,等.药妆的发展现状和趋势［J］.香料香精化妆品,2009,4
　　（2）:4-8.

［4］ALBERT K. The future of cosmeceuticals:an interview with Albert Kligman, MD, PhD［J］.
　　Dermatol Surg, 2005, 31（7）:890-891.

［5］李亚男,蒋丽刚.国内外化妆品功效宣称法规的最新格局和进展［J］.日用化学品科学,
　　2021,44（7）:5-10.

第 二 章

皮肤生理学概述

第一节　皮肤结构与生理功能

皮肤（skin）是人体最大的器官，被覆于人体表面，与外界环境直接接触，既是解剖学和生理学上的重要器官，又是皮肤美容的主要载体。成年人皮肤体表总面积为 $1.5\sim2.0m^2$，表皮与真皮的重量约占人体总重量的 5%，若包含皮下组织可达体重的 16%。皮肤由外向内可分为表皮（epidermis）、真皮（dermis）和皮下组织（subcutaneous tissue），其中表皮依据其主要组成细胞——角质形成细胞（keratinocyte）的各发展阶段的特点，可将其由内向外分为五层：基底层（stratum basale）、棘层（stratum spinosum）、颗粒层（stratum granulosum）、透明层（stratum lucidum）和角质层（stratum corneum）（图 2-1）。

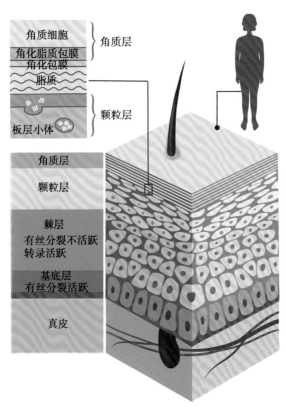

图 2-1　皮肤结构示意

　　皮肤的厚度因解剖部位、性别和年龄不同而异，就解剖部位来说，表皮厚度为 0.04（眼睑）~1.6mm（足跖），平均约 0.1mm；而真皮厚度是表皮的 15~40 倍，为 0.4~2.4mm。就部位差异来说，以躯干背部及臀部的皮肤较厚，眼睑和耳后的皮肤较薄；同一肢体，内侧的皮肤偏薄，外侧的皮肤较厚。就性别差异来说，女性皮肤比男性薄。就年龄差异来说，老年人皮肤较年轻人薄，成年人皮肤厚度为新生儿的 3.5 倍，但至 5 岁时，儿童皮肤厚度基本与成年人相同；人的表皮在 20 岁时最厚，真皮在 30 岁时最厚，以后逐渐变薄并伴有萎缩。

　　皮肤具有屏障、吸收、感觉、分泌和排泄、体温调节、物质代谢等多种功能，同时还是一个重要的免疫器官。本节着重介绍皮肤的屏障功能、吸收功能及代谢功能。

一、屏障功能

（一）概述

　　皮肤的屏障功能具有双向性，一方面具有对外界机械性、物理性、化学性、微生物损伤的防护作用，保护着体内各个重要脏器；另一方面可防止体内营养物质、水分等的丢失，维持皮肤的含水量，使皮肤滋润。若皮肤屏障功能不健全，轻者影响美观，重者则会危及生命。

　　广义的皮肤屏障功能包括皮肤物理屏障、色素屏障、神经屏障、免疫屏障及微生物屏障。狭义的皮肤屏障功能通常指表皮尤其是角质层的物理屏障结构。从生化组成和功能作用方面来看，表皮的物理屏障结构与表皮的脂质、蛋白质、水、无机盐及其他代谢产物密切相关。这些成分的代谢异常都会影响皮肤的屏障功能，同时不同程度地参与或触发临床皮肤病的发病及进展过程。

（二）主要结构

　　从细胞分化和组织形成的角度来看，皮肤的物理性屏障功能不仅依赖于表皮角质层，而且依赖于表皮全层结构。

　　1. 皮脂膜　在皮肤的表面存在一层皮脂膜，又称脂化膜、水化膜等。皮脂膜中的水分来自汗腺的分泌和透表皮失水，脂类由皮脂腺细胞分泌，属于游离性脂类，此外还有许多表皮代谢产物、无机盐等。

　　2. 表皮角质层　是表皮的最外层，维持正常表皮屏障功能的第一道防线。角质层是由 5~15 层扁平无细胞核的角质细胞——"砖"，镶嵌于富含脂质的细胞外基质——"灰浆"中，形成特有的"砖墙结构"。角质层中的角质细胞、细胞间脂质和角化套膜（cornified envelope，CE）在维系表皮的物理屏障中起重要作用。其中任何结构的成分或比例发生改变，角质层的物理屏障功能都会受到影响。

　　（1）角质细胞：是移行至角质层并呈终末分化阶段的角质形成细胞，它们由角蛋白丝固定并由交联蛋白组成的细胞膜和脂质膜包围，是角质层最重要的保护性结构组分之一，构成了"砖墙结构"体系中的"砖"。

　　（2）CE：由表达于表皮棘层中上部的角质形成细胞中的转谷氨酰胺酶催化产生的角质套膜蛋白，于角质细胞膜下形成一种坚固且具不溶性的蛋白／脂质聚合结构，它由丝聚蛋白（filaggrin，FLG）、内披蛋白（involucrin，INV）、兜甲蛋白（loricrin，LOR）、毛透明蛋白（trichohyalin）等多种结构蛋白交联形成。

　　（3）细胞间脂质：细胞间脂质来源于表皮的颗粒层板层小体（lamellar body，LB）合成分泌，经过修饰和排列整合到细胞间并平行定位于角质细胞表面形成结构脂质，构成了"砖墙结构"中的"灰浆"。细胞间脂质主要由神经酰胺(45%)、胆固醇(30%)、游离脂肪酸(15%)及少量硫酸胆固醇、胆固醇酯等物质组成。

3. 表皮透明层　由2~3层无核扁平细胞组成,仅见于掌跖部位。

4. 表皮颗粒层　由1~3层扁平或梭形细胞构成。颗粒层细胞间连接结构主要为紧密连接(tight junction,TJ)。TJ由不同类型的跨膜蛋白及细胞内胞质蛋白组成,跨膜蛋白主要包括闭合蛋白(occludin)、密封蛋白(claudin)多基因家族和连接黏附分子(junctional adhesion molecule,JAM),胞质蛋白主要包括闭锁小带蛋白ZO-1、ZO-2、ZO-3和扣带蛋白(cingulin)等。

5. 表皮棘层　位于基底层上方,由4~8层多角形细胞组成,最底层的棘细胞也有分裂功能,可参与表皮的损伤修复。角质形成细胞一进入棘层就表达特异性K1/K10,它是表皮终末分化和角化的标记,*K1*或*K10*基因缺陷会导致皮肤屏障结构损害。棘细胞上层及颗粒层可产生一种具有脂质双层分子结构的卵圆形层小体。板层小体是棘层屏障的主要功能结构。

6. 表皮基底层　又称为生发层(germinal layer),位于表皮的最底层,仅为一层柱状或立方状的基底细胞与基底膜带垂直排列成栅栏状。细胞间以桥粒连接,与基底膜带则以半桥粒连接。基底层与真皮交界处呈波浪状,由表皮伸入真皮的表皮脚与真皮突向表皮的乳头镶嵌组成。

7. 表真皮连接(dermoepidermal junction)　其主要结构是基底膜(basement membrane),它使表真皮紧密连接。

8. 真皮和皮下组织　真皮位于表皮和皮下脂肪组织之间,真皮内的胶原纤维、弹力纤维和网状纤维交织成网状。其中,胶原纤维的主要作用是维持皮肤的张力,弹力纤维维持着皮肤的弹性和顺应性。真皮细胞间基质起到支持和连接细胞的作用。皮下组织由疏松结缔组织及脂肪小叶组成。

(三)屏障功能

1. 皮脂膜的屏障功能　皮脂膜是皮肤屏障结构的最外层防线,皮脂膜的屏障作用是由于皮脂膜含有游离脂肪酸等酸性物质使皮肤表面呈偏酸性,抑制皮肤表面微生物的繁殖而具有化学屏障作用。同时,皮脂膜中的脂质能锁住水分,阻止真皮营养物质、保湿因子、水分散失而具有物理通透屏障作用。此外,皮脂膜内含有角鲨烯使其具有光防护屏障作用(图2-2)。

2. 表皮角质层的屏障功能　表皮角质层特有的"砖墙结构"使其具有机械(物理)、电、紫外线(ultraviolet,UV)、化学、微生物、保湿、通透等屏障作用(图2-3)。

(1)机械屏障:又称物理屏障。角质层中的CE维系着角质层中角质细胞有序排列的同时与细胞间脂质紧密结合,从而增加了表皮屏障功能的稳定性。角质层中细胞间脂质维持着角质细胞间的黏附力,使表皮角质层致密而柔韧,从而保持表皮的张力使表皮对一定程度的摩擦、挤压等有防护能

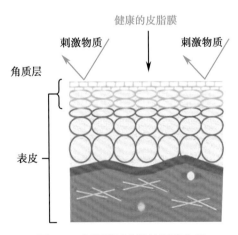

图2-2　皮脂膜对皮肤的屏障作用

皮肤表面脂质

双层脂质

角质形成细胞
（砖块）

细胞间质
（灰浆）

图 2-3 用"砖墙结构"比喻表皮角质层的屏障功能

力。经常摩擦和压迫的部位,如手掌、足趾等处,角质层增厚,甚至形成胼胝,以增强对机械性刺激的耐受性。

（2）电屏障:皮肤是电的不良导体,它对低电压电流有一定的阻抗能力。角质层因含水量少,电阻大,是皮肤电屏障的主要所在。电阻值受皮肤部位、汗腺分泌和排泄活动、精神状态及气候等因素的影响,特别是与皮肤角质层的含水量及其表面湿度有关,电阻值的高低与水分的多少成反比,即干燥时皮肤电阻值比潮湿时大,导电性低。

（3）紫外线屏障:皮肤组织吸收光有明显的选择性,如角质层内的角质细胞能吸收大量短波紫外线(波长 180~280nm),使角质层具有一定的紫外线屏障作用(图 2-4)。

（4）化学屏障:角质层是防止外来化学物质进入人体的重要防线,也是防护化学性刺激的最主要结构。角质层细胞具有完整的脂质膜、丰富的胞质角蛋白及细胞间酸性糖胺聚糖,它们都对化学物质具有屏障作用。同时,正常皮肤偏酸性,pH 为 5.5~7.0,最低可到 4.0,对碱性物质可起缓冲作用,称为碱中和作用。而头部、前额及腹股沟处皮肤偏碱性,对 pH 为 4.2~6.0 的酸性物质也有一定的缓冲能力,称为酸中和作用。

（5）微生物屏障:人体皮肤上的微生物主要寄生在角质层的表浅处、毛囊皮脂腺口的漏斗部、汗管口及表皮脂质膜内,在一定条件下可以成为致病菌。由于表皮角质层的致密结构能机械性阻止直径 200nm 的细菌及直径 100nm 的病毒等微生物侵入;同时角质形成细胞上的 Toll 样受体(Toll-like receptor, TLR)特异性结合环境中的病原体,激活相应信号转导通路诱导多种抗菌肽及化学趋化因子的产生,如 β 防御素(β defensin)、抗菌肽(antibiotic peptide)等,也起到抵抗微生物的屏障作用(图 2-5)。

（6）保湿屏障:人体皮肤中的天然保湿系统主要由角质层中的水、脂类、天然保湿因子(natural moisturizing factor, NMF)等组成。成年人通过皮肤每天丢失 240~480ml 水分(不显性出汗),如将角质层去掉,水分丧失较不显性出汗时增加 10 倍或以上。角质层中的脂类呈层状填充于细胞之间,起到防止人体

图 2-4 角质层的紫外线屏障功能示意

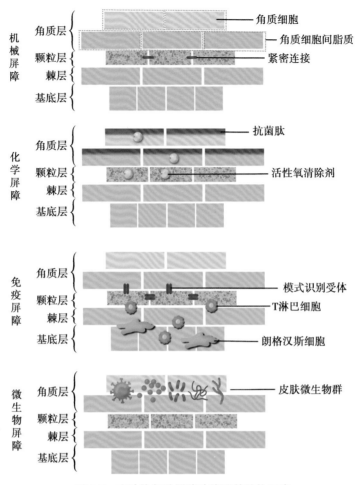

图 2-5 皮肤的各种屏障功能及其结构示意

内水分丢失的屏障作用。当各种原因所致脂类缺乏时,经皮水分丢失(transepidermal water loss,TEWL)就会增多,出现皮肤干燥脱屑。当皮肤角质层含水量较低时,会激活特定的蛋白酶,并使 FLG 转化成游离氨基酸。这些游离的氨基酸与乳酸、尿素和盐类等化合物组成 NMF。NMF 构成中的吡咯烷酮羧酸(pyrrolidone carboxylic acid,PCA)和乳酸盐具有较强的吸水性,维持皮肤的保湿屏障功能。

(7)通透屏障:正常皮肤的角质层具有半透膜性质,除了汗腺、皮脂腺分泌和排泄,角质层水分蒸发及脱屑外,一般营养物质及电解质等都不能透过皮肤角质层。角质层的这种半透膜特性起着很好的屏障作用,可以防止体内营养物质的丧失。

3. 表皮透明层的屏障功能 透明层由 2~3 层无核扁平细胞组成,仅见于掌跖部位,细胞胞质中含有嗜酸性透明角质,它由颗粒层细胞的透明角质颗粒变性而成,具有防止水、电解质与化学物质通过的屏障作用。

4. 表皮颗粒层的屏障功能 颗粒层发挥屏障功能的结构主要是 TJ。TJ 的功能有:形成一排排索状结构将相邻的细胞连接起来,封闭了细胞间的空隙,防止机械损伤和体外各种抗原、微生物等入侵,具有机械屏障功能;形成大小和离子特异性的半透膜结构,选择性地渗透水、电解质、各类分子及炎症细胞,具有通透屏障功能;分离胞膜,形成不同的膜功能区,阻止不同功能区间脂质和蛋白的相互扩散,维持细胞成分的不对称分布(极性)及参与细胞基因表达、增殖、分化和囊泡运输,维持皮肤屏障功能稳态。透明层和颗粒层中的酸性磷酸酶、疏水性磷脂和溶酶体等构成一个防水屏障,使水分不能从体外渗入,且阻止了角质层下水分向角质层渗透。

5. 表皮棘层的屏障功能 板层小体作为棘层主要的屏障结构发挥着合成细胞间脂质及将角质形成细胞合成的磷脂、脂肪酸、胆固醇和神经酰胺为主的脂质转运到颗粒层及角质层的作用;同时,其中的游离脂肪酸还与葡萄糖基神经酰胺、鞘氨醇等抗微生物脂质及人类β防御素2(β defensin 2)、抗菌肽 LL-37 等抗菌肽协同作用参与皮肤的固有免疫,防御病原体的入侵。此外,棘层具有一定吸收长波紫外线(波长 320~400nm)的作用,还可抵御紫外线损伤。板层小体还包含多种水解酶,如酸性磷酸酶、糖苷酶、蛋白酶和脂酶等,这些酶可以通过影响细胞外环境中脂质和桥粒蛋白的活性,在屏障形成和表皮自然脱屑中发挥重要的作用。

6. 表皮基底层的屏障功能 基底层细胞处于未分化状态,具有生长分裂能力,与皮肤自我修复、创伤愈合及瘢痕形成有密切关系。此外,位于基底层的黑色素细胞(melanocyte)通过合成及分泌黑色素颗粒,后者可吸收长波紫外线(波长 320~400nm),形成皮肤抵御光损伤的色素屏障。黑色素细胞在紫外线照射后可产生更多的黑色素颗粒并输送到角质形成细胞中,使皮肤对紫外线的屏障作用显著增强。

7. 表真皮连接的屏障功能 表真皮连接具有既控制表皮所需营养物质和代谢产物出入,又避免真皮大分子物质进入表皮的物理通透屏障作用。

8. 真皮和皮下组织的屏障功能 真皮内的胶原纤维、弹力纤维和网状纤维交织成网状,对外界牵拉、冲撞等起到缓冲、抗机械损伤的屏障作用。同时,真皮细胞间基质含有透明质酸(hyaluronic acid, HA),HA 是一种大分子酸性糖胺聚糖,是皮肤细胞外基质的主要成分,广泛地存在于表皮的基底层、棘层和真皮中。HA 分子中含有的羧基、羟基,使其在水溶液中形成分子内和分子间氢键,同时还具有螺旋形空间构象,这种化学结构使其具有很强的吸水性,当环境相对湿度降低时,HA 可从真皮层中吸收水分以保持表皮中水分的稳定,起到保水、调节渗透压等保湿屏障作用。

皮下组织由疏松结缔组织及脂肪小叶组成,具有海绵垫的作用,使皮肤具有一定的抗挤压、牵拉及冲撞的抗机械屏障作用。

(四)影响皮肤屏障功能的因素

1. 皮肤 pH 正常皮肤偏酸性,对碱性物质可起中和作用。皮肤 pH 较正常范围偏高,会降低其对水的通透性;同时降低皮肤屏障形成中脂质代谢相关酶的活性。此外,增强皮肤蛋白激酶的活性,促进角质桥粒降解,从而造成皮肤屏障结构及其功能缺陷。

2. 表面活性剂 表面活性剂是一种可在接触面上积累(被吸附)并降低接触面表面张力的化合物,由一个亲水的极性头部基团和一个亲脂的非极性尾部基团组成。这种结构使其能处于水油界面的表面,从而促进清洁的功效。表面活性剂能够改变皮肤的 pH,导致与细胞间脂质合成相关的酶及角质层中 NMF 的组成成分发生异常,从而引起 TEWL 增加,皮肤水合作用降低。同时,离子表面活性剂可以通过较强的静电相互作用与角质层蛋白质结合,从而导致其变性,且表面活性剂溶液的 pH 越高,其造成的相关皮肤刺激电位就越强。

此外,根据公认的表面活性剂与皮肤的相互作用模型提示,体积小的单体能够渗透到表皮中,并导致角质层蛋白的结构改变。因此,表面活性剂的使用也从一定程度上降低皮肤屏障功能。其中,阴离子表面活性剂由其较强的表面活性和发泡性能常用于制备清洁类护肤品,但由于其可导致皮肤中的脂质溶解和蛋白质变性,从而对皮肤屏障也有较大损害。以往常用的阴离子表面活性剂来自天然植物的脂肪酸,或将两者结合在一起,而新型阴离子表面活性剂则是以一种氨基酸作为阴离子基团。由于氨基酸基表面活性剂生物相容性较高,且其细胞毒性较硫酸基表面活性剂更低而逐渐被重视。

3. 紫外线

(1)对皮肤屏障的影响:紫外线是影响皮肤生物功能最常见的因素之一,高剂量紫外线照射可损伤表皮通透屏障,但低剂量照射则可加速皮肤屏障的修复。紫外线可影响表皮细胞间脂质的合成,导致其组分发生变化;还可降低细胞间脂质的结合力,改变其流动及分布,从而影响表皮通透屏障功能。紫外线可导致表皮钙离子增多,而颗粒层钙离子增多可抑制板层小体的分泌,因而导致角质层复层板层膜结构异常。紧密连接蛋白-1(claudin-1)是形成完整的紧密连接复合体所必需的重要组成结构,因此claudin-1表达的减少可能导致TJ功能的缺陷。慢性紫外线照射可进一步加剧老年人表皮中claudin-1表达的减少,导致老年人皮肤TJ功能的丧失,从而又引起皮肤角质层成分如纤维蛋白和/或脂质等的缺失,造成皮肤屏障功能缺陷。

(2)对皮肤微生物的影响:皮肤微生物群在免疫系统中发挥着重要的作用。共生微生物可以通过抑制病原微生物的生长进行免疫调节。紫外线照射后乳酸杆菌科可减少,而梭杆菌门在紫外线暴露后增加。中波紫外线(ultraviolet B, UVB)照射后假单胞菌科立即下降,长波紫外线(ultraviolet A, UVA)照射后下降幅度更大。因此,紫外线照射会破坏皮肤微生物群平衡,从而破坏皮肤微生物屏障。

(3)对皮肤细胞的影响:一方面,紫外线间接通过增加活性氧(reactive oxygen species, ROS),氧化损伤皮肤细胞DNA;另一方面,紫外线又会直接损伤细胞DNA,诱导DNA损伤(光产物)的形成,如嘧啶二聚体,这些光产物可阻止DNA复制和RNA转录。同时,长期紫外线照射可以促进角质形成细胞增殖和分化,使皮肤过角质化,从而破坏皮肤屏障功能。

(4)对CE的影响:紫外线可通过诱导表皮角质形成细胞的增殖和分化,增加表皮厚度。生理剂量的UVB照射后,FLG、INV、LOR、谷氨酰胺转氨酶Ⅰ型表达同时发生改变,形成异常的角质层,UVB($0.15J/cm^2$)照射后第5天,LOR、K6、K10和K14表达增高,角质形成细胞过度增殖。

(5)对细胞间脂质的影响:紫外线照射6周时,三种主要脂质的含量逐渐减少,特别是神经酰胺,而三种细胞间脂质合成关键酶(丝氨酸棕榈酰转移酶、脂肪酸合成酶和HMG-CoA合成酶)的mRNA开始升高,在12周后可观察到角质层细胞间复层结构分离,不完整,TEWL升高。慢性光损伤(反复照射4周)时,主要脂质的表型发生了明显变化,长链神经酰胺、溶血磷脂胆碱和甘油脂质种类增加。急性光损伤时,细胞间脂质成分也发生变化,磷脂酰胆碱、磷脂酰乙醇胺和磷脂酰甘油增加,鞘磷脂轻度减少;还可观察到共价键结合的神经酰胺明显减少,游离的、非结合的神经酰胺和酰基神经酰胺明显增加。紫外线照射还可降低细胞间脂质的结合力,改变其流动性。UVB($800J/cm^2$)照射60天后,表皮细胞间脂质含量降低,细胞间脂质结合力降低,并改变细胞间脂质的流动性,接近角质层的脂质流动性增加,但随着组织深度的增加,脂质流动性降低。

（6）对真皮胶原的影响:紫外线照射可诱导基质金属蛋白酶(matrix metalloproteinase, MMP)表达升高,导致真皮细胞外基质降解,随着时间的推移和反复的紫外线照射,MMP介导的胶原碎裂逐渐增多,同时引起弹性纤维变性,损害真皮机械结构的完整性,并最终导致随时间老化和光老化皮肤中胶原基质的丢失,造成皮肤物理屏障功能缺陷。

4. 寒冷空气 当皮肤突然暴露在寒冷干燥的空气中时,由于水梯度的改变使皮肤中的水分很快从角质层中流失。长期暴露于湿度较低的冷空气中可导致表皮的正常分化被干扰,最终皮肤变得干燥。在干燥的皮肤周期内,机体试图修复皮肤屏障功能,从而使其呈高增殖状态,导致角质形成细胞分化功能失调,反过来又进一步损害角质形成细胞的成熟及角质层的脱屑,从而使角质层变得更厚且水合性能降低,从而破坏皮肤屏障功能。

5. 空气污染 世界卫生组织将空气污染物分为四类:颗粒物(particulate matter, PM)、持久性有机污染物(二噁英等)、气态污染物(一氧化碳、二氧化硫、氮氧化物、臭氧等)和重金属(如铅、汞等)。空气污染物可以促进皮肤产生 ROS,通过氧化应激途径诱导皮肤形成一种促炎症反应的状态。同时,炎症介质的产生还激活了皮肤中粒细胞趋化性和吞噬作用。此外,皮肤对环境的应激反应也会激活由皮肤中多种细胞共同参与的皮肤和中枢神经的内分泌反应。皮肤的免疫系统与神经内分泌反应也会相互作用,从而对皮肤产生直接和间接的损害。其中,皮肤接触 PM 会引起脂质过氧化、产生 ROS、细胞 DNA 损伤、细胞凋亡和细胞外基质损伤。PM 与芳香烃受体结合,诱导核内信号通路,有利于 ROS 的形成和促炎基因的表达。同时,PM 还能够诱导许多参与皮肤表皮角质形成细胞分化和角质层形成蛋白质的改变。而矿物质和气态污染物,如氮氧化物、挥发性有机化合物和臭氧也可通过诱导皮肤产生自由基,从而改变皮肤的角质层蛋白质和脂类,继而导致皮肤屏障功能障碍。

6. 钙离子通道 钙离子以细胞器结合的钙及细胞质内游离的钙两种形式存在于皮肤角质形成细胞内。钙离子广泛地存在于皮肤表皮各层中,在基底层细胞内低钙浓度促进角质形成细胞增生;而在颗粒层上层,大量钙离子进入细胞内会激发角质形成细胞终末分化,促进板层小体分泌;在颗粒层转变为角质层之前,随着细胞膜结构被角质细胞包膜代替,细胞内钙离子又被释放入细胞间,维持颗粒层细胞外高钙离子浓度。当细胞外钙离子浓度升高时,在钙离子受体介导下发生一系列细胞内钙离子储存的变化,导致肌动蛋白迅速发生重组,丝状伪足与相邻细胞的丝状伪足形成拉链样细胞间连接骨架结构。细胞外高钙离子浓度还可以促进细胞分化;诱导钙黏蛋白迅速聚集在细胞间黏着连接的部位;增强桥粒组分(桥斑蛋白、桥斑珠蛋白、斑菲素蛋白)的表达,维持皮肤屏障的致密性。而皮肤屏障受损后,表皮细胞内(外)的钙离子浓度下降,活化细胞表面的钙离子受体,通过磷酸酯酶 A 下调二酰甘油的作用活化钙通道,降低细胞内钙水平,促进细胞增生,抑制细胞分化标志物的表达,造成皮肤屏障结构及修复能力缺陷。

7. 糖皮质激素 局部短期外用糖皮质激素会使皮肤屏障功能的恢复速率明显降低,长期使用糖皮质激素则会抑制角质形成细胞的增殖与分化,角蛋白及 FLG 的分化,减低角化桥粒密度,减少板层小体数量影响细胞间脂质的产生及其含量等引起屏障结构及功能的明显损伤。

8. 防腐剂 化妆品中含有的油脂、胶质、蛋白质和水分等为微生物的生长创造了生存的条件。因此,使其免受微生物污染通常会添加防腐剂成分。防腐剂种类很多,按其化学结构可分为 4 类：①防腐剂，如苄醇、三氯叔丁醇（氯丁醇）等；②甲醛的供体和醛类衍生物防腐剂，如 5- 溴 -5 硝基 -1, 3- 二噁烷等；③苯甲酸及其衍生物防腐剂，如苯甲酸、水杨酸等；④其他有机化合物防腐剂，如脱氧乙酸、山梨酸、羟甲基甘氨酸钠等。外用过量防腐剂可能会通过影响皮肤细胞细胞膜的产生、细胞新陈代谢酶的活性以及损伤细胞 DNA，从而造成皮肤屏障功能缺陷。

9. 其他 研究表明，拥挤、吸烟（尼古丁）、失眠、疼痛、现实生活压力及缺乏积极的人格特征都会导致急性和慢性表皮功能障碍。这是由于心理应激源上调下丘脑 - 垂体 - 肾上腺轴，刺激局部和全身应激激素的产生，最终导致表皮脂质和结构蛋白产生减少、角质层水合程度减少、透皮失水增加等屏障功能异常。

二、吸收功能

人体皮肤有吸收外界物质的能力，称为经皮吸收、渗透或透入。它们对维护身体健康是不可缺少的，是皮肤美容及现代皮肤科外用药物治疗皮肤病的理论基础，各类外用药物利用皮肤的吸收能力来达到治疗皮肤病的作用。

（一）皮肤吸收功能及相关结构

1. 皮肤吸收途径 皮肤主要通过三个途径吸收外界物质，即角质层、毛囊皮脂腺及汗管口。角质层是皮肤吸收的最重要的途径，主要吸收脂溶性物质，在一定的条件下水分也可自由通过皮肤角质层细胞膜进入细胞内；皮肤附属器主要吸收水溶性物质。此外，极少量的物质，如钾、钠、汞等可通过角质层细胞间隙吸收。细胞间隙是通过表皮细胞间曲折的通道，扩散路径长度为 $300\sim500\mu m$。扩散的化合物分子在通道中会演变为一个异构的基质，其中有一系列脂质参与，且它们本身结构呈有序的双层结构。因此，扩散过程涉及一个连续的"旅程"，即跨越极性头基团区域和通过长烷基链脂质的过程，表现为重复的扩散和分割步骤。

2. 皮肤主要吸收的物质

（1）水分：皮肤角质层含水量为 10%~20%。含水量 37% 的离体角质层放在水中吸收的水分可高达 60%，但完整的皮肤只吸收很少量的水分。水分主要透过角质细胞的胞膜进入体内。

（2）电解质：放射性离子实验表明，Na^+、K^+、Br^-、PO_4^{3-} 可很快透过皮肤，^{131}I、^{89}Sr 和放射性钙在鼠皮肤上均可吸收。

（3）脂溶性物质：皮肤可大量吸收脂溶性物质，如维生素 A、维生素 D 及维生素 K 容易经毛囊皮脂腺透入。凡在脂及水中都能溶解的物质吸收最好，其吸收速度与消化道黏膜的吸收速度和注射后的吸收速度相似。而单纯水溶性物质，如维生素 B、维生素 C、蔗糖、乳糖及葡萄糖等都难以被皮肤吸收。

（4）激素：脂溶性激素，如雌激素、睾酮、黄体酮、脱氧皮质类固醇等容易被皮肤吸收。可的松不吸收，氢化可的松可吸收，倍他米松外用效果比氢化可的松强 10 倍。氟轻松外用效果最好，皮肤吸收也最好。水溶性激素的经皮吸收尚无明确结论。

（5）有机盐基类：皮肤对这类物质的吸收情况取决于其盐基性质，如果它们的盐基是脂溶性的游离盐基，则皮肤吸收良好；如果是水溶性的，则吸收不好。例如：尼古丁是脂溶性有机盐类物质，皮肤吸收良好。

（6）重金属及其盐类：重金属的脂溶性盐类可经皮肤吸收，如氯化汞可通过正常皮肤，但若其浓度超过 0.5% 可使皮肤中的蛋白质变性及凝固,从而使其无法正常通过。金属汞、甘汞、黄色氧化汞主要经毛囊和皮脂腺透入,表皮本身不能透过。氧化氨基汞(白降汞)本身不溶于水、脂质及有机溶剂,故极少吸收,临床上之所以能吸收是因为经角质层和汗液的酸化,使汞离子分解游离之故。铅、锡、铜、砷、锑、汞有与皮肤、皮脂中脂肪酸结合成复合物的倾向,使本来的非脂溶性变为脂溶性,从而易于吸收。

(7)油脂:动植物性和矿物性油脂都是经毛囊皮脂腺而透入,经角质层吸收的油脂量极少。

(8)气体:皮肤吸收气体的数量很少,全身皮肤吸氧量约为肺的 1/160。一氧化碳不被吸收,二氧化碳则内外相通,由溶度高的一侧向溶度低的一侧弥散或透入。此外,氢、氮、氨、硝基苯及特殊的芳香族油类蒸气等也可以透入皮肤。

(二)影响皮肤吸收功能的因素

1. 年龄 婴幼儿皮肤角质层厚度薄、细胞间桥粒少,表真皮间连接疏松,细胞间的 NMF 含量低,均使婴幼儿皮肤表皮屏障功能下降,同时真皮含水量较高。随年龄增长,细胞间脂质合成速度及总量都下调,导致表皮屏障功能下降,TEWL 增加。老年人皮肤萎缩变薄、角质层过角质化且含水量减少。因此,婴幼儿皮肤吸收能力较成年人及老年人强。

2. 身体部位 不同部位皮肤的角质层厚薄不同,因此皮肤的吸收能力有很大差异。面部一般在鼻翼两侧最易吸收,额头和下巴次之,两侧面颊最差。其他部位按吸收能力由大到小依次为阴囊、耳后、腋窝、头皮、下肢屈侧、上臂屈侧、前臂。掌跖部角质层和透明层较厚,又缺乏毛 - 皮脂腺结构,所以吸收能力最弱,除水分外几乎一切分子均不能透过,这也是手掌较手背不易发生接触性皮炎的主要原因。因此,选择皮肤外用药物时,应该遵循皮肤薄嫩部位选用浓度相对较低药物,而皮肤较厚部位选用浓度相对较高、渗透力较强药物的原则。同时,角质层越薄营养成分越容易透入吸收。因此,有时在做皮肤护理时需采用剥脱的方法使角质层变薄,增强皮肤的吸收,但如果皮肤损伤面积较大时,局部治疗时则应注意因吸收增强后可能引起的不良反应。

3. 被吸收物质的理化性质

(1)物质分子量大小:物质分子量的大小与皮肤的吸收率之间无明显关系,如分子量小的氨气极易透皮吸收,而某些分子量大的物质(如汞、葡聚糖分子等)也可透过皮肤吸收,这可能与分子的结构、形状、溶解度等有关系。

(2)物质浓度:一般而言,物质浓度与皮肤吸收率成正比。但当某些物质(如苯酚)高浓度时可引起角蛋白凝固,反而会使皮肤通透性降低,导致吸收不良。

(3)物质粒径:据皮肤结构特点,一般被吸收物质的粒径越小越容易吸收,因此可以通过利用纳米技术减小药物或化妆品中功效性成分的粒径,促进功效性成分更好地渗透到皮肤深层或通过纳米载运体系固体脂质纳米粒、纳米乳液、微球等增加药物或化妆品稳定性降低其刺激性,从而更好地发挥其功效。

(4)物质剂型:剂型在很大程度上影响物质的释放性能和靶向性,物质越容易从制剂中释放出,越有利于皮肤吸收,如粉剂、水剂很难被吸收,霜剂可少量吸收,软膏剂和硬膏剂可促进药物的吸收。

(5)加入溶媒:有机溶媒可显著提高脂溶性和水溶性药物的吸收。同时,通过乳化、脂质体等手段也可加强渗透吸收。如脂质体具有双重特性,即亲水性和疏水性,同时对皮肤角质层脂质有高度的生物相容性,其作为运载体可以促进药物透皮吸收。此外,傅里叶变换衰减全反射红外光谱法技术表明,氮酮等材料会影响渗透剂在皮肤中的扩散系数,而二乙二醇单乙基醚则会影响皮肤的溶解度,从而影响渗透剂进入皮肤角质层的分配。

4. 皮肤的水合作用　水合作用是指皮肤外层角蛋白或其降解产物具有与水结合的能力,是由于水分子扩散至较低表皮层,以及涂敷封闭性剂或覆盖密封皮肤表面,促使汗液积蓄造成的。角质层的水合作用是影响皮肤吸收的主要因素。水合作用可使角质层含水量从正常的 10% 增加至 50% 以上,大大地提高了物质的渗透性(增加 5~10 倍)。水合作用还可引起角质层细胞膨胀,使紧密结构形成多孔性并增加皮肤表面湿度及皮肤有效面积,从而促进物质的透皮吸收,通常对水溶性强的物质促进吸收作用较脂溶性显著。

皮肤角质层的水合程度越高,皮肤的吸收能力就越强。采用蒸汽喷面可补充角质层的含水量,皮肤被软化后,可增加渗透吸收能力。局部用药后用塑料薄膜封包,吸收系数会提高 100 倍,这是由于封包阻止了局部汗液和水分的蒸发,角质层水合程度提高的结果,临床上常用此法提高局部用药的疗效,但也应注意药物过量吸收。

5. 外界环境因素　环境温度升高可使皮肤血管扩张、血流速度增加,加快已透入组织内的物质弥散,从而使皮肤吸收能力提高。局部皮肤的温度高,使毛孔张开,营养物质可通过汗孔进入真皮而被吸收,皮肤按摩、蒸汽、蒸面、热膜等均可增高局部皮肤温度,促进营养物质的吸收。环境湿度也可影响皮肤对水分的吸收,当环境湿度增大时,角质层水合程度增加,皮肤的吸收能力增强,反之则减弱。

6. 皮肤屏障完整性　皮肤的吸收能力与角质层的厚薄、完整性及其通透性有关,完整的皮肤屏障可以很好地调节物质的经皮吸收。如果皮肤受损可致角质层丧失屏障作用,从而使物质的吸收的速度和程度增加。若用胶布将角质层全部粘剥去除,水分经皮肤外渗可增加 30 倍,各种外界分子的渗入也同样加速。一般溃疡皮肤对物质的渗透性超过正常皮肤 3~5 倍,并可引起疼痛、过敏及中毒等。如大面积烧伤涂搽 10% 盐酸磺胺米隆冷霜后易发生酸中毒。损伤性物质如芥子气、酸、碱等可破坏皮肤屏障,使其通透性增加。若角质层水分含量低于 10%,角质层即变脆易裂,屏障功能损伤,物质则易于透入。如皮肤角化不全、银屑病和湿疹等,使屏障功能减弱,吸收功能则增强,皮损处水分弥散总是增速,外用的治疗药物在该处也比在正常皮肤更易透入。因此,可以通过靶向破坏皮肤角质层,形成大分子透皮递送有效通道的同时保护深层组织免受破坏,如电穿孔、超声导入、微针和热消融等技术促进药物的有效吸收。

7. 皮肤储库作用　亲水性和亲脂性物质在透皮吸收过程中都可能由于与角质层有较强的结合或由于很小的扩散系数而蓄积在角质层,然后再缓慢扩散而形成储库。储库效应可显著影响物质透皮吸收动力学,有利于皮肤疾病的治疗。例如,外用醋酸双氟拉松霜剂,24 小时后 37.5% 的药物进入皮肤,仅有 1.1% 的药物随尿排泄,22 天后角质层仍残存此药物。

三、代谢功能

皮肤细胞有分裂增殖、更新代谢的能力。其主要组成细胞角质形成细胞从基底细胞层移至角质层脱落,约需要 28 天,称为表皮通过时间或更替时间(epidermal turnover time)。皮肤作为人体的一部分,参与人体糖、蛋白质、脂类、水和电解质等的代谢。

（一）糖代谢

皮肤中的糖类物质主要为葡萄糖、糖原和糖胺聚糖等。皮肤中葡萄糖含量为600~800mg/L，约为血糖的 2/3，表皮中的含量高于真皮和皮下组织，在有氧条件下，表皮中 50%~75% 的葡萄糖通过糖酵解途径分解提供能量，而缺氧时则有 70%~80% 通过无氧酵解途径分解提供能量。在某些疾病状态下，皮肤葡萄糖含量增高，容易发生真菌和细菌感染。人体皮肤糖原含量在胎儿期最高，至成年期含量明显降低。人体表皮细胞具有合成糖原的能力，创伤后 4 小时，表皮基底细胞可检出糖原，8~16 小时达到高峰。糖原的合成主要由表皮细胞的滑面内质网完成，主要受环磷腺苷系统的控制。真皮中的糖胺聚糖含量丰富，主要包括 HA、硫酸软骨素等，多与蛋白质形成蛋白多糖，后者与胶原纤维结合形成网状结构，对真皮及皮下组织起支持、固定作用。糖胺聚糖的合成及降解主要通过酶促反应完成，但某些非酶类物质（如氢醌、维生素 B_2、维生素 C 等）也可降解 HA。此外，内分泌因素亦可影响糖胺聚糖的代谢，如甲状腺功能亢进可使局部皮肤的 HA 和硫酸软骨素含量增加，形成胫前黏液性水肿。

（二）蛋白质代谢

皮肤蛋白质包括纤维性蛋白和非纤维性蛋白两类。前者包括角蛋白（keratin）、胶原蛋白（collagen）和弹性蛋白（elastin）等，后者包括细胞内的核蛋白以及调节细胞代谢的各种酶类。角蛋白是中间丝家族成员，是角质形成细胞和毛发上皮细胞的代谢产物及主要成分，至少有 30 种（包括 20 种上皮角蛋白和 10 种毛发角蛋白）；胶原蛋白有 I 型、III 型、IV 型、VII 型，胶原纤维主要成分为 I 型和 III 型，网状纤维主要为 III 型，基底膜带主要为 IV 型和 VII 型；弹性蛋白是真皮内弹力纤维的主要成分。皮肤中蛋白质由多种氨基酸组成，表皮内酪氨酸、胱氨酸、色氨酸、组氨酸含量较真皮高，而真皮内羟脯氨酸、脯氨酸、丙氨酸及苯丙氨酸含量较高。皮肤中的色氨酸和苯丙氨酸不能从食物中获得，需在体内合成。

（三）脂类代谢

皮脂代谢与皮肤美容有相当密切的关系，皮肤中的脂类包括脂肪和类脂质。人体皮肤的脂类总量（包括皮脂、表皮脂质及皮脂腺）占皮肤总重量的 3.5%~6%，最低为 0.3%，最高可达 10%。皮肤脂质可由板层小体及皮脂腺等皮肤结构分泌。其中角质层结构脂质主要由板层小体合成，并通过板层小体转运到颗粒层及角质层之间。而表皮及皮脂腺脂质主要由皮脂腺合成及分泌。皮脂主要由皮面、表皮、皮脂腺、真皮及皮下组织多个部位的脂质共同组成。

1. 皮面脂质　皮面脂质是构成皮肤表面的脂质，由皮脂腺和表皮内源性及细菌、真菌、化妆品等外源性脂质提供，包括游离脂肪酸、蜡酯、类固醇酯、角鲨烯、甘油三酯等。

2. 表皮脂质　表皮脂质作为能源和生物膜成分，包括甘油三酯、脂肪酸、类固醇、磷脂和维生素 D 的前体 7- 去氢固醇等。表皮细胞在分化的各阶段，其类脂质的组成有显著差异。例如：由基底层到角质层，胆固醇、脂肪酸、神经酰胺含量逐渐增多，而磷脂则逐渐减少。表皮中最丰富的必需脂肪酸为亚油酸和花生四烯酸，它们的主要功能是参与形成正常皮肤的屏障功能及作为一些重要活性物质的前体，如花生四烯酸在日光作用下可合成维生素 D，有利于预防佝偻病。

3. 皮脂腺脂质　皮脂腺脂质由皮脂腺合成分泌，主要包含甘油三酯、蜡酯、角鲨烯等脂质，还有半乳糖、维生素 E、抗菌肽等物质，其被分泌至皮肤表面与表皮脂质一起共同构成一道隔离机体与外界环境的屏障，保持水分。除了脂肪酸、防御素具有抑菌作用外，皮脂内的半乳糖、乙酰氨基葡萄糖等糖基成分也有一定的抗菌作用。同时，维生素 E 是皮肤抗氧化系统的主要成分,颜面部皮脂内维生素 E 的含量明显高于躯干和下肢皮肤,可能与颜面部接受紫外线等各种损伤较多有关。

4. 真皮及皮下组织脂质　真皮脂质主要是脂肪酸。而真皮组织脂质基本上是甘油三酯,还含有少量不饱和脂肪酸及类固醇,如胆固醇、7- 去氢胆固醇、脂色素等。保持适度的皮下脂肪,可使皮肤富有弹性和光泽,延缓皮肤衰老。脂肪摄入不足,皮肤就会变得粗糙,失去弹性。

膳食中的脂肪包括动物脂肪和植物脂肪。动物脂肪因含饱和脂肪酸较多,如食入过多可能加重皮脂溢出,促进皮肤老化。而植物脂肪中含较多不饱和脂肪酸,其中尤以亚油酸为佳,不但有强身健体作用,而且有很好的美容作用,是皮肤滋润、充盈不可缺少的营养物质。

(四)水和电解质代谢

皮肤是人体重要的贮水库,皮肤中的水分主要分布于真皮内。一个体重 65kg 的人,皮肤含水量可达 7.5kg。儿童皮肤含水量高于成年人,成年人中女性略高于男性。皮肤内的水不仅为皮肤的各种生理功能提供了重要的内环境,并且对整个机体的水分调节起到一定的作用,当机体脱水时,皮肤可提供其水分的 5%~7% 以维持循环血容量的稳定。

皮肤也是人体电解质的主要贮存库之一,主要贮存于皮下组织中,其中 Na^+、Cl^- 在细胞间液中含量较高,K^+、Ca^{2+}、Mg^{2+} 主要分布于细胞内,它们对维持细胞间的晶体渗透压和细胞内外的酸碱平衡起着重要的作用。K^+ 还可激活某些酶,Ca^{2+} 可维持细胞膜的通透性和细胞间的黏着,Zn^{2+} 缺乏可引起肠病性肢端皮炎等疾病。

在皮肤受损或各种炎症性皮肤病,如急性湿疹、接触性皮炎、脂溢性皮炎、银屑病等情况下,皮肤中的水及钠增加,随之氯化物也增加。而在限制饮水及低盐饮食时,这种变化可以明显好转,有利于皮肤炎症的消退。

(五)色素代谢

人类的肤色千差万别。正常情况下皮肤的颜色主要由两方面因素决定,一是皮肤内色素的含量,二是皮肤解剖学上的差异。皮肤内有四种生物色素,即褐色的黑色素、红色的氧化血红蛋白、蓝色的还原血红蛋白和黄色的胡萝卜素。胡萝卜素不能由人体自身合成,需要从饮食中摄取,称为外源性色素,其余三种均由机体自身合成,称为内源性色素。其中黑色素是皮肤颜色最主要的决定因素。黑色素多的皮肤显深色,中等的显黄色,很少的显浅色。黑色素有吸收太阳光中紫外线的能力,黑种人和棕种人具有深色的皮肤,可使皮肤不致因过多的紫外线照射而受损害。相反,白种人原先生活在北欧,那里紫外线照射较赤道附近弱,因而北欧白种人皮肤里的色素较少。

黑色素的新陈代谢是一个复杂而受到精准调控的过程,主要包括:黑色素细胞中黑色素小体的发育及黑色素合成,发育成熟的黑色素小体从黑色素细胞核周向树突远端转运,随后黑色素小体中的黑色素从黑色素细胞树突远端分泌至邻近角质形成细胞,最后黑色素在角质形成细胞中再分布与降解。任何使上述过程发生改变的因素都能影响黑色素的新陈代谢。

1. 黑色素细胞中黑色素小体的发育　黑色素细胞是合成与分泌黑色素颗粒的树枝状细胞。它镶嵌于表皮基底细胞之间,平均每 10 个基底细胞中有 1 个黑色素细胞。它是一种高度分化的细胞,细胞质内有特殊的细胞器,名为黑色素小体。

目前,研究认为黑色素小体是一种分泌型溶酶体。形态学的观察提示,黑色素小体最初来源于内质网产生的一种缺乏酪氨酸酶(tyrosinase, TYR)和黑色素小体的基本结构相对无定形的球状小囊泡,即前黑色素小体。前黑色素小体与周围 3,4- 二羟苯丙氨酸(简称"多巴")阳性的高尔基体接触,转变成纤丝状的含 TYR 的细胞器。随着黑色素小体的不断成熟,色素的合成与储存也不断地增加,直到腔内聚集满黑色素为止。蛋白质组学的研究表明,黑色素小体是一种单独存在的杂合细胞器,其蛋白构成分别产生于黑色素细胞中的其他各种细胞器。

2. 黑色素小体中黑色素的合成

(1)黑色素的合成:黑色素细胞中的黑色素都是在黑色素小体中合成与储存的,黑色素合成过程为,首先通过羟基化作用将酪氨酸转变为多巴,然后多巴被氧化为多巴醌,最后在半胱氨酸的参与下,多巴醌被化学修饰为 3- 半胱酰多巴和 5- 半胱酰多巴,正是这两种物质氧化并聚合成褐黑色素。随着反应的进行,半胱氨酸逐步被消耗,多巴醌在 TYR 作用下形成多巴色素,接着多巴色素失去羧基并通过一系列氧化和聚合反应形成另一种暗褐色的色素,二羟基吲哚(dihydroxyindole,DHI)。与此同时,由于多巴色素互变异构酶的存在使得部分多巴色素的羧基通过一系列氧化与聚合反应形成第三种黑色素形式,即二羟基吲哚羧酸(dihydroxyindolecarboxylic acid,DHICA),这种黑色素颜色较浅,呈棕褐色。至此,黑色素合成完全结束。

(2)黑色素合成过程中相关的酶与蛋白:黑色素的合成是一个多步骤的酶促生化反应,并受到复杂而精细的调控。一些特殊的酶和结构蛋白参与其中,大体可以分为三类:①*TYR* 基因家族蛋白主要包括 TYR、酪氨酸酶相关蛋白 1(tyrosinase-related protein 1,TRP-1)和多巴色素互变异构酶(isomerase,DCT)。在黑色素合成过程中,TYR 催化黑色素合成早期限速反应,TRP-1 将酪氨酸运输给黑色素小体,且 TRP-1 的合成速率与黑色素合成成正相关,而多巴色素互变异构酶则在黑色素聚合的过程中扮演了非常重要的角色。②功能和结构蛋白,如 PMEL17/GP100。③目前功能尚不清楚的分子,如 T 细胞识别的黑色素抗原 1(melanoma-associated antigen recognized by T cells,MART-1)。

(3)黑色素合成的影响因素:黑色素的合成与 TYR、酪氨酸和分子氧的浓度有关,其形成的速度和量常受到下列因素控制。①多巴:是酪氨酸 -TYR 的催化剂,能加速其反应。②巯基:表皮中的巯基(-SH)能与 TYR 中的铜离子结合而产生抑制作用。任何使表皮 -SH减少的因素,都可致黑色素形成增多,如紫外线或皮肤炎症等能表皮内 -SH 氧化或减少,而使皮肤色素增加。③微量元素:在黑色素代谢中主要起辅酶的作用,其中铜离子较为重要,铜离子参与黑色素合成过程,铜离子的缺乏在动物中可致毛色变白(铝离子过多也可使铜离子排出过多,而使毛色变白),补充铜离子后可使动物毛色变黑。某些重金属离子(如铁、银、汞、金、铋、砷等)可使皮肤色素加深。

3. 黑色素小体转运至黑色素细胞的树突顶端 随着黑色素小体的成熟,它们在驱动蛋白(kinesin)和动力蛋白(dynein)的驱使下,沿着与树突长轴平行的微管做正向和负向运动。随后,它们在这两种驱动作用的协调下到达树突顶端,并立即被小 GTP 结合蛋白(Rab27a)-黑色素亲和素(MLPH)- 肌球蛋白 Va(myosin-Va)复合体捕获,使其局限于树突顶端以纤维型肌动蛋白(F-actin)为轨道做短距离运动,为其转运至邻近角质形成细胞做准备。

4. 黑色素小体转运至角质形成细胞中分布与降解 1 个黑色素细胞可通过其树枝状突起与周围约 36 个角质形成细胞连接并向它转运黑色素,形成 1 个表皮黑色素单元(epidermal melanin unit)。目前,黑色素小体转运至角质形成细胞并在其中分布与降解的确切机制尚不完全清楚,但至少存在四种模型——细胞吞噬模型、胞吐 / 胞吞模型、纳米管隧道模型和胞外分泌吞噬模型。随着角质形成细胞在表皮中不断分化和向表层移动,进入角质形成细胞的黑色素小体也不断地向表皮的表层运输,同时逐渐降解。

5. 影响黑色素代谢的因素

(1)日晒:紫外线是对黑色素代谢影响最大的外界因素。紫外线照射可以使黑色素细胞内与黑色素合成相关的蛋白激酶活性及维生素 D_3 增加,使黑色素细胞对黑色素细胞刺激素反应性增加,从而增加 TYR 活性和黑色素合成。强烈的紫外线照射可致皮肤炎症反应,诱导花生四烯酸、前列腺素、白三烯、白细胞介素 -1(interleukin-1, IL-1)等炎症因子增加,导致黑色素合成增加。紫外线照射还可诱导皮肤的 ROS 族增多,表皮内巯基(—SH)氧化,—SH消耗增加,使黑色素生成增加。同时,紫外线还可使表皮内的黑色素小体迅速重新分布,将黑色素集中到日晒部位,引起色素沉着。因此,在治疗色素增加性疾病时,应将防晒贯穿于整个治疗过程中。

(2)内分泌和神经因素:内分泌、神经因素对黑色素代谢的调节较为复杂,有许多环节尚未完全清楚,比较肯定的因素有以下方面。

1)黑色素细胞刺激素:黑色素细胞刺激素(melanocyte-stimulating hormone, MSH)与黑色素细胞膜上的受体结合可激活腺苷环化酶,使环磷酸腺苷(cyclic adenosine monophosphate, cAMP)水平上升,从而增强 TYR 的活性,使黑色素生成增加。MSH 常受肾上腺皮质激素及交感神经的影响。

2)肾上腺皮质激素:在一般情况下,可抑制垂体 MSH 的分泌,但肾上腺皮质激素含量增多,反过来又可以刺激垂体 MSH 的分泌。因此,在祛斑美容治疗中,早期可在医师处方中适当使用软性糖皮质激素,但使用时间不宜过长,以免造成 MSH 增强,使黑色素生成增多。

3)性激素:雌激素可以增强 TYR 的氧化作用,使黑色素增加。适当增加雄激素可能有利于黑色素生成的减少。

4)甲状腺激素:甲状腺激素可促进黑色素的氧化过程,在经过常规治疗的色素增加性疾病效果不佳时,要注意检查甲状腺的功能,治疗甲状腺疾病。

5)神经因素:副交感神经兴奋可通过激活垂体 MSH 分泌,使黑色素生成增多,交感神经兴奋可使黑色素生成减少。因此,在祛斑美容治疗中,应保证患者有充足的睡眠和休息,尽可能避免副交感神经兴奋。

(3)维生素及氨基酸:某些维生素增多能使黑色素生成增加,如复合维生素 B、泛酸、叶酸参与了黑色素形成,其含量增多,可引起黑色素增加。因此,在祛斑美容治疗中,应该避免口服 B 族维生素,而在色素减少性疾病,如白癜风的治疗中可以使用 B 族维生素。还有一些维生素的增加则能使黑色素生成减少,如维生素 C 为还原剂、维生素 E 具有抗氧化作用,两者均可抑制黑色素生成。因此,在祛斑美容治疗中,可以使用维生素 C 及维生素 E;而在色素减少性疾病,如白癜风的治疗中应该避免使用维生素 C 及维生素 E。

氨基酸中的酪氨酸、色氨酸、赖氨酸参与了黑色素的形成,使黑色素增加。因此,在色素减少性疾病,如白癜风治疗中可以使用该类氨基酸。谷胱甘肽、半胱氨酸为 TYR 中铜离子的络合剂,其含量增多,可减少黑色素生成。在祛斑美容治疗中,可使用谷胱甘肽、半胱氨酸。

(4)细胞因子:角质形成细胞表达的碱性成纤维细胞生长因子(basic fibroblast growth factor, bFGF)、干细胞生长因子(stem cell growth factor, SCF)、内皮素(endothelin, ET)及白三

烯等均能直接作用于黑色素细胞,促进其增殖并合成黑色素。白细胞介素 -6(interleukin-6,IL-6)、肿瘤坏死因子(tumor necrosis factor, TNF)能抑制黑色素细胞产生黑色素。因此,在祛斑美容治疗过程中,应减少使用含 bFGF、SCF、ET 的美容产品,可考虑使用含 IL-6、TNF 的美容产品,ET 的拮抗剂也可作为祛斑药物之一。

(5)微量元素:影响黑色素代谢的主要微量元素是铜、锌离子,它们在黑色素合成中起辅助作用,TYR 催化酪氨酸形成黑色素的能力与铜离子数量成正比,因此,在治疗色素增加性疾病时,尽量减少铜离子的活性。而在治疗色素减退性疾病时,需要增加铜离子的含量。

(6)重金属:部分化妆品为达其功效性会添加有相关功能性的重金属。而常见的非法添加的重金属有铅、汞、砷及它们的化合物等。其中,汞及其化合物因含有汞离子可以取代黑色素合成关键酶 TYR 中的铜原子使其失活,抑制皮肤黑色素的合成,从而常被作为美白功效性成分非法过量添加于美白祛斑护肤品中。同时,铅及其化合物由于良好的吸附性及遮盖性,常作为吸附剂被添加于一些低劣的粉底等化妆品中。此外,砷元素被非法添加于化妆品中是由于其可以与人体内大量功能酶结合,加速皮肤代谢效率,促进化妆品的有效吸收。但随着使用时间的推移,大量重金属沉积于人体内反而会损害皮肤屏障结构及功能,诱导色素沉着的发生,甚至引起中毒,造成多个器官受损。

(7)微生态失衡:黄褐斑患者皮肤表面的暂住菌,如棒状菌及产色素微球菌明显增加,尤其是产生褐色、橘黄色的微球菌显著增加。温度升高时这些细菌产生的色素会明显增多,这可能是黄褐斑在春夏季颜色明显加深,而冬季明显减轻,甚至消失的原因。

(8)疾病和创伤:炎症反应及皮肤受创可使表皮内硫羟基减少,黑色素生成增加。炎症过程中细胞产生的 ET、前列腺素、花生四烯酸、白三烯等炎症因子促进黑色素细胞合成。因此,痤疮等炎症性皮肤病治疗后、皮肤磨削术后、激光治疗后都可能产生炎症后的色素沉着,需加强疾病的治疗及术后色素沉着的治疗。由于内分泌疾病可影响肾上腺皮质功能减退或亢进,从而导致色素代谢的异常,卵巢囊肿等生殖系统疾病也会使肤色异常,对于色素沉着疾病需考虑是否伴有内分泌疾病及生殖系统疾病。

(9)光敏食物或药物:某些光敏食物可增加皮肤对日光的敏感性,诱发黑色素合成增加,如菠菜、木耳、香菇、芹菜、胡萝卜、荠菜、柠檬、无花果等。常见的光敏药物有:口服避孕药、雌激素、磺胺类及衍生物、口服降糖药、镇静及催眠二甲胺吩噻嗪类药物(氯丙嗪、异丙嗪等)、利尿药、某些组胺类药物(氯苯那敏、苯海拉明)、解热镇痛药、抗生素类(四环素、灰黄霉素等)、安定类(利眠宁)、某些中药(荆芥、防风、沙参、独活、白鲜皮、白芷、补骨脂、芸香等)。因此,在治疗色素增加性皮肤病时应尽量避免这些食物及药物。

(顾 华 何 黎 王晓莉)

第二节 婴幼儿皮肤结构及功能特点

皮肤被覆于体表,是人体的第一道防线,具有独特结构特点及多种重要功能。婴幼儿皮肤与成年人相比在结构方面存在许多不同,年龄越小差异越大,从妊娠初始时形成的原始单层表皮(周皮)开始,到 1 岁左右才逐渐发育完善。而与成年人皮肤结构的差异也决定了婴幼儿独特的皮肤生理功能特点。本节将重点介绍婴幼儿皮肤结构及生理特点。

一、婴幼儿皮肤结构特点

皮肤由外向内分为表皮、真皮和皮下脂肪。表皮由外向内分为角质层、颗粒层、棘层、基底层,由角质形成细胞和少量树枝状细胞,如黑色素细胞、朗格汉斯细胞等组成,细胞间通过桥粒紧密连接,构成完整而致密的层状结构,黑色素细胞能有效地防止紫外线对皮肤的伤害,朗格汉斯细胞是人体的第一道免疫防线。表皮与真皮之间由基底膜带相连接。真皮主要分为乳头层和网状层,包含大量胶原纤维、弹性纤维、基质及成纤维细胞,真皮还包含许多皮肤附属器(毛发/毛囊、皮脂腺、汗腺和甲等),以及为皮肤提供营养和感觉的血管神经网。皮下脂肪层位于真皮层以下,既能储备能量,也是一层柔软的保护垫。

(一)皮肤外观

健康的成年人皮肤柔软光滑,婴幼儿皮肤水润娇嫩;通过反射式共聚焦激光扫描显微镜观察发现,婴幼儿皮纹非常致密,皮岛结构较成年人小,皮肤表面的皮岛结构与真皮层乳头结构一一对应,且大小、密度和分布较成年人均匀。

(二)表皮层

婴幼儿皮肤的表皮和角质层厚度都显著低于成年人,表皮厚度较成年人薄20%,角质层厚度较成年人薄30%,早产儿的表皮则更薄。

婴幼儿表皮角质细胞和颗粒层细胞的体积都比成年人小。研究显示,至出生后12个月,婴儿皮肤屏障功能才得以完善,提示表皮细胞、细胞间连接以及基底膜带至1岁时才发育成熟。

表皮中的黑色素细胞密度在出生时最高,随年龄增长有所降低,不同部位的密度也有所不同,以面部和外生殖器最高,腹部最低。表皮层中的黑色素细胞功能直至6个月龄才逐渐完善,其产生黑色素小体的数量及活性才逐渐正常,因此,有学者建议6个月以下婴儿表皮黑色素含量相对较少,更应注意防晒。

(三)真皮及附属器

1. 真皮层 婴幼儿皮肤真皮上部的胶原纤维密度低于成年人。婴幼儿皮肤真皮乳头层和网状层之间没有明显的界线;弹力纤维的分布与成年人相同,但纤维较细,在结构上不成熟,直至2岁以后才能形成成熟的弹力纤维。

2. 皮肤附属器

(1)毛发:最初的毛发在胎儿时期形成,称为胎毛。出生后,胎毛脱落并转化为过渡期毛发,直至2岁左右被终毛取代。毛囊数量在出生后不再增加,毛囊密度随体表面积增加而降低。

(2)指(趾)甲:新生儿指(趾)甲较薄质软,可呈匙状,直至2~3岁才逐渐改善。

(3)外泌汗腺:出生后数量固定,以掌跖部位密度最高,婴儿出生后就具有外泌汗腺分泌功能,但其正常分泌在2~3年才成熟,婴幼儿时期通过出汗调节体温的功能较成年人弱。

(4)皮脂腺:在胎儿第4个月时开始形成,到第6个月时成熟,其超微结构基本与成年人相同,但不如成年人成熟,皮脂腺在妊娠第8个月时开始全浆分泌皮脂。皮脂内含有角鲨烯、蜡酯、胆固醇、胆固醇酯、甘油三酯和游离脂肪酸,其中的角鲨烯和蜡酯来源于皮脂腺的独特脂质,构成皮肤表面皮脂膜。由于母体妊娠期雄激素对皮脂腺的刺激作用,足月新生儿的皮脂腺腺体显著大于儿童期的腺体,且新生儿的皮脂分泌水平与成年人相似,但在出生后的6~12个月皮脂分泌水平迅速下降并保持低水平。皮脂的生成受雄激素调控,最早可于6~7岁开始分泌,皮脂分泌水平在青春期性腺雄激素的刺激下迅速升高,并在青春期末期保持恒定直至成年。

(四)皮下脂肪层

人出生时,无论是皮下脂肪层厚度、组成,还是血管网和神经网的形成均不成熟,在生长发育过程中逐渐完善,如血管系统的组织和分布模式要到1.5岁才基本形成。

总之,婴幼儿皮肤并非成年人皮肤的微缩版,不同年龄段有不同的结构特点,不同结构也有不同的发生发育特点。因此,掌握其皮肤的结构和发育特点才能更好地理解婴幼儿皮肤功能特点。

二、婴幼儿皮肤功能特点

婴幼儿皮肤结构特点决定了其皮肤功能的差异性和独特性。

(一)婴幼儿皮肤屏障功能特点

1. 皮肤屏障功能物质基础　婴幼儿表皮不如成年人厚,"砖墙结构"不稳定。

皮脂腺细胞以全浆分泌形式分泌的游离性脂质分布于皮肤表面形成皮脂膜,皮脂膜是皮肤屏障结构的最外层防线,具有润滑皮肤、维持皮肤表面酸性外膜及减少皮肤表面水分蒸发的作用。

FLG与其他中间丝相关蛋白的降解产物一起参与形成重要的保湿复合体,NMF负责皮肤的水合作用和弹性。皮肤屏障结构破坏导致NMF流失时,皮肤的保湿作用会相应下降。

总之,婴幼儿皮肤及附属器结构发育不成熟,屏障功能较成年人不健全,对外界及紫外线抵御能力弱。

2. 皮肤屏障功能参数　皮肤屏障功能参数是评价皮肤屏障功能的重要指标,主要包括TEWL、角质层含水量和皮肤pH。出生后2周内的新生儿TEWL升高、角质层含水量最低,2周后至3个月TEWL降低、角质层含水量升高,可达到甚至超过成年人期水平,在1~2岁TEWL升至最高。新生儿皮肤NMF含量较高,随后下降,至6个月时降至最低,之后1~2岁有所回升并能基本保持。足月新生儿出生时皮肤pH呈碱性(由于部位差异pH为6.6~7.5),在随后96小时内可降至5.0,与其他儿童期和成年期近似。与成年人相比,婴儿皮肤的TEWL、角质层含水量和皮肤pH变异度较大。

3. 婴幼儿皮肤屏障功能特点　婴幼儿皮肤角质层厚度薄,细胞间桥粒少,表真皮间连接疏松,细胞间的NMF含量低,均影响皮肤屏障功能,导致经表皮失水增多,化学物质透皮吸收增加以及皮肤易受外伤,如表皮剥脱、起疱,使其易发生感染、中毒和体液失衡等情况。成年人皮肤的pH为弱酸性(5~5.5),有抵抗微生物的保护作用,而新生儿皮肤pH偏中性,显著削弱其抑制皮肤表面微生物过度增殖的作用,TEWL增加,表皮屏障功能下降。表皮脂质在维持皮肤屏障功能和皮肤完整性方面发挥重要作用,新生儿皮肤表面皮脂膜与成年人类似,但在生后的6~12个月皮脂腺分泌活性迅速下降,因此,婴幼儿皮肤表面皮脂含量降低,皮脂膜屏障功能减弱。婴幼儿表皮内黑色素细胞的黑色素小体少且黑色素含量低,对紫外线损伤的屏障功能弱,更易晒伤。相较成年人,婴幼儿皮肤内胶原纤维含量少且不成熟,而基质成分如蛋白多糖相对较多,使得皮肤含水量增加,易受体液失衡影响和机械性创伤如尿布摩擦刺激等。

此外,尿布区皮肤因其独特的解剖部位而具有不同于非尿布区皮肤的屏障特点。尿布区封闭的环境和尿液残留导致皮肤含水量过高,造成局部皮肤潮湿、浸渍,并在尿布摩擦刺激下出现机械损伤,引起皮肤屏障功能下降。尿布区皮肤表面残留粪便被尿素酶分解产生氨气,使局部皮肤 pH 升高,而碱性环境又可激活粪便中蛋白酶、脂肪酶和尿素酶的活性,催化生成刺激物,进一步渗透并刺激屏障受损区的皮肤。尿布区温暖、潮湿的碱性环境还使皮肤表面定植菌,如白念珠菌、金黄色葡萄球菌增殖迅速,容易使已受损皮肤出现继发感染而加重炎症。

(二)婴幼儿皮肤其他功能特点

婴幼儿皮肤表皮屏障功能下降而真皮含水量高、角质形成细胞间及表真皮间的皮肤连接结构疏松、体表面积与体重比大。因此,婴幼儿皮肤吸收能力增强。婴幼儿表皮基底层细胞更新速率快,皮肤修复能力强。婴幼儿小汗腺分泌功能弱、血管网欠成熟、皮下脂肪厚度薄,因此体温调节能力差,对热刺激敏感。除小汗腺外,顶泌汗腺和皮脂腺的分泌功能受各种激素(如雄激素、孕激素、雌激素、糖皮质激素、垂体激素等)影响,导致婴幼儿皮肤分泌和排泄功能较成年人弱。皮肤也是免疫器官,婴幼儿期皮肤天然免疫屏障功能弱、免疫细胞和分子发育不完善,不仅易继发病原菌(细菌、真菌和病毒)感染,而且可发生接触性超敏反应。

由于婴幼儿皮肤结构和功能处于不断完善的过程,婴幼儿更易出现各种皮肤问题,如AD、尿布皮炎等。了解婴幼儿皮肤结构和生理特殊性对婴幼儿皮肤护理和皮肤疾病治疗具有重要的意义,有关婴幼儿的皮肤护理详见第六章第十五节。

(汪洋 梁源 马琳)

第三节 老年人皮肤生理特点

老化是生命活动的自然进程,随着年龄增长,身体各部分组织器官功能逐渐衰退。在衰老的过程中,皮肤的结构和功能会发生退行性改变,因此老年人的皮肤会有一些特有的变化。

一、老化对皮肤结构的影响

(一)皮肤老化机制

皮肤老化分内源性和外源性老化。

1. 内源性老化 皮肤的内源性老化又可称为生理性老化,与机体其他组织的老化过程同步,是由遗传因素决定的程序性进程,在不同种族、个体以及同一个体不同部位之间表现出差异。内源性老化的主要表现为皮肤变薄、干燥,弹性下降、松弛,色素增加和出现皱纹等。

内源性老化主要与细胞核内端粒结构的进行性缩短和 DNA 损伤有关。端粒是位于染色体末端的 DNA- 蛋白复合体,端粒 DNA 是由简单的 DNA 高度保守的重复序列所组成,有保护染色体末端免于融合和退化的作用,从而维持染色体结构和功能的稳定,保证有丝分裂的正常进行。细胞分裂一次,每条染色体的端粒就会逐次变短,当端粒缩短到一定程度时,细胞进入增殖衰老期,不再分裂。因此,严重缩短的端粒是细胞老化的信号。此外,在细胞代谢过程中,低级别的氧化损伤也会加速端粒和 DNA 等其他细胞结构的损伤进程。

2. 外源性老化　主要是紫外线导致的皮肤老化,因此外源性老化又可称为光线性老化。紫外线根据波长可分为短波紫外线(200~280nm, UVC)、中波紫外线(280~320nm, UVB)和长波紫外线(320~400nm, UVA),波长越长,穿透皮肤的能力就越强。UVC 在经过地球表面同温层时被臭氧所吸收,不能到达地球表面;而 UVB 及 UVA 则可通过大气层到达地球表面。UVB 极大部分被表皮吸收,可到达表皮基底层,过度暴露可造成晒伤,严重者可诱发皮肤癌;UVA 可穿透表皮到达真皮深层,是光线性老化的"罪魁祸首"。

外源性老化的主要原因之一是累积性的紫外线损伤,主要集中于面、颈、手背等光暴露部位,与光暴露程度、时间以及皮肤内色素含量有关,生活在高海拔地区、户外工作者和肤色较浅的个体更易发生光老化。紫外线作用于皮肤,首先被细胞内生物分子吸收发生光化学反应,产生过量的 ROS,核因子 E2 相关因子 2(nuclear factor erythroid-2 related factor 2, NRF2)抗氧化信号通路可被激活发挥防御保护作用,而过度的紫外线暴露将导致氧化与抗氧化失衡,引起皮肤损伤。一方面 ROS 可直接导致 DNA、蛋白质、脂质等功能性生物大分子结构功能改变,促进皮肤光老化和皮肤肿瘤的发生。另一方面,氧化应激可干扰细胞信号转导,通过多条通路引起真皮结缔组织改变。研究表明,2 倍最小红斑量的紫外线照射15 分钟以上即可引起人体角质形成细胞和成纤维细胞表面的细胞因子,如表皮生长因子(epidermal growth factor, EGF)、IL-1、TNF-α 受体等激活。同时,还可激活生长因子受体,被激活的受体可介导转录因子激活蛋白 -1(activator protein-1, AP-1)活化,刺激角质形成细胞和成纤维细胞内 *MMP* 基因表达增加。MMP 可降解胶原蛋白、弹性蛋白和细胞外基质蛋白成分,损伤真皮结构。在成纤维细胞中,紫外线还可通过两条途径抑制前胶原蛋白Ⅰ、Ⅲ 的合成:①可使细胞表面的 Ⅱ 型 TGF-β 受体表达下降,抑制 TGF-β 依赖的前胶原合成途径。②紫外线活化的 AP-1 既可干扰前胶原蛋白基因的转录,又可阻断 TGF-β 的作用,从而抑制前胶原的合成。这些损伤长期累积将导致真皮结缔组织完整性受损,引起皮肤变薄、松弛、出现皱纹等老化表现。除此之外,NF-κB、PI₃K-Akt-mTOR、MAPK 等信号通路亦参与了皮肤光老化和皮肤肿瘤的发生发展。其他因素如吸烟、环境污染、精神压力等也在不同程度上影响皮肤的老化进程。

由于内源性老化进程随着年龄增长是不可避免的,难以干预。相比之下,外界环境更容易受到人为因素的影响。因此,外源性老化,特别是光老化,是延缓皮肤衰老和预防老化相关皮肤疾病的重要靶点。

（二）皮肤老化的结构改变

1. 表皮老化的结构改变　表皮主要由角质形成细胞组成,其间散在黑色素细胞、朗格汉斯细胞及梅克尔细胞。角质形成细胞和细胞间脂质成分组成的"砖墙结构",具有重要的屏障功能。老化的皮肤脂质分泌减少,细胞更新能力下降,表皮萎缩变薄,表皮与真皮连接能力下降,表皮功能受到影响。

研究表明,随年龄增长,角质层厚度虽无明显变化,但细胞间脂质合成速度下降,总量减少,导致表皮屏障功能下降,TEWL 增加,容易出现皮肤干燥、对外界刺激的敏感性增加、化学物质穿透性增加等。板层小体在细胞间脂质从颗粒层转运至角质层的过程中发挥重要作用,参与屏障损伤修复过程。在人体和小鼠模型中均发现,老化的皮肤中板层小体分泌功能下降,皮肤屏障修复能力受损。此外,随年龄增长,表皮角质形成细胞更新能力下降,表皮厚度下降,萎缩变薄,表皮突变平,基底膜带的面积缩小,表皮真皮间物质交换功能下降。表皮黑色素细胞数量减少,对紫外线损伤的防护能力下降,基底层角质形成细胞可出现异型性,增加了癌变的概率。

2. 真皮老化的结构改变 真皮属于结缔组织,主要由纤维成分组成,其间散在少量细胞和基质成分,主要功能是维持皮肤的韧性和弹性。在内源性老化过程中,成纤维细胞合成能力下降,导致细胞外基质减少,真皮变薄。胶原纤维是真皮中最主要的蛋白成分,主要为Ⅰ型胶原蛋白,在年轻人中胶原束排列规则,抗牵拉性强,对皮肤起着保护支撑的作用。老化的皮肤Ⅰ型胶原蛋白合成减少,降解增多,胶原束断裂,排列紊乱,不成熟的Ⅲ型胶原蛋白比例增加,真皮的强度和支撑力下降,逐渐形成皱纹。弹力纤维占皮肤干重的 2%~4%,在胶原纤维束间相互交织成网,是维持皮肤弹性的重要组分。日光弹力纤维变性是光老化的一个重要标志,UVA 刺激 MMP 活性增加,使弹力纤维变性形成无定形物质,皮肤逐渐失去弹性变得松弛。糖胺聚糖是细胞外基质的重要组成成分,填充于胶原之间并与之交联,因为具有强大的水结合能力而起到丰盈真皮的作用。在老化的皮肤尤其是光老化皮肤中,糖胺聚糖总量减少,HA 沉积于日光弹力纤维变性物质周围,与胶原蛋白的交联减少,影响了其与水结合的能力,真皮水含量下降,皮肤即出现明显的干燥、粗糙、萎缩和松弛的表现。

二、老年人皮肤生理功能变化

(一)皮肤屏障受损

老年人皮肤屏障功能损伤主要体现在皮肤萎缩变薄、表皮脂质含量下降、pH 增高、角质层含水量减少和受到外界刺激后的修复能力降低。

1. 皮肤屏障较年轻人更容易受损,且恢复较慢 研究表明,用丙酮或胶带粘贴法破坏年轻人(20~30 岁)和老年人(>80 岁)的皮肤屏障,达到相同的破坏程度时,老年人丙酮处理所需时间更短,胶带粘贴次数更少。且在年轻人中,处理后的 24 小时和 72 小时,屏障功能分别可恢复 50% 和 80%,而老年人在 24 小时后仅能恢复 15%。这与老年人表皮结构发生变化,导致表皮屏障结构的完整性受损有关。

2. pH 升高 pH 是评价皮肤屏障功能的重要指标之一。研究发现,60 岁以上人群皮肤 pH 均高于青年组人群。pH 的增高可能与老化的表皮中 Na^+/H^+ 反向转运体(NHE1)表达增多有关。

皮肤酸度改变可影响许多依赖 pH 酶的活性。pH 增高可导致参与脂质加工的 β- 葡萄糖脑苷脂酶(β-glucocerebrosidase)和酸性鞘磷脂酶(acid sphingomyelinase)活化受限,进而影响脂质加工过程。同时,可使丝氨酸蛋白酶活化,当 pH 从 5.5 升至 7.5 时,酶的活性明显增加,桥粒被降解,角质形成细胞间的连接受损,导致表皮屏障的破坏。pH 增高还破坏了皮肤表面的弱酸性抑菌环境,使微生物感染的风险增加。

3. 角质层含水量减少 正常人角质层的含水量在 15% 以上。老年人表皮变薄,加之屏障受损,因此,经 TEWL 增加,角质层含水量减少,临床上表现为皮肤干燥、粗糙。一项基于中国人群的大样本研究显示,所有受试者不同部位的角质层含水量峰值均出现在 40~50 岁,70 岁以上老年人前额角质层含水量在男女性中均降低,而前臂角质层含水量在各年龄组女性中无明显差异,在老年男性（70 岁以上）中有所下降。

（二）皮肤免疫功能下降

皮肤覆盖于体表,由其构成的物理、化学、微生物屏障形成抵御外来病原体入侵的第一道防线。同时,皮肤也是重要的免疫器官,表皮内的朗格汉斯细胞具有吞噬、抗原加工及呈递的作用,真皮内的肥大细胞、巨噬细胞、淋巴细胞及其分泌的多种细胞因子、黏附因子等构成了皮肤内复杂的网络系统,发挥着免疫防御、监视和自稳作用,维持了机体的免疫稳定状态。

老年人皮肤的免疫功能随年龄增长有所下降,因此带状疱疹等感染性皮肤病和皮肤恶性肿瘤在老年人群中发生率增高。TLR 是固有免疫应答中一种重要的模式识别受体,作为细胞感染的感受器,所介导的信号转导可导致固有免疫细胞活化,诱导多种促炎症细胞因子,如 TNF-α、IL-6 和白细胞介素 -12（interleukin-12, IL-12）的表达和分泌。这些细胞因子可诱导炎症发生,促进抗原呈递、启动和促进适应性免疫应答,发挥抗感染作用。研究发现老化皮肤吞噬细胞的 TLR 识别能力下降,其下游的促炎症因子 TNF-α、IL-6 和 IL-12 等表达减少。

朗格汉斯细胞是表皮中主要的抗原呈递细胞,老年人尤其是光暴露部位表皮内朗格汉斯细胞密度减小,同时其向局部淋巴结迁移的能力逐年下降。T 细胞作为皮肤中数量最多的淋巴细胞,在老化过程中,其亚型逐渐发生变化。初始 T 细胞逐渐向记忆 T 细胞转换,具有免疫抑制作用的调节性 T 细胞比例增加。在小鼠研究中发现,皮肤中 T 细胞前体的数量随月龄的增加而减少,T 细胞的生成下降。同时,老化的皮肤中 T 细胞抗原受体（T-cell antigen receptor, TCR）多样性减少,对抗原刺激的增殖反应和杀伤活性减弱。T 细胞的一系列变化导致皮肤对抗原的识别、清除能力下降,免疫屏障受损。

（三）创伤愈合延迟

创伤愈合是指在外力作用下皮肤等组织出现离断或缺损后的修复过程,涉及多种细胞、细胞因子、生长因子、蛋白酶的协同反应,包括炎症反应期、增殖期和组织重塑期。上述过程异常延长或中断将导致创伤愈合延迟,甚至形成皮肤慢性损伤,老年人由于皮肤结构和功能的改变,创伤愈合的各个阶段均受到影响。

1. 炎症反应期 单核细胞在损伤数小时后到达受损组织,并分化为成熟的吞噬细胞,发挥吞噬坏死组织、抗感染的作用,同时分泌多种细胞因子和生长因子,趋化和激活其他细胞,启动和调节炎症反应。研究显示相比于年轻人,老年人损伤部位单核细胞浸润延迟。在小鼠模型中发现老龄化的小鼠皮肤吞噬细胞的吞噬功能下降。在此基础上,老化的皮肤损伤区域 T 细胞浸润也发生延迟。

2. 增殖期 增殖期的反应包括表皮再生、肉芽组织形成和血管生成。低氧微环境在此阶段具有重要的意义,暂时性的缺氧可刺激角质形成细胞、成纤维细胞、血管内皮细胞的增殖、迁移和分化,诱导细胞因子和生长因子的表达,促进细胞外基质合成和血管生成。而在老年人中组织对低氧的敏感性下降,缺氧诱导因子 1α（hypoxia inducible factor, HIF）通路受阻,将导致修复延迟。

3. 组织重塑期　组织重塑期一般开始于创伤的第 8 天,整个过程将持续相当长时间。在此阶段,细胞外基质经历不断的降解和再合成,以恢复正常的骨架结构,不稳定的Ⅲ型胶原被Ⅰ型胶原取代,血管结构和密度逐渐恢复正常。此阶段纤维性修复将导致瘢痕形成。老化的皮肤中 MMP 表达上调,而其抑制因子,金属蛋白酶组织抑制剂（tissue inhibitor of metalloproteinas,TIMP）生成减少,这种不平衡将导致组织降解加快,胶原沉积延迟,影响组织重塑进程。

总之,由于老年人表皮细胞间脂质合成减慢,表皮屏障功能下降,水分流失增加,同时,真皮细胞外基质减少,给予皮肤的营养减少,皮肤易出现干燥、脱屑,甚至瘙痒增加。因此,老年人需加强皮肤护理,修复受损皮肤屏障,改善皮肤干燥、脱屑症状,具体皮肤护理可见第六章第十六节。

（吴艳　那君　朱学骏）

参 考 文 献

［1］温斯顿,凯勒,莫雷利.儿童皮肤病学［M］.北京:人民军医出版社,2009.

［2］张学军,涂平.皮肤性病学［M］.8 版.北京:人民卫生出版社,2019.

［3］马琳,王华,姚志荣,等.儿童皮肤病学［M］.北京:人民卫生出版社,2014.

［4］SHAHIDULLAH H. Harper's textbook of pediatric dermatology［J］. Br J Dermatol, 2012, 166: 1378-1379.

［5］詹向红,李伟,徐玮玮,等.慢性愤怒应激对衰老大鼠学习记忆能力的影响及其脂质过氧化机制［J］.中国老年学杂志,2010,30（6）:752-753.

［6］何黎.皮肤屏障与相关皮肤病［J］.中华皮肤科杂志,2012,45（6）:455-457.

［7］康春福,张哲,陈斌,等.缺氧及缺氧诱导因子对创伤愈合的影响［J］.中华整形外科杂志,2015,31（5）:393-396.

［8］苏跃,徐丽敏,李虹.不同年龄性别正常人皮肤表面酸碱度研究［J］.中国麻风皮肤病杂志,2015,31（11）:701-702.

［9］莫子茵,代歆悦,江娜,等.与紫外线致皮肤损伤相关的部分信号通路研究进展［J］.国际皮肤性病学杂志,2017,43（5）:305-308.

［10］YIN L, MORITA A, TSUJI T. Skin aging induced by ultraviolet exposure and tobacco smoking: evidence from epidemiological and molecular studies［J］. Photodermatol Photoimmunol Photomed, 2001, 17（4）: 178-183.

［11］NING Y, XU J F, LI Y, et al. Telomere length and the expression of natural telomeric genes in human fibroblasts［J］. Hum Mol Genet, 2003, 12（11）: 1329-1336.

［12］KIKUCHI K, KOBAYASHI H, HIRAO T, et al. Improvement of mild inflammatory changes of the facial skin induced by winter environment with daily applications of a moisturizing cream. A half-side test of biophysical skin parameters, cytokine expression pattern and the formation of cornified envelope［J］. Dermatology, 2003, 207（3）: 269-275.

［13］KOSMADAKI M G, GILCHREST B A. The role of telomeres in skin aging/photoaging［J］. Micron, 2004, 35（3）: 155-159.

［14］DESAI A, KRATHEN R, ORENGO I, et al. The age of skin cancers［J］. Sci Aging Knowledge Environ, 2006, 2006（9）: 13.

［15］CHOI E H, MAN M Q, XU P, et al. Stratum corneum acidification is impaired in moderately aged human and murine skin［J］. J Invest Dermatol, 2007, 127（12）: 2847-2856.

［16］NIKOLOVSKI J, LUEDTKE M, CHU M, et al. Visualization of infant skin structure and morphology using in vivo confocal microscopy［C］// 65th Annual Meeting of the American-Academy-of-Dermatology, 2007.

［17］LAGES C S, SUFFIA I, VELILLA P A, et al. Functional regulatory T cells accumulate in aged hosts and promote chronic infectious disease reactivation［J］. J Immunol, 2008, 181（3）: 1835-1848.

［18］SHAW T J, MARTIN P. Wound repair at a glance［J］. J Cell Sci, 2009, 122（Pt 18）: 3209-3213.

［19］BURKE K E, WEI H. Synergistic damage by UVA radiation and pollutants［J］. Toxicol Ind Health, 2009, 25（4/5）: 219-224.

［20］MAN M Q, XIN S J, SONG S P, et al. Variation of skin surface pH, sebum content and stratum corneum hydration with age and gender in a large Chinese population［J］. Skin Pharmacol Physiol, 2009, 22（4）: 190-199.

［21］PANDA A, QIAN F, MOHANTY S, et al. Age-associated decrease in TLR function in primary human dendritic cells predicts influenza vaccine response［J］. J Immunol, 2010, 184（5）: 2518-2527.

［22］STAMATAS G N, NIKOLOVSKI J, LUEDTKE M A, et al. Infant skin microstructure assessed in vivo differs from adult skin in organization and at the cellular level［J］. Pediatr Dermatol, 2010, 27（2）: 125-131.

［23］STAMATAS G N, NIKOLOVSKI J, MACK M C, et al. Infant skin physiology and development during the first years of life: a review of recent findings based on in vivo studies［J］. Int J Cosmet Sci, 2011, 33（1）: 17-24.

［24］SHAW A C, PANDA A, JOSHI S R, et al. Dysregulation of human Toll-like receptor function in aging［J］. Ageing Res Rev, 2011, 10（3）: 346-353.

［25］FLUHR J W, DARLENSKI R, LACHMANN N, et al. Infant epidermal skin physiology: adaptation after birth［J］. Br J Dermatol, 2012, 166（3）: 483-490.

［26］SGONC R, GRUBER J. Age-related aspects of cutaneous wound healing: a mini-review［J］. Gerontology, 2013, 59（2）: 159-164.

［27］MATSUI T, AMAGAI M. Dissecting the formation, structure and barrier function of the stratum corneum［J］. Int Immunol, 2015, 27（6）: 269-280.

［28］RINNERTHALER M, BISCHOF J, STREUBEL M K, et al. Oxidative stress in aging human skin［J］. Biomolecules, 2015, 5（2）: 545-589.

［29］LEE D H, OH J H, CHUNG J H. Glycosaminoglycan and proteoglycan in skin aging［J］. J

Dermatol Sci, 2016, 83（3）: 174-181.

[30] TOBIN D J. Introduction to skin aging[J]. J Tissue Viability, 2017, 26（1）: 37-46.

[31] LIMBERT G, MASEN M A, POND D, et al. Biotribology of the ageing skin—Why we should care[J]. Biotribology, 2019, 17: 75-90.

[32] 吴艳, 陈璨, ELIAS P M, 等. 钙离子对表皮屏障功能的调节[J]. 临床皮肤科杂志, 2010, 39（2）: 135-137.

[33] LAMBERT M W, MADDUKURI S, KARANFILIAN K M, et al. The physiology of melanin deposition in health and disease[J]. Clin Dermatol, 2019, 37（5）: 402-417.

[34] ROBINSON C L, EVANS R D, SIVARASA K, et al. The adaptor protein melanophilin regulates dynamic myosin-Va: cargo interaction and dendrite development in melanocytes[J]. Mol Biol Cell, 2019, 30（6）: 742-752.

第 三 章

化妆品活性成分及作用机制

第一节　清洁活性成分

一、概述

人体皮肤暴露在外界环境中,时刻遭受来自环境的物理性粉尘、化学刺激物、致敏物和微生物的侵袭,皮肤自身也在不断产生、分泌或排泄代谢产物,甚至在某些病理情况下会产生脓、痂、鳞屑等物质。上述物质附着在皮肤表面,形成污垢。皮肤污垢不及时清除,会影响皮肤正常生理功能的发挥,甚至会刺激皮肤,引起皮肤过敏,或堵塞皮肤腺体,引起皮肤粗糙、毛孔粗大,还可能与微生物一起引起皮肤感染、痤疮、毛囊炎等皮肤病。

及时清除皮肤表面的污垢,保持汗腺、皮脂腺分泌物排泄畅通,有利于防止各种微生物感染,充分发挥皮肤的生理功能。因此,皮肤清洁是皮肤护理最基础、最重要的环节。清洁类化妆品正是用于清洁人体皮肤、毛发,在日常生活中应用最广泛的一类产品。

二、清洁活性成分分类及作用机制

根据接触皮肤的时间长短,化妆品可分为驻留类和淋洗类。驻留类包括护肤霜、防晒霜、精华等,淋洗类日化产品包括洗发水、沐浴露、卸妆油、洗面奶等。清洁类产品多属于淋洗类产品。清洁类化妆品中的原料成分包括表面活性剂、活性添加剂、防腐剂、香料、着色剂等。根据不同消费者的需求、配方设计和成本,清洁类化妆品在市场上可以有不同的类型,便于消费者根据自身皮肤情况做不同的选择。

(一)表面活性剂

表面活性剂,既往认为是一类即使在很低浓度时也能显著降低表(界)面张力的物质,现在认为在较低浓度下能显著改变表(界)面性质或与此相关、由此派生的性质类似的物质。

1. 表面活性剂的作用　表面活性剂分子的化学结构由亲水的极性基团和亲油的非极性基团组成,分别处于分子的两端,形成不对称、极性的结构,又称亲油亲水的双亲分子,在溶液的表面能定向排列,主要通过乳化、增溶、分散作用发挥清洁功能。此外,还具有发泡、润湿、渗透、柔软和抗静电、抗菌等作用(图3-1)。

乳化作用是将一种液体分散到与之不相容的另一种液体中的过程,所形成的分散体系称为乳状液。比如将油分散到水中(水包油乳状液),或将水分散到油中(油包水乳状液)。常用作乳化剂的表面活性剂有失水山梨醇脂肪酸酯及聚氧乙烯醚衍生物、氨基酸系列表面活性剂、蔗糖脂肪酸酯和有机硅表面活性剂等。

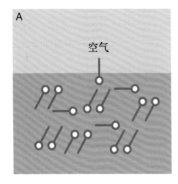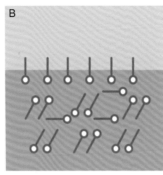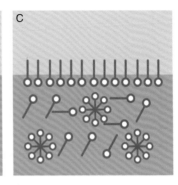

图 3-1　表面活性剂在溶液中的行为示意

A. 水溶液中的表面活性剂分子在空气-水界面处富集,疏水部分朝向空气一侧;B. 当表面活性剂浓度增加时,界面处表面活性剂分子达到饱和;C. 为尽量减少其与水的相互作用,表面活性剂的疏水部分相互作用并在溶液中形成胶束。

增溶作用是增加不易溶解物质的溶解度。表面活性剂分子在溶液中会自动缔合形成聚集体,当达到临界胶束浓度时,表面活性剂分子会形成胶束。胶束能把固体微粒或油相物质吸聚在疏水尾链端,增大微溶物或不溶物的溶解度。在化妆品中充当增溶剂的表面活性剂有聚氧乙烯硬化蓖麻油、脂肪醇聚氧乙烯醚、聚氧乙烯失水山梨醇脂肪酸酯、聚甘油脂肪酸酯等。

分散作用是使非水溶性物质在水中形成微粒且呈均匀分散状态的现象。分散剂需要具有良好的润湿性、分散性且能够长时间稳定相应体系。常采用的分散剂有硬脂酸皂、十二烷基硫酸二乙醇胺盐、脂肪醇聚氧乙烯醚羧酸盐等。

2. 表面活性剂的种类及作用机制　表面活性剂可分为阴离子表面活性剂、两性表面活性剂、阳离子表面活性剂、非离子表面活性剂及新型表面活性剂。

（1）阴离子表面活性剂:一般具有良好的渗透、润湿、乳化、分散、增溶、起泡、抗静电和润滑等性能,去污能力强,溶于水时,能解离出发挥表面活性作用部分的带负电基团。

常见的阴离子表面活性剂有羧酸盐类、硫酸酯类、磺酸盐类、磷酸酯盐类,如十二烷基硫酸钠、聚氯乙烯烷基碳酸钠、酰基磺酸钠、磺基琥珀酸酯、脂肪醇聚氧乙烯醚羧酸盐和酰基肌氨酸及其盐类等。其中,十二烷基硫酸钠去脂力极强,刺激性较大,不宜用于敏感性和干性皮肤;聚氯乙烯烷基碳酸钠去脂力强,刺激相对较小,应用较为广泛;酰基磺酸钠对皮肤刺激性低,亲肤性好,适合正常皮肤使用;磺基琥珀酸酯类去脂能力一般,对皮肤温和,发泡作用强,常作为清洁的辅助成分;烷基磷酸葡类属于温和、中度去脂力的表面活性剂,这一类制品必须在中性或偏酸性的环境,才能有效地发挥洗净作用;酰基肌氨酸及其盐类对皮肤和头发十分温和,泡沫丰富,调理性能好,并有抗静电效应,且对多种表面活性剂有很好的相容性,可应用于多种清洁产品。

（2）两性表面活性剂:是指在同一分子结构中有可能同时存在被桥链(碳氢链、碳氟链等)连接的一个或多个正、负电荷中心(或偶极中心)的表面活性剂。由于其同时具有得电子和失电子的性质,因此,与其他类型的表面活性剂兼容性较好。

两性表面活性剂具有良好的溶解性,主要来源于分子结构中具有水溶解度极好的亲水基团,以及两偶极中心。此外,两性表面活性剂还具有良好的生物降解性、极强的耐硬水性和耐高浓度电解质性,对毛发、皮肤、眼部器官无不良反应或不良反应较小。常见的两性表面活性剂有氨基酸型、甜菜碱型、氧化胺型,如 α-烷基甜菜碱、GD-4501 椰油酰二乙醇胺氧化铵和肉豆蔻酸甜菜碱。这类清洁剂的刺激性均低且起泡性能好,去脂力中等,适用于干性皮肤和婴儿清洁剂配方。

（3）阳离子表面活性剂:是疏水基通过共价键与带正电荷的亲水基相连的表面活性剂,它的反离子通常是无表面活性的简单负离子。它在化妆品中的主要作用是能减少或避免毛发和皮肤上的物理静电反应,也能改观硬质发质的柔软度和降低头发的干燥度,从而使皮肤和毛发健康保湿。常见的阳离子表面活性剂有高碳烷基的伯、仲、叔和季铵盐,如十八烷基三甲基氯化铵、双十八烷基二甲基氯化钠、聚季铵-11 调理剂和阳离子瓜尔胶等。该类产品均有良好的抗静电、杀菌、灭菌等性能,在化妆品中主要用于消毒灭菌和调理剂。

（4）非离子表面活性剂:具有优异的润湿和洗涤功能,有一定的耐硬水能力,又可与其他离子型表面活性剂共同使用,是净洗剂配方中不可或缺的成分。常见的非离子表面活性剂有聚氧乙烯型、多元醇型,如聚乙二醇（600）双月桂酸酯、双硬脂酸甘油酯、苯甲酸十二（烷）醇酯、烷基胺二乙酸、聚氨酯类、氟碳类等。这类产品对皮肤亲近以及不刺激皮肤,还可以与阴离子表面活性剂相互作用从而减少其应用过程中对身体的不良反应。

（5）新型表面活性剂:随着科学技术的提高与发展以及人们对环境保护的思考,其中绿色天然表面活性剂越来越受到人们的青睐,主要有天然型和生物型两类。

1）天然表面活性剂:主要是以大自然中的各种特殊植物为原料载体,然后从中提取相关的物质作为原材料。化妆品所用的天然表面活性剂主要有茶皂素和绞股蓝等,其特点是安全性能好,绿色环保。

2）生物表面活性剂:以其生产原料来源广阔、价廉、表面活性高、乳化能力强、起泡性好、无毒、环境友好、能被生物完全降解、生物相容性好、不致敏、可消化等优点备受工业者的青睐,是最新且具有很大潜力的一种绿色环保型表面活性剂。常见的生物表面活性剂有:氨基酸、槐糖脂、海藻糖脂、脂蛋白、脂肽、脂杂多糖、脂多糖复合物、蛋白质-多糖复合物等。

关注较多的生物表面活性剂是氨基酸表面活性剂,是具有氨基与羧基的化合物的总称,根据氨基与羧基的不同,化妆品中常见有肌氨酸、谷氨酸、甘氨酸、丙氨酸、甲基牛磺酸五种氨基酸表面活性剂。氨基酸表面活性剂根据其自身结构不同以及溶于水时不同的离子类型,也可以分为阳离子型、阴离子型、两性离子型、非离子型氨基酸表面活性剂。氨基酸表面活性剂具有良好的润湿性、起泡性、抗菌、抗蚀、抗静电能力等特点,对皮肤温和,降解产物为氨基酸和脂肪酸,对环境基本无影响,而且与其他表面活性剂相容性良好,可广泛地用于化妆品产品洗面奶、沐浴露、洗发香波中,现已经形成以氨基酸作为主清洁剂的氨基酸绿色日化产品。但目前价格偏高,值得研究和改进。

（二）活性添加剂

清洁产品多为淋洗类,在皮肤上停留的时间不长,虽然可以添加保湿、美白等成分,但由于无法长时间驻留,因此很难完全发挥使用者希望通过清洁产品达到保湿剂美白等诉求的功能。清洁剂在去除污垢的同时,也会不同程度地损伤皮脂膜,使皮肤屏障功能减弱,皮肤容易变得干燥、粗糙。为了减少皮肤表面的损伤,在清洁剂中常加入具有保湿和修复皮脂膜功能的原料。这类物质有特殊的分子结构,可以吸附并保留水分,在维持皮肤水合作用的同时维护皮肤屏障功能,包括润肤剂、吸湿剂等。清洁类产品保湿功效成分常常添加甘油、丁二醇、透明质酸等。此外,还可能添加植物和中药提取物,如芦荟、海藻及薄荷等,也包括维生素及矿物质等。

(三)防腐剂

防腐剂为杀灭、抑制或阻止微生物生长的制剂,在清洁类化妆品中,为延长清洁剂的存放时间和加强清洁剂的抗菌作用,常添加防腐剂[准用防腐剂共计51项,见《化妆品安全技术规范》(2015年版)]和抑菌成分(包括季铵盐、阳离子消毒剂、多价阳离子、提供阳离子的质子给予剂及乙醇等),可杀灭金黄色葡萄球菌、大肠埃希菌等。然而这类清洁剂易导致皮肤干燥及刺激反应,特异性体质的人还会诱发过敏反应。因此,实际应用中常同时添加多种防腐剂,在拓宽抗菌谱和增加抗菌效果的同时减少每种防腐剂的含量,以减少刺激反应。

(刁 萍 熊之潔 李 利)

第二节 修复皮肤屏障功效活性成分

一、概述

皮肤具有多种生理功能,其中皮肤屏障功能是基础。如果皮肤屏障功能不健全,轻者影响美容、美观,重者可引起皮肤敏感、炎症反应及免疫反应,甚至导致机体系统炎症反应。因此,维护皮肤屏障功能的稳定尤为重要。

研究报道,敏感性皮肤、皮肤老化、AD、银屑病、湿疹、痤疮、多形性日光疹(polymorphous light eruption, PLE)、黄褐斑等皮肤病都与皮肤屏障受损相关。

当皮肤屏障受损后,皮肤水分弥散加速,皮肤变得干燥、敏感,出现敏感性皮肤、皮肤老化等亚健康状态,如不能及时修复皮肤屏障,则会导致炎性细胞因子释放,进一步激活T淋巴细胞,引发一系列炎症、免疫反应,导致炎症性皮肤病发生。反之,皮肤炎症及免疫反应又会进一步加重皮肤屏障受损,使得这些炎症性皮肤病迁延复发。

皮肤作为机体抵御病原菌的入侵与生长的第一道屏障,在防御微生物方面,除了表皮渗透屏障、偏酸性的环境外,还得益于机体固有的防御功能,即抗菌肽的存在。当皮肤屏障受损后,可影响抗菌肽的表达,破坏皮肤微生态平衡,促进细菌的皮肤定植,大量的微生物定植可促进微生物抗原通过受损的表皮渗透屏障侵入皮肤,从而导致痤疮、AD等皮肤病的发生。何黎等研究表明,皮肤屏障受损后还可导致皮肤对紫外线的抵御能力下降,紫外线照射进一步促使TYR表达升高,导致黄褐斑的发生。

因此,化妆品中常添加具有修复皮肤屏障的活性成分,维持皮肤屏障功能的稳态,修复受损的皮肤屏障,以达到改善皮肤亚健康状态、辅助治疗皮肤病的目的。

二、修复皮肤屏障功效的活性成分及作用机制

位于皮肤最外层的角质层及位于颗粒层的TJ是维持表皮通透屏障功能的物质基础。凡是影响表皮角质形成细胞的增殖、分化及细胞间脂质形成的活性物质都会影响表皮通透屏障功能。依据表皮通透屏障结构的相关组成成分,可将具有修复皮肤屏障功效的活性成

分分为影响角质形成细胞及 CE 功能的活性成分、影响细胞间脂质的活性成分。

（一）影响角质形成细胞及角化套膜功能的活性成分

研究表明，多种植物提取物或海洋来源的活性成分可通过影响角质形成细胞功能达到修复屏障功能的功效。

1. 橙皮苷　是一种生物类黄酮（图 3-2），1828 年从橘子皮中分离出来，在柑橘类水果中含量较高，曾被称为"维生素 P"。橙皮苷对皮肤有多种作用，如促进创面愈合、紫外线防护、抗炎、抗菌、抗皮肤癌和皮肤美白。此外，橙皮苷还具有修复皮肤屏障的功效。研究表明，每天两次外用 2% 橙皮苷可加速幼鼠及老年小鼠急性皮肤屏障受损模型中渗透屏障的恢复，且显著降低老年小鼠表皮 pH。同时，每次局部外用糖皮质激素后再外搽橙皮苷可降低糖皮质激素所致表皮渗透屏障受损的程度，究其原因，与其降低角质形成细胞 DNA 损伤、增加细胞活性、降低细胞凋亡相关。

2. 姜黄素　是从姜黄的根茎中提取的黄色色素（图 3-3），多项研究表明，姜黄素具有抗炎和抗氧化作用，特别是其对过氧化氢自由基具有很高的清除作用。同时，姜黄素还具有修复皮肤屏障的作用。Vaughn A R 等研究表明，每天 2 次口服含姜黄的中药复方制剂，4 周后显著降低 TEWL。Varma S R 等利用咪喹莫特构建银屑病样模型，姜黄素可抑制角质形成细胞过度增殖，下调 IL-17、TNF-α、INF-γ 和 IL-6。此外，姜黄素还通过上调 INV 和 FLG，显著增强皮肤屏障功能。研究也证实了外用姜黄素安全性高，但由于其水溶性差、稳定性差、生物利用度低，限制了应用。

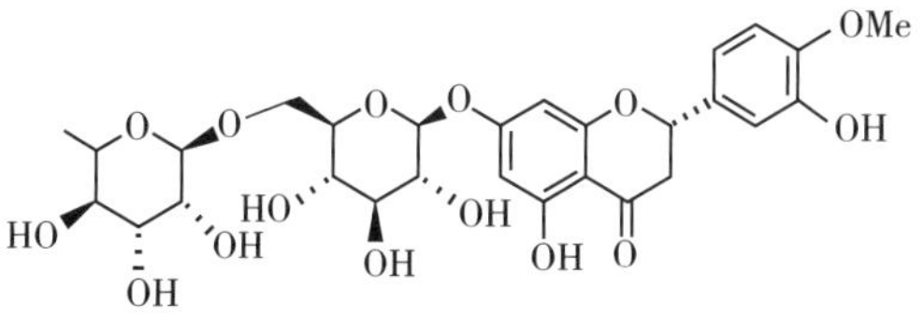

图 3-2　橙皮苷化学结构式 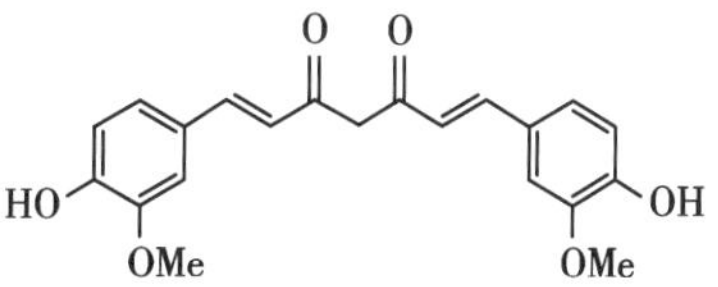　　　　　图 3-3　姜黄素化学结构式

3. 二十二碳六烯酸（docosahexenoic acid，DHA）　局部外用 DHA（图 3-4）于表皮重建模型，发现 DHA 在 mRNA 水平上调了丝聚糖蛋白和 LOR 的表达，改善皮肤屏障功能。

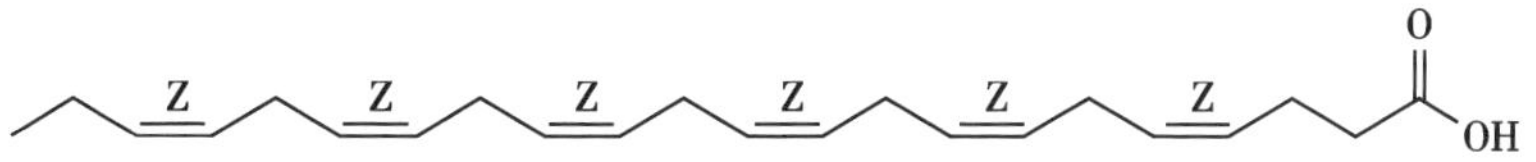

图 3-4　二十二碳六烯酸化学结构式

4. 多糖类　其活性成分还可影响表皮中 TJ 修复受损皮肤屏障。含 3% 紫甘蓝多糖外用凝胶可明显增加 FLG 及 INV 的表达，降低 TEWL。Sacran 是从藻类中分离得到的一种大分子量多糖，由 11 种糖组成，包括硫酸基和羧酸基。由于其独特的结构，Sacran 可以在多元醇（如 1,3- 丁二醇）存在下形成凝胶状薄片，形成膜，并促进角质形成细胞分化，起到人工皮肤屏障作用。

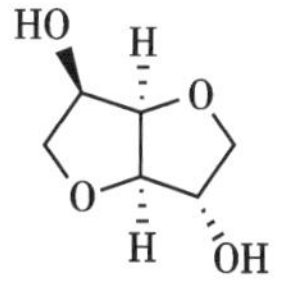

5. 异山梨酯　是一种小分子亲脂性辛酸衍生物（图 3-5），细胞实验表明异山梨酯可促进角质形成细胞分化，上调神经酰胺合成酶 -3 的表达，临床试验则证实了外用含异山梨酯的制剂

图 3-5　异山梨酯化学结构式

可明显降低 TEWL,具有修复屏障的作用。

6. 白桦脂醇　桦树外皮三萜提取物(betula alba extract)含有 80% 以上的白桦脂醇(图 3-6),无须乳化剂即可制成乳膏,体外实验表明桦树皮提取物可增加钙离子内流,上调各种角质形成细胞分化标志物,如 K10 和 INV。体内试验则表明含桦树皮提取物的保湿霜可降低 TEWL。

7. 贯叶金丝桃素　金丝桃属植物中提取出的贯叶金丝桃素(hyperforin)(图 3-7)可直接激活瞬时受体电位阳离子通道 6(transient receptor potential channel,TRPC6),诱导 Ca^{2+} 内流,降低了角质形成细胞增殖,促使 K1、K10 和 INV 等角质形成细胞分化标志物表达增加。临床试验表明,外用含 1.5% 贯叶金丝桃素的润肤霜可降低 AD 患者 TEWL。

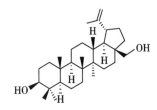

图 3-6　白桦脂醇化学结构式

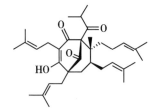

图 3-7　贯叶金丝桃素化学结构式

8. 尿素　具有促进角质形成细胞分化、脂质合成以及水通道蛋白表达的作用。局部外用 5% 尿素润肤剂可降低 AD 患者皮肤透皮失水率和提高角质层含水量。

9. 其他　紫草根提取物外用制剂也可降低 TEWL,改善皮肤干燥症状。茜草根提取物具有抑制 HaCaT 增殖及诱导其凋亡的作用,5% 茜草根提取物凝胶显著增加了颗粒层和表皮的厚度。体外实验表明玫瑰精油可抑制角质形成细胞增殖,并诱导 INV 及 FLG 的表达;体内实验表明 0.1% 玫瑰精油可降低无毛小鼠的 TEWL,并增加 FLG 的表达。大黄提取物是从燕麦植株的地上部分提取出来的,含有燕麦蛋白,能有效地辅助治疗 AD。

(二)影响细胞间脂质的活性成分

1. 植物提取物　并不是所有植物脂质提取物都具有影响细胞间脂质成分及含量的功效。研究表明,摩洛哥坚果油、葵花籽油、椰子油、大豆油、花生油、琉璃苣油、荷荷巴油、燕麦油以及青刺果油具有明确修复皮肤屏障的作用。

相反,以前认为的橄榄油并不具有修复皮肤屏障的作用。葡萄籽油、红花籽油、芝麻油、鳄梨油、石榴籽油、杏仁油、玫瑰果油、德国甘菊油、乳木果油修复皮肤屏障的功效尚未得到明确依据。

(1)青刺果油:青刺果油富含不饱和脂肪酸,组成与人体皮脂类接近,具有使皮肤再生修复和保湿的作用。国内学者何黎等研究表明,青刺果油可促进酸性神经酰胺酶、FLG 及脂肪合成酶的表达,还可提高过氧化物酶体增殖物激活受体(peroxisome proliferators-activated receptors,PPAR)的表达,促进细胞间脂质合成,具有修复表皮通透屏障的作用。同时,青刺果油还可降低炎症因子 TNF-α、IL-1α、IL-1β 的 mRNA 表达,通过修复皮肤屏障降低炎性细胞因子表达。此外,通过构建 AD 样小鼠模型,发现青刺果油可增加抗菌肽和 β- 防御素(MBD1、MBD2、MBD3、MBD4)的表达,从而增强表皮抗菌肽的作用。

(2)葵花籽油:是从向日葵果实中提取出来的,90% 的成分主要为必需脂肪酸,如亚油酸、亚麻酸、油酸、棕榈酸和硬脂酸。体外研究表明,葵花籽油可激活 PPAR,从而刺激胆固醇、硫酸酯和神经酰胺的合成,增强角质形成细胞的脂质代谢,促进角质形成细胞的脂质代谢。体内研究证实含 2% 葵花籽油的乳膏能增加表皮脂质合成和皮肤水合作用,降低 TEWL。

（3）椰子油:含有 ω-6 脂肪酸,后者是 PPAR-γ 激动剂,可激活 PPAR-γ 促进细胞分化和表皮脂的合成,因而增强表皮通透屏障功能。

（4）葡萄糖神经酰胺（glucosylceramide, GlcCer）:来源于多种植物,如水稻、玉米和小麦,可被 β- 葡萄糖脑糖苷酶分解形成神经酰胺,具有修复皮肤渗透屏障的作用。研究表明,添加葡萄糖神经酰胺后,其代谢产物鞘氨醇或植物鞘氨醇可显著改善十二烷基硫酸钠（sodium dodecyl sulfate, SDS）所致人角质形成细胞跨膜电阻降低的情况,究其原因可能与其上调与 CE 和 TJ 形成相关的基因有关。

2. 凡士林 对角质层生物物理特性的影响与角质层脂混合物相似,在角质层角质细胞之间形成膜结构,具有封包作用,可降低透皮失水率和增加含水量。

3. 甘油 正常的角质层中含有一定量的甘油,具有维持皮肤正常通透屏障功能以及角质层含水量的作用。研究表明,外用含 20% 甘油的制剂治疗 AD 患者 4 周,患者的透皮失水率、角质层含水量以及皮损严重程度的改善都明显优于不含甘油制剂的对照组。

4. 神经酰胺 是一种生理性脂质,由板层小体合成和分泌,与胆固醇、游离脂肪酸一起构成复层板层膜充斥于角质细胞间隙,神经酰胺由脂肪酸和鞘脂组成,依据其结构不同,共分为 12 种神经酰胺。研究表明补充外源性神经酰胺可直接改善 AD 患者皮肤的乏脂状态,促进角质化包膜的形成,从而从结构上改善 AD 异常的皮肤屏障。

5. 胶原蛋白 是皮肤的主要成分,人体皮肤中 72% 是胶原蛋白,胶原蛋白在皮肤中构成弹力网,支撑皮肤锁住水分,可通过增加皮肤水合作用,修复皮肤屏障起到舒缓作用。

（涂 颖 何 黎 刘海洋 严 欢）

第三节 舒缓功效活性成分

一、概述

敏感性皮肤是日常生活中也是皮肤科临床上常见的问题皮肤,环境变化、滥用化妆品、年龄、性别、遗传因素、精神因素是敏感性皮肤发生的主要影响因素。同时,玫瑰痤疮、AD、脂溢性皮炎、痤疮等各种面部皮炎,以及光声电、化学剥脱等医美治疗后也会导致敏感性皮肤。舒缓类化妆品具有良好的修复皮肤屏障、抑制炎症、舒缓、抗敏等功效,对敏感性皮肤的各种主观及客观症状具有良好的改善作用。

敏感性皮肤可分为原发性及继发性。通过敏感性皮肤及对照组织的 RNA-seq、相关物信息学分析发现,敏感性皮肤皮损中 claudin-5 表达下调,体外研究表明 claudin-5 可影响表皮渗透屏障功能,提示 claudin-5 是敏感性皮肤渗透屏障损伤的关键基因,表皮通透屏障受损后可激活瞬时感受器电位香草酸受体 1（transient receptor potential vanilloid-1, TRPV1）导致皮肤血管增生和扩张、神经高反应性,还促使炎症反应与免疫反应的发生,因此,敏感性皮肤常伴有红斑、灼热、瘙痒等临床症状。同时，某些炎症性皮肤病，如玫瑰痤疮、AD、脂溢性皮炎、痤疮等也伴有不同程度的敏感性皮肤。

化妆品中的舒缓成分由于具有舒缓、抑制炎症、降低血管反应性及 TRPV1 受体活性等作用。此外，还具有修复皮肤屏障的作用，可有效地控制敏感性皮肤及面部炎症性皮肤病的炎症反应，降低毛细血管通透性及神经高反应性，从而改善敏感性皮肤的临床症状，长期使用还可预防敏感性皮肤的发生。

二、舒缓功效的活性成分及作用机制

按活性成分来源不同，可分为三类，即天然矿泉水、天然植物提取物、生物合成。按功效划分，具有舒缓功效的活性成分应分为四类，即抑制炎症、降低血管高反应性、降低 TRPV1 及修复皮肤屏障，其中，修复皮肤屏障相关内容详见本章第二节，降低血管高反应性相关内容详见本章第六节。

（一）抑制炎症

1. 天然活泉水 主要含二氧化硅、硒等活性成分，具有天然的舒缓、抗刺激、抗炎作用。还含有碳酸氢盐、Ca^{2+}/Mg^{2+} 值均衡、硫化硒以及多种微量元素，矿物质的主要作用是提供了酸碱平衡，有助于舒缓、镇静皮肤；微量元素能作为体内某些生化反应的催化剂直接控制新陈代谢，如钙、硒、镁等能提升皮肤局部的防御能力，可减少外界环境对皮肤的刺激，增强肌肤耐受性，降低敏感度。

2. 植物提取物

（1）马齿苋提取物：能抑制前列腺素及白三烯等炎症因子释放，具有良好的抗炎功效，增加 FLG 的表达，还具有修复皮肤屏障及保持皮肤含水量的功效。此外，含有丰富的维生素 A 样物质，可促进上皮细胞的修复功能。

（2）芦荟：所含的缓激肽酶与血管紧张素结合起到抗炎功效。芦荟多糖具有较好的保湿作用，芦荟中的天然蒽醌苷或蒽的衍生物，能吸收紫外线，保护皮肤，避免紫外线灼伤等。

（3）洋甘菊：富含黄酮类活性成分，具有抗氧化、抗血管增生、消炎、抗变应性和抗病毒的功效，对敏感性皮肤有较好的舒缓效应。

（4）甘草提取物：所含甘草素具有较好的抗炎功效，与糖皮质激素的抗炎功效相当，又避免糖皮质激素的不良反应。甘草提取物中的黄酮类化合物能够强烈吸收紫外线和可见光，吸收高能量紫外线的分子，从基态跃迁到激活态，然后再从激活态回到基态，释放出无害低能射线。用其制成的防晒剂，不需要在配方中添加抗氧化剂，降低其他化学成分对皮肤的刺激性。

（5）α- 红没药醇（α-bisabolol）：具有明显的抗炎特性（图 3-8），相当于水杨酰胺作用的 1/5~1/4。α- 红没药醇具有与罂粟碱相似的解痉挛活性，可降低敏感性皮肤及过敏性皮肤病的不适感。

（6）原花青素（proanthocyanidin，PC）：是植物中广泛存在的一大类多酚化合物的总称，具有极强的抗氧化、消除自由基的作用，可有效地消除超氧阴离子自由基和羟基自由基，也参与磷酸、花生四烯酸的代谢和蛋白质磷酸化，保护脂质不发生过氧化损伤具有抗炎、舒缓的作用。

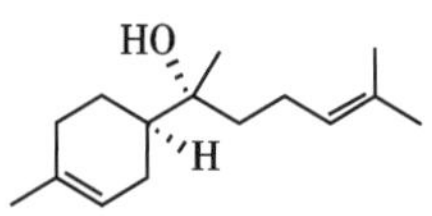

图 3-8 α- 红没药醇化学结构式

（7）茶多酚：是儿茶素类、黄酮及黄酮醇类、花色素类、酚酸及缩酚酸类等多酚复合体的总称。其中,儿茶素类化合物是主要活性成分,包括表没食子儿茶素没食子酸酯(epigallocatechin gallate, EGCG)(图3-9)、表没食子儿茶素(epigallocatechin, EGC)(图3-10)、表儿茶素没食子酸酯(epicatechin gallate, ECG)(图3-11)、表儿茶素(epicatechin, EC)(图3-12),其中以 EGCG 含量最高,生物活性最强。研究表明,EGCG 的结构中含有多个酚羟基,易被氧化成醌类而提供 H⁺,有显著的抗氧化作用。能阻断由 UVB 诱发的人白细胞浸润,减少氧自由基以及抑制 UVB 诱发的抗氧化酶,如谷胱甘肽过氧化物酶、CAT 等的活性,减轻氧化应激反应,缓和炎症反应。同时,EGCG 还可通过激活 NK-κB、MAPK、细胞外调节蛋白激酶(extracellular regulated protein kinases, ERK)等信号通路,抑制炎症反应。

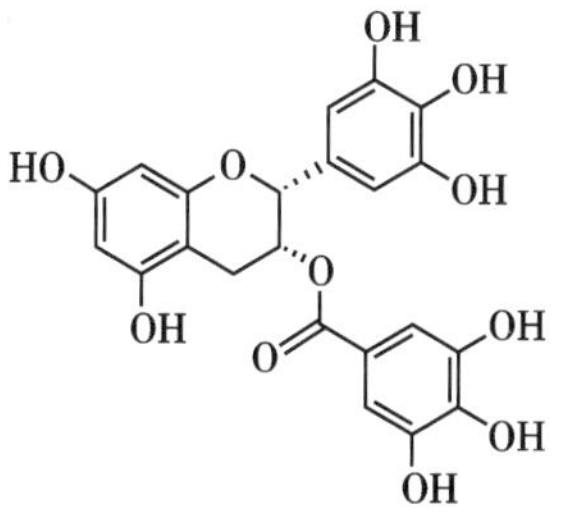

图 3-9 (−)-表没食子儿茶素没食子酸酯(EGCG)化学结构式

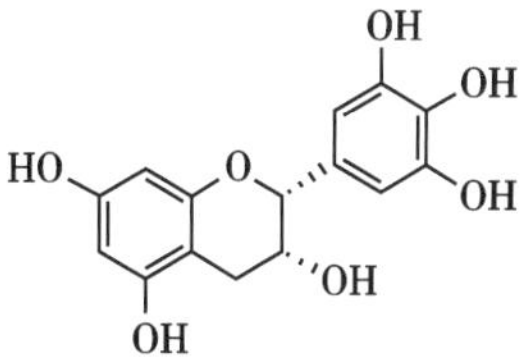

图 3-10 (−)-表没食子儿茶素(EGC)化学结构式

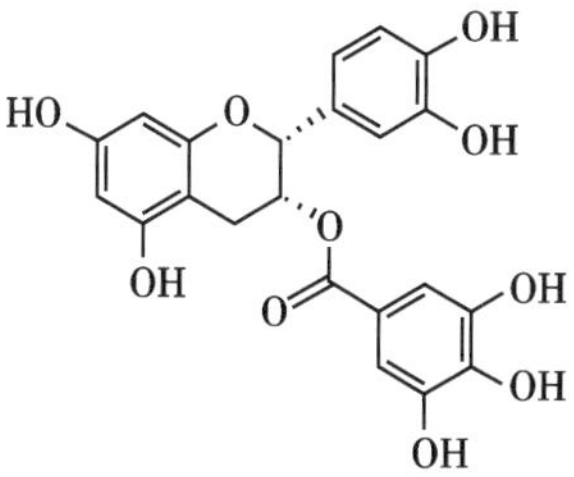

图 3-11 (−)-表儿茶素没食子酸酯(ECG)化学结构式

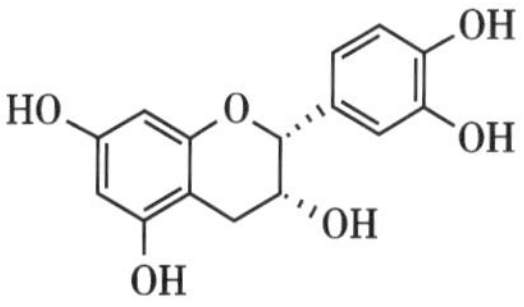

图 3-12 (−)-表儿茶素(EC)化学结构式

(8)金盏花:其提取物能显著抑制脂多糖处理的巨噬细胞产生 TNF-α。此外,还能显著抑制脂多糖注射引起的小鼠促炎细胞因子 IL-1β、IL-6、TNF-α 和 IFN-γ 及 C-反应蛋白水平的升高,具有显著的抗炎作用。

3. 生物合成 HA、胶原蛋白等是人体皮肤细胞间质中主要成分,外源性的 HA 及胶原蛋白可通过生物合成的方式获得。HA 的生理功能是吸收及保持水分,并与蛋白质结合而形成蛋白凝胶,将细胞黏在一起,发挥正常的细胞代谢作用,具有保湿、抗炎、促进创口愈合再生的作用。

4. 海藻提取物 海洋中的海藻提取物也具有舒缓抗炎作用,具体见本章第十四节。

(二)降低 TRPV1

人工合成的 TRPV1 拮抗剂 4-叔丁基环己烷属于敏感性皮肤的划时代活性成分。它对于肌肤的调节作用有助于提高肌肤的耐受阈值。同时,它可作为"敏感调节器",可以抑制由于辣椒碱诱导的通过细胞膜上 TRPV1 的钙离子内流,阻断或抑制细胞内一系列后续效应,使皮肤恢复正常健康的状态。此外,乙酰基二肽-1 鲸蜡酯、甘草查尔酮 A 对由辣椒碱诱导的面部刺痛的皮肤均有镇静作用。

(涂 颖 何 黎 刘海洋 吴文娟)

第四节 祛痘控油功效活性成分

一、概述

寻常痤疮(acne vulgaris)是一种主要累及面部的毛囊皮脂腺的慢性炎症性疾病,流行病学研究表明,80%~90% 的青少年曾患有寻常痤疮,已成为皮肤科临床最常见的损容性皮肤病。研究表明,痤疮的发生与雄激素水平增高、皮脂分泌增多、毛囊导管口异常角化、痤疮丙酸杆菌等微生物繁殖,以及主要由痤疮丙酸杆菌引起的炎症反应相关。国内学者何黎等通过全基因组关联分析,首次报道了中国汉族重型痤疮两个新的易感基因 *DDB2* 及 *SELL*,发现 *DDB2* 基因可能通过 NF-κB 信号通路影响痤疮丙酸杆菌,从而刺激细胞中 IL-8、IL-6、TNF-α 等炎症因子的表达。临床上痤疮可表现为粉刺、炎性丘疹、脓疱、结节、囊肿等皮损。

祛痘控油类化妆品可针对痤疮的主要发病机制添加相应的活性成分。例如:添加抑制皮脂分泌的活性成分从而调节面部皮肤的皮脂分泌,改善皮肤较为油腻的性状;添加纠正毛囊周围细胞异常角化的活性成分,改善毛囊导管口异常角化所形成的粉刺;添加抗痤疮丙酸杆菌的活性成分,通过抑制痤疮丙酸杆菌改善痤疮的丘疹、脓疱等皮疹;添加抑制炎症的活性成分,通过抑制 IL-8、IL-6、TNF-α 等炎症因子的释放,改善痤疮的炎性丘疹。祛痘控油类化妆品还可添加减轻皮肤红斑反应抑制色素沉着的活性成分,改善痤疮后红斑反应及炎症后色素沉着。

二、祛痘控油功效的活性成分及作用机制

依据痤疮发病机制,可将具有祛痘控油功效的活性成分分为抗粉刺、抑制皮脂分泌、抑菌、抑制炎症,其中舒缓抑制炎症相关内容详见本章第三节。

(一)抗粉刺

1. 羟酸类 具有溶解角质、抗炎、抑制色素合成等多种功效,包括 α-羟基酸(alpha hydroxy acids,AHA)、β-羟基酸(beta hydroxy acids,BHA)及多羟基酸(polyhydroxy acid,PHA)。我国规定化妆品中羟酸类活性成分的添加量不超过 6%。在《化妆品卫生规范》(2007 年版)和《化妆品安全技术规范》(2015 年版)中均有规定:作为 BHA 的代表水杨酸,在驻留类产品和淋洗类护肤产品中,最大允许使用浓度为 2%,标签上必须标注"含水杨酸,3 岁以下儿童勿用"。羟酸类具体作用机制详见本章第十六节。

2. 壬二酸(azelaic acid) 是一种在人体内天然存在的饱和直链二羧酸(图 3-13),具有抗粉刺、杀菌、抑制皮脂分泌、抑制色素合成的作用。壬二酸的抗粉刺和抗角化作用与抑制

细胞增殖作用,使 FLG 含量与分布减少,对受试者的皮肤标本进行电子显微镜和免疫组织化学研究发现,治疗后角质层变薄、角质透明蛋白颗粒减少和变小,使毛囊漏斗部的角化过程转为正常。壬二酸还对粉刺内各种需氧菌和厌氧菌有抑菌和杀菌活性。此外,壬二酸及其衍生物可竞争性抑制 5α- 还原酶的作用,抑制过多的雄激素转化为二氢睾酮,最终抑制皮脂分泌,使皮肤表面脂肪的游离脂肪酸含量减少。

3. 维生素 A　维生素 A 又称视黄醇,是维 A 醛和维 A 酸的前体(图 3-14),在皮肤上转化成维 A 醛,再转化为维 A 酸而发挥作用,具有分解粉刺、抗粉刺产生和抗炎等作用。

图 3-13　壬二酸化学结构式

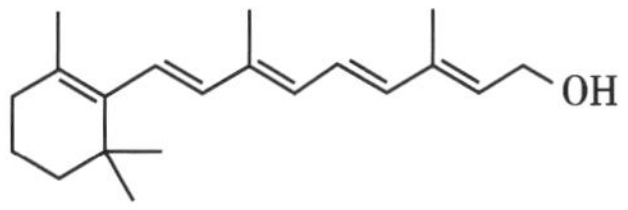

图 3-14　维生素 A 化学结构式

4. 间苯二酚(resorcinol)　为消毒防腐剂(图 3-15),具有杀菌、溶解角质层的作用,不同浓度作用不同,0.25%~1% 为角质促成剂,5% 为角质松散剂,20%~40% 为剥脱剂,40% 以上为腐蚀剂。在化妆品法规中,间苯二酚被限用于氧化型染发产品中,最大使用浓度为 1.25%。

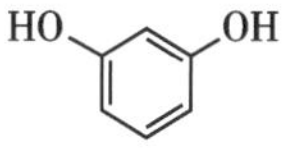

图 3-15　间苯二酚化学结构式

5. 硫黄　具有抗菌消炎、溶解角质、抑制皮脂分泌等功效,并有良好的止痒、润滑等作用,浓度大于 5% 的硫黄,可使皮肤角蛋白分子的二硫键(–S–S–)断裂,使角质松解。同时,硫黄与皮肤接触后,一部分转化为硫化氢和五硫黄酸等硫化物具有杀菌作用,并使毛孔开放,有利于毛孔处的皮脂排泄和药物吸收,但有一定的刺激性。

(二)抑制皮脂分泌

1. 金缕梅提取物　金缕梅内含多种单宁,如鞣花单宁(ellagtannin)和金缕梅单宁(hamamlitannin),具有调节皮脂分泌、保湿及美白的作用。单宁对皮肤有很好的附着力,与蛋白质以疏水键和氢键形式结合后发生缩合反应,可缩小毛孔,并可通过吸收紫外线抑制 TYR 和 CAT 的活性,具有美白作用。同时,单宁还含有大量亲水基团——酚羟基,具有吸湿和保湿作用。

2. 补骨脂酚　主要从补骨脂中提取而来。补骨脂的主要化学成分有香豆素类、萜酚类、黄酮类等,其中,萜酚类化合物的代表药物为补骨脂酚(图 3-16),是异戊二烯基萜酚类化学物。研究表明,补骨脂酚有类似雌激素的作用,可以抑制 5α- 还原酶的产生,从而抑制皮脂分泌,起到控油的效果。补骨脂酚还可以降低一氧化氮、前列腺素 2、白三烯 B_4 和血栓素 B_2 的产生,具有抗炎作用。补骨脂酚还是一种抗菌化合物,通过降解 DNA 螺旋和拓扑异构酶 Ⅱ 酶活性来抑制核酸合成,从而

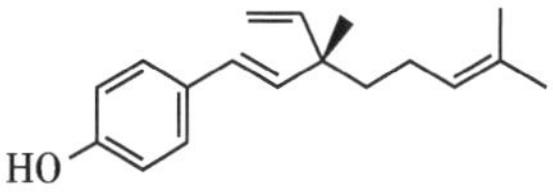

图 3-16　补骨脂酚化学结构式

阻碍 DNA 的生物合成并最终导致细菌死亡,对 α- 促黑素引发的 B16 小鼠黑色素瘤细胞中黑色素的形成有潜在抑制作用,且无细胞毒性,但由于补骨脂类物质具有光敏性而禁用于化妆品中。

3. 榆绣线菊花提取物　有效收敛粗大的毛孔,抑制毛囊的异常出油。抑制细菌繁殖,防止粉刺发生。

此外,烟酰胺、黄芩提取物也有控油去脂的功效。

（三）杀菌或抑菌

1. 滇重楼提取物　重楼总皂苷具有较好的抑制痤疮相关病原菌的作用,重楼皂苷Ⅰ、Ⅱ、Ⅵ及Ⅶ（图 3-17~ 图 3-20）在体外对痤疮发病相关菌具有明确的抑制作用,其中重楼皂苷Ⅰ的抑菌作用最强。此外,重楼皂苷Ⅰ还可通过抑制痤疮丙酸杆菌活化的 TLR2-p38MAPK-NF-κB 信号通路,抑制与痤疮相关炎症因子（IL-6、IL-8、TNF-α 及 TLR2、IL-1α、K16）的分泌,从而具有抗炎作用。

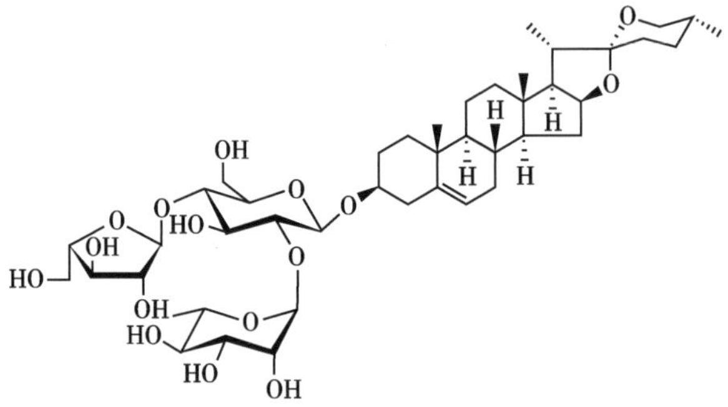

图 3-17　重楼皂苷Ⅰ化学结构式

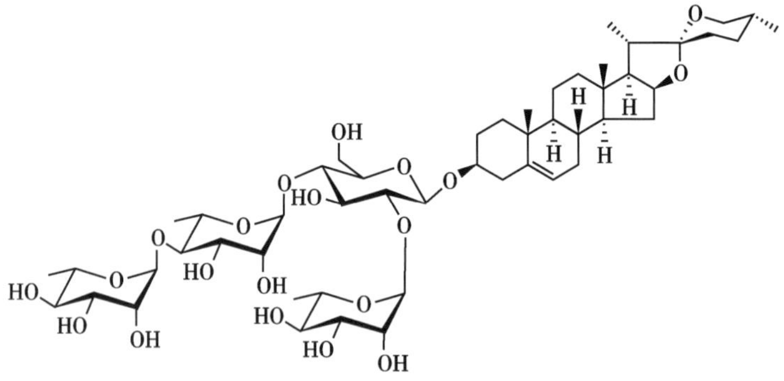

图 3-18　重楼皂苷Ⅱ化学结构式

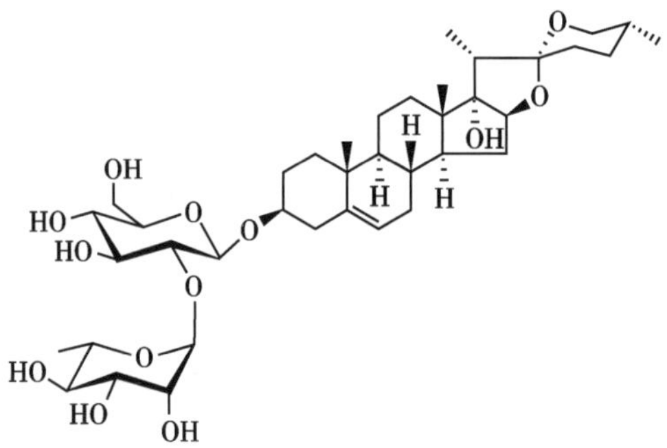

图 3-19　重楼皂苷Ⅵ化学结构式

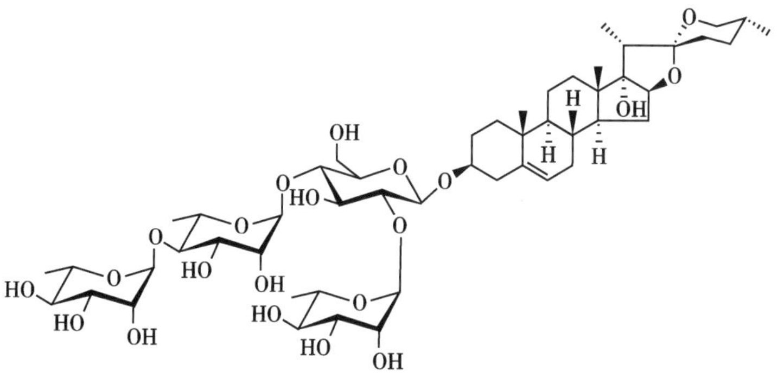

图 3-20　重楼皂苷Ⅶ化学结构式

2. 丁香花提取物　具有抗菌、抗炎、抗氧化等功效,研究表明,其活性成分丁香苷对四种革兰氏阳性菌和三种革兰氏阴性菌均有抑制作用;从紫丁香叶中分离出的 3,4-二羟基苯乙醇(图 3-21)对金黄色葡萄球菌、痢疾杆菌、大肠埃希菌及铜绿假单胞菌具有很强的抑菌活性。

3. 橙皮苷　具有广谱抑菌、抗炎、修复皮肤屏障等活性。研究表明,痤疮丙酸杆菌可刺激 HaCaT 细胞过度增殖,而橙皮苷可抑制这种作用,进而减少脂酶、蛋白酶的释放;同时,橙皮苷还可抑制痤疮丙酸杆菌诱导的 NF-κB 通路活化,进而抑制痤疮丙酸杆菌诱导的炎症因子表达,发挥抗痤疮作用。

4. 红参提取物　磁共振波谱分析表明,红参的乙醇提取物中的抗菌活性物质为人参醇和人参二醇,其疏水组分对痤疮丙酸杆菌的抗菌活性与过氧化苯甲酰和壬二酸相同或更为显著。临床研究显示,对有痤疮症状的受试者外用含有 3mg/g 红参乙醇提取物的乳膏治疗 4周,受试者氧化性皮脂含量降低,并有效改善痤疮早期至中期症状。

5. 黄芩提取物　黄芩苷(图 3-22)是从黄芩根中提取出来的一种黄酮类化合物,是黄芩的主要活性成分,具有抑菌、抗炎功效。研究表明,黄芩苷还可显著抑制金黄色葡萄球菌感染途径,从而具有抑菌活性。同时,黄芩苷可以显著抑制兔耳痤疮模型的痤疮炎症表现,其主要机制与黄芩苷显著抑制介导痤疮发生的 TNF 信号通路,从而抑制兔痤疮模型血清中炎性细胞因子的表达相关。

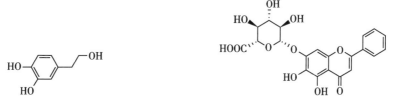

图 3-21　3,4-二羟基苯乙醇化学结构式　　　　图 3-22　黄芩苷化学结构式

6. 花椒精油　它对痤疮丙酸杆菌所致 HaCaT 细胞炎症有预防作用,可能与其下调 TLR2 与 NF-κB 的表达,抑制炎症反应有关。

此外,无患子提取物、番薯藤提取物也具有良好的抗痤疮丙酸杆菌活性。

(涂颖　何黎　刘玮　刘海洋)

第五节 保湿功效活性成分

一、概述

保湿类化妆品是生活中应用最多的化妆品。保湿,即保持皮肤有足够的含水量,一般在20%左右,足够的含水量对健康皮肤是非常关键的。

皮肤的保湿功能与表皮、真皮结构的完整性相关,表皮角质层的角质细胞及细胞间脂质组成的"砖墙结构"、其他各层的"三明治结构"、角质形成细胞间脂质生物膜双分子层结构,以及基底层的水通道蛋白和真皮细胞间基质维护着皮肤水合作用的稳态。一旦内外因素发生改变,皮肤屏障结构受损,TEWL增加,皮肤含水量下降,轻者会引起皮肤干燥、皱纹、敏感、暗沉,重者可导致AD、玫瑰痤疮、银屑病等不同皮肤病。因此,保湿是维护皮肤正常生理功能的"重中之重"。

理想的保湿剂应为:显著从环境中吸收水分,保持水分;吸收的水分随相对湿度变化小;黏度随温度变化小;无色、无味、无毒、无刺激性和腐蚀性;能与常用化妆品原料配伍。

二、保湿功效的活性成分及作用机制

保湿类化妆品应模拟人体皮肤水、脂质、天然保湿因子组成天然保湿系统,根据作用机制其活性成分可分为吸湿剂、封闭剂及润肤剂。

(一)吸湿剂

吸湿剂(hygroscopic agent)是亲水性的低分子物质,可通过促进水分由真皮进入表皮和角质层,以及从外界潮湿的环境中吸收水分来提高表皮的水合程度、降低干燥相关的脱屑。当周围环境相对湿度大于皮肤表面的湿度时,吸湿剂才容易从外界环境中吸收水分。在环境相对湿度低、寒冷、干燥时,从皮肤深层吸取来的水分,还会通过表皮蒸发散失,使皮肤更干燥。这就是为何有时越喷水皮肤越干燥,因为皮肤喷水后湿度高于环境空气,水就很快蒸发到空气,皮肤就会更干。

吸湿剂的原料包括多元醇类、氨基酸及其聚合物,主要有甘油(丙三醇)、丙二醇、乳酸钠、乳酸铵、尿素、吡咯烷酮羧酸钠、HA、山梨醇、异丁烯酸甘油酯、泛酸等。不同的吸湿剂亲水能力、穿透性和对皮肤水合的影响程度不同。

1. 甘油 是化妆品中最早使用的保湿剂,是动植物油脂经皂化后的副产物,经脱脂、脱臭及脱色后精制得到,也可通过蔗糖发酵制得。甘油是最有效的吸湿剂,可体外调节角质层脂质,防止板层结构在低湿度环境中结晶,维持脂质在液晶态,还可以通过激活残留在角质层中的转谷氨酰胺酶促进脆弱的角质形成细胞成长为成熟的有弹性的保护性细胞。甘油来源广泛,价格低廉,是化妆品的优质保湿剂。

2. 泛醇及泛酸钙 泛醇常被称为"维生素原B_5",是泛酸的同效物,由于泛醇比泛酸更容易被皮肤吸收,并在体内迅速转化为泛酸,因此化妆品中多添加的为泛醇。泛醇是带旋光性异构体,只有右旋体即:D-泛醇具有生理活性,化妆品中添加的主要以D-泛醇为主。泛醇在机体内转化为泛酸,泛酸进一步转化为辅酶 A,辅酶 A 是体内代谢的重要物质,参与三羧酸循环、脂类代谢、合成糖胺聚糖,还是合成胆固醇、激素的前体。

泛醇的主要功能是补水、促进创面愈合和抗炎。由于泛酸的分子量较小,能够较快地渗入角质层,具有强效的保湿效果。还可刺激上皮细胞生长,加速表皮伤口愈合时间,修复组织创伤。在众多的泛酸产品中,泛酸钙、泛酚、泛胺、泛酚醚等已实现产业化。例如,泛酚醚化学合成的过程为异丁醛甲醛氢氰酸路线、异丁醛甲醛氰化钠路线或异丁醛乙醛酸路线等,再由 DL 泛醇内酯与乙氧基丙胺反应合成 DL 泛解酸内酯,并进一步拆分为 D 型,与乙氧基丙胺反应得到 D- 泛醇乙醚。

3. 乳酸钠 它是碳酸钠(或氢氧化钠)在水溶液中与乳酸中和制备得来,是天然保湿因子之一,人的皮肤角质层中约 1/4 的成分为乳酸钠。乳酸钠是一种多功能成分,通常用于化妆品和个人护理产品中,在化妆品中可与别的化学成分形成水化膜而防止皮肤水分挥发,使皮肤保持湿润状态,防止皱纹产生。乳酸还可作为 pH 的调节剂、防腐剂的增效剂、缓冲剂,据报道,乳酸钠可以增加皮肤水分含量高达 84%,与其他常用的保湿霜相比,它的保水能力仅次于 HA。

乳酸及其盐类(即乳酸钠)在化妆品和个人护理产品中的浓度是受限的,一般为小于等于 10%,最终配方的 pH 须大于等于 3.5。

4. 吡咯烷酮羧酸钠 它是以谷氨酸钠为原料,采用湿法热解法合成的天然保湿因子,但只有盐的形式才能发挥其保湿功效,较其他保湿剂而言,较轻盈舒爽,无黏腻厚重,安全性高,对皮肤黏膜无刺激,能够赋予皮肤和毛发良好的润湿性、柔软性和弹性,与其他产品具有很好的协同效果,长期保湿性较强,为角质层柔润剂。

(二)封闭剂

封闭剂(occlusive)是通过在皮肤表面和表层角质细胞间形成一层疏水性薄膜来阻止(延迟)水分的蒸发和流失。封闭剂是一些油脂性物质,如矿物油、凡士林、羊毛脂、牛油果油、胆固醇、卵磷脂、硅氧烷衍生物(聚二甲基硅氧烷、环聚二甲基硅氧烷)等,能在皮肤表面形成疏水性的薄层油膜,加固皮肤屏障的作用,阻止或延迟水分的蒸发和流失。

矿物油、凡士林不被皮肤吸收,能在皮肤表面形成一道保护膜,使水分不易蒸发散失,而且其极不溶于水,可长久附着在皮肤,具有很好的保湿效果,十分适合干燥皮肤,但因为其不透气,使用后易诱发粉刺,“无油”一词一般指配方中不含有矿物油或植物油。羊毛脂受限于气味、成本和潜在致敏性。硅氧烷衍生物不油腻,单独使用时保护作用良好,但其保湿作用有限,通常与矿脂组合使用以赋予更好的质感。

(三)润肤剂

润肤剂(emollient)通常是油性物质,包括从酯到长链醇的一大类化合物,它们可以改变皮肤的通透性,增强皮肤弹性、光滑度、水合程度,从而改善皮肤的外观,主要起“滋润”皮肤的作用。

根据固有性质,润肤剂可分为保护性、油脂性、收敛性、干性润肤剂。其中,保护性润肤剂主要有二油酸二异丙酯、异硬脂酸异丙酯;油脂性润肤剂主要有蓖麻油、丙二醇、硬脂酸辛酯、甘油硬脂酸酯、荷荷巴油;收敛性润肤剂主要有聚二甲基硅氧烷、肉豆蔻酸异丙酯、辛酸辛酯;干性润肤剂主要有棕榈酸异丙酯、葵基油酸酯、异硬脂醇。

（四）"仿生"保湿原料

"仿生"保湿原料是天然存在于皮肤的成分,如天然保湿因子 PCA、乳酸盐、尿素、氨基酸等;脂质屏障剂:神经酰胺、胆固醇硫酸酯、角鲨烯、游离脂肪酸等;生物大分子:HA、硫酸软骨素等。护肤品中添加这类皮肤天然存在的原料,做出来的成品与皮肤的相容性好,补充皮肤天然成分的不足,修复皮肤屏障,增强自身的保湿作用。

此外,还有一些天然原料如蜂蜜、芦荟、青刺果、牛油果、葡聚糖等,具有很好的保湿效果,也常添加在保湿产品中。因其成分复杂,可能涉及以上多种保湿机制。尤其是青刺果,其果仁含油率40% 以上,其中不饱和脂肪酸占油脂总量70% 以上,主要有油酸、亚油酸、α- 亚麻酸、γ- 亚麻酸等,并含有维生素 A、维生素 E 等多种维生素。青刺果所含脂肪酸含量及比例与人表皮脂质含量接近,因此,青刺果油具有良好的保湿及修复皮肤屏障作用。

保湿剂可通过上述几种成分修复皮肤屏障,达到补水、锁水的作用。保湿的功效除以上必需的成分外,还需要几种不同剂型的保湿产品联合应用。如补水可选用水剂(活泉水或保湿精华液、含水面膜等)直接给皮肤加水,增加角质层的水分,很快使皮肤水合度增加,但水分容易蒸发、流失,保湿时间短。许爱娥教授团队曾做过一个小测试,给敏感性皮肤患者冷喷补水,冷喷后 20 分钟、40 分钟、60 分钟分别测试 TEWL 及角质层含水量,发现 TEWL 略有改善,但角质层的含水量并无增加,同样的患者冷喷后给予外用舒缓类护肤品,TEWL 下降明显、恢复正常,角质层含水量上升显著。TEWL 是皮肤屏障功能主要的评价指标,反映了皮肤水通道屏障,当屏障受损时,TEWL 值升高,屏障功能恢复后,TEWL 值下降恢复正常。这就说明补水后,要配合应用保湿乳、保湿霜,在皮肤表面形成阻挡水分丢失的薄层油膜,阻止或延迟水分的蒸发和流失,锁住皮肤水分,补水加锁水才能起到保湿的作用。单用水剂很难锁住水分,过度使用水剂还会使皮肤干燥。因为皮肤表面过多的水分,不仅冲刷天然的皮脂膜,还会使水分从高湿度的皮肤表面向空气扩散,这就是不用保湿霜或保湿乳造成皮肤越洗越干的道理。

此外,保湿剂中若添加一定抑制炎症、抗敏的活性成分,能调节角质形成细胞的正常代谢,有更好的舒缓、保湿作用。例如:含有的天然青刺果油、牛油果油、马齿苋提取精华、天然蘑菇葡聚糖和双分子 HA 钠等多种活性成分的化妆品中,青刺果油含有多种不饱和脂肪酸,可作为脂质成分添加到护肤品中,使角质形成细胞间脂质双分子层结构中的神经酰胺、游离脂肪酸与胆固醇保持 3∶1∶1 的最佳摩尔比率,有较好的保湿作用。牛油果油可在皮肤表面形成一层惰性的油膜,有良好的封包作用和长效保湿力。马齿苋提取精华还能舒缓肌肤,具有抗炎、抗过敏作用,能减轻皮肤刺激,增强皮肤耐受性,还可抑制角质形成细胞和成纤维细胞的凋亡,对逆转角质形成细胞分化和皮肤屏障功能障碍具有辅助作用。天然蘑菇葡聚糖是葡萄糖聚合物,从多种真菌的细胞壁中提取,它们被发现有助于伤口愈合,抑制免疫系统,甚至被推荐用于治疗 AD。HA 钠是 HA 的钠盐,是真皮细胞外基质的组成部分,其水化性能使其成为一种优良的保湿成分,能快速改善 TEWL 及皮肤含水量,具有保湿功效。因此,目前的保湿类化妆品中常添加多种吸湿剂、封闭剂及润肤剂,以达到高效保湿的功效,非常适合皮肤日常保湿护理及一些皮肤病的辅助治疗。

（许爱娥　梅鹤祥）

第六节　改善面部皮肤泛红功效活性成分

一、概述

面部皮肤泛红可分为生理性及病理性,生理性泛红多因外界因素所致,如敏感性皮肤,由于皮肤位于身体最外层,需应对各种环境压力(如机械压力、紫外线照射等),这些环境压力可导致皮肤出现泛红、紧绷、瘙痒等症状。病理性泛红多见于玫瑰痤疮、脂溢性皮炎、AD、接触性皮炎、痤疮、毛细血管扩张等皮肤病,这些皮肤病大多有不同程度的血管扩张和炎症反应,导致局部皮肤出现泛红、红斑。当口服及外用药物改善面部皮肤炎症反应后,有时仍会有皮肤泛红存在,这时可通过外用化妆品改善其皮肤泛红现象。

健康皮肤的红色来自表皮下血管丛,取决于表皮下血管丛体积、血管舒张水平以及上覆表皮厚度和透明度,如果丰富的血管丛上方的表皮较薄,可使皮肤呈现均匀的粉红色,就像新生婴儿一样。当表皮下血管丛血管舒张,伴或不伴较深血管舒张时可表现为较深颜色的红斑;而当真皮浅中层毛细血管扩张,甚至红细胞外溢时,则可表现为更为鲜亮的红斑以及紫癜样皮损。因此,皮肤泛红不仅仅是通过减轻局部皮肤炎症反应就可以修复的,还需要通过改善面部皮肤泛红类活性成分改善表皮下血管丛、真皮毛细血管功能,从而减轻皮肤泛红状况。

二、改善面部皮肤泛红功效的活性成分及作用机制

依据皮肤泛红产生的原因,可将具有改善面部皮肤泛红功效的活性成分分为四类——舒缓抑制炎症类、修复皮肤屏障类、抗氧化类、改善微循环类,其中舒缓抑制炎症类相关内容详见本章第三节,抗氧化类相关内容详见本章第十节,修复皮肤屏障类相关内容见本章第二节。本节主要介绍改善微循环类活性成分。

(一)烟酰胺

烟酰胺(nicotinamide,niacinamide)又称维生素 B_3、维生素 PP,是烟酸的酰胺化合物(图 3-23)。除了具有美白、延缓衰老等作用外,烟酰胺还具有促进真皮层微循环,增加角蛋白合成的作用。

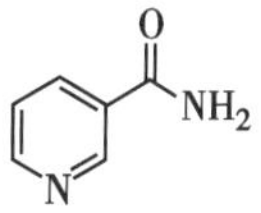

图 3-23　烟酰胺化学结构式

(二)皂苷

许多中草药,如人参、三七、远志、桔梗、甘草、知母、七叶树、积雪草和柴胡等的主要有效成分都含有皂苷(saponin)。皂苷主要由皂苷元与糖构成,苷元为螺旋甾烷类的皂苷称为甾体皂苷,燕麦皂苷 D 和薯蓣皂苷为常见的甾体皂苷。苷元为三萜类的皂苷称为三萜皂苷,主要存在于五加科、豆科及葫芦科等,其种类比甾体皂苷多,大部分呈酸性,少数呈中性。皂苷根据苷元连接糖链数目的不同,可分为单糖链皂苷、双糖链皂苷、三糖链皂苷等。皂苷可促进皮肤角质降解,加速表皮生发层细胞增生代谢,且对皮肤的微循环改善作用显著。研究表明,积雪总苷有显著的抗氧化作用,还可加速皮肤新陈代谢,增强皮肤周围微循环,具有活血化瘀、抗炎、改善微循环的功效。外用三七皂苷 R1(图 3-24)和人参皂苷 Rd(图 3-25),

可显著改善去甲肾上腺素所致小鼠耳郭微循环障碍。外用复方人参乳膏能明显改善小鼠耳郭微循环,增强耳郭细动脉、细静脉血管口径及毛细血管开放量。

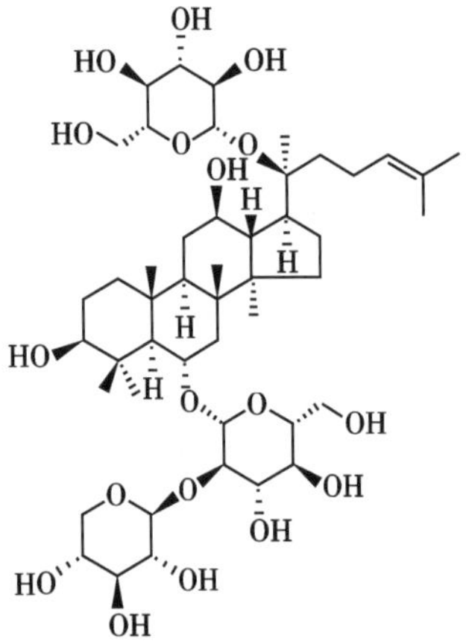

图 3-24 三七皂苷 R1 化学结构式

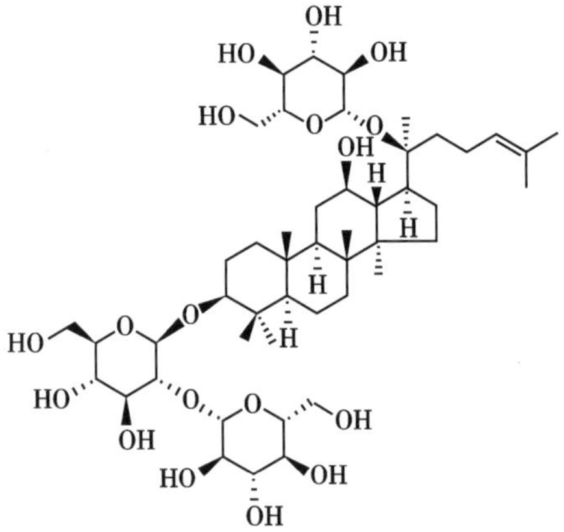

图 3-25 人参皂苷 Rd 化学结构式

(三)丹参

丹参的化学成分主要分为脂溶性的二萜醌类化合物和水溶性的酚酸类成分。现代药理研究表明,丹参具有保护血管内皮细胞、改善微循环、抑制和解除血小板聚集、抑制胶原纤维的产生和促进纤维蛋白的降解、抗炎、抗脂质过氧化和清除自由基等多种功效。

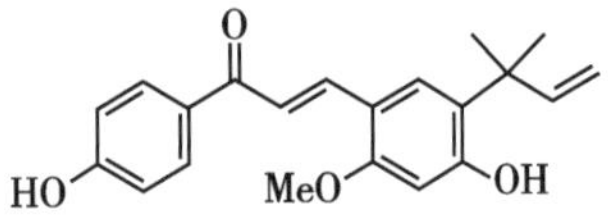

图 3-26 甘草查尔酮 A
化学结构式

(四)甘草查尔酮 A

反向构造的查尔酮或从甘草中提取的"后查尔酮"(图 3-26),可以缓解花生四烯酸和 TPA 诱导的小鼠耳水肿。

(五)洋甘菊

洋甘菊主要成分是酚类物质和其他生物活性化合物,如 α-双酚醇是一种天然的单环倍半萜醇,具有抗炎、抗氧化作用。洋甘菊中还含有黄酮类化合物,具有消炎、抗病毒、抗血管增生的功效,还可减少细红血丝、调整肤色不均。

(六)金盏花

金盏花中富含黄酮类化合物,具有抗氧化、抗血管增生、消炎等作用,并能促进创面愈合、镇静皮肤。

(七)木天蓼

木天蓼含有生物碱、木天蓼内酯等多种成分,其中的 α-亚麻酸具有抗炎作用,尤其是可以使水肿明显减轻。研究表明,木天蓼的醇提取物可通过抑制表皮角质细胞分泌血管内皮生长因子(vascular endothelial growth factor, VEGF),并部分拮抗 VEGF121 诱导的 NO 过量表达而改善敏感性皮肤的红斑。

(八)当归

当归多糖可抑制 VEGF-Akt 信号通路,从而对氧化型低密度脂蛋白(ox-LDL)诱导的血管内皮细胞损伤起到保护作用。

(涂 颖 何 黎 刘海洋 杨 智)

第七节　祛斑美白功效活性成分

一、概述

正常皮肤的颜色由各种生物色素组成——黑色素、红色的氧合血红蛋白、黄色的还氧血红蛋白和类胡萝卜素,其中黑色素是决定皮肤颜色的主要因素。传统意义上的美白类护肤品是指添加了熊果苷、白藜芦醇、甘草提取物、氨甲环酸、维生素 C 等活性美白成分,通过抑制黑色素合成的信号转导通路、关键酶(TYR 及其相关蛋白酶)的活性等机制,抑制黑色素的合成及转运并加快其代谢,从而起到减少黑色素、美白皮肤作用的一类护肤品。随着祛斑美白类化妆品研究的不断完善,其美白的机制也有了很多新的突破,对黄褐斑等色素沉着性疾病的诊疗也有了新思路。

二、祛斑美白功效的活性成分及作用机制

目前研究表明,具有祛斑美白功效化学成分的机制,除了减少色素合成及促进色素代谢外,还可通过舒缓抑制炎症反应、血管因素、抗老化及修复皮肤屏障来发挥其美白的功效。其中,舒缓抑制炎症反应相关内容详见本章第三节;调节血管舒缩相关内容详见本章第六节;修复皮肤屏障相关内容详见本章第二节。本节就减少色素合成、抑制黑色素转运及促进色素代谢进行阐述。

(一)减少黑色素合成

黑色素形成途径为:①酪氨酸→多巴→多巴醌→多巴色素→二羟基吲哚→酮式吲哚黑色素(真黑色素)。②多巴醌经谷胱甘肽或半胱氨酸的催化生成褐黑色素。真黑色素和褐黑色素的转换机制主要与 TYR 的活性有关,高活性的 TYR 导致真黑色素的生成,低活性的 TYR 导致褐黑色素的生成。

1. TYR 抑制剂　由于 TYR 只由黑色素细胞产生,同时是黑色素合成的关键酶,所以抑制剂可以通过靶向抑制 TYR 及其相关蛋白酶的基因转录及其活性等,特异性地抑制黑色素细胞中的黑色素的生成,起到淡化色素的功效。

(1)抑制酪氨酸酶类基因的转录

1)8-姜酚:通过下调 MAPK 及 cAMP 信号通路抑制小眼畸形相关转录因子(microphthalmia-associated transcription factor, MITF)的表达,随后下调 TYR 的表达水平,减少皮肤的黑色素沉着(图 3-27)。

2)橙皮苷:能够增强磷酸化的胞外信号调节激酶 1/2(p-Erk1/2)的表达水平,即通过 Erk 信号通路下调 MITF 的表达,从而减少 TYR、TRP-1 及 TRP-2 的表达水平,最终抑制黑色素生成。

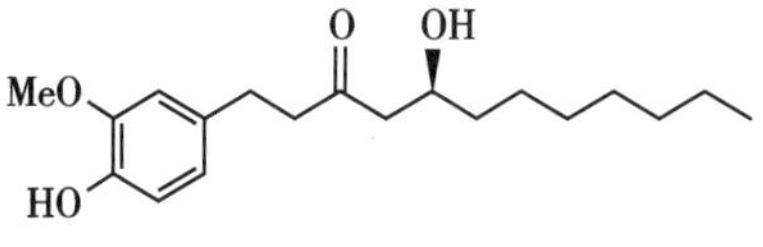

(2)抑制 TYR 的活性

1)氢醌(对苯二酚):主要通过连接至 TYR 活性中心的组氨酸位点,抑制 TYR 的活性,从而直接抑制黑色

图 3-27　8-姜酚化学结构式

素的合成。但氢醌对哺乳动物细胞具有潜在的致突变性,其经过紫外线照射后会产生致癌物质,还会导致皮肤产生许多不良反应,如皮肤灼烧、刺痛感、接触性皮炎等。因此,氢醌被禁用于护肤品,仅允许作为处方药使用。

2)熊果苷:是从熊果叶等植物中提取的一种天然化合物,是氢醌(对苯二酚)的前体,属于氢醌的衍生物,也是主要通过连接至 TYR 活性中心的组氨酸位点抑制 TYR 的活性,在不影响 TYR 基因及蛋白水平的条件下,直接抑制黑色素的合成。然而,天然熊果苷在化学形式上是不稳定的,会在低 pH、高温、紫外线照射等条件下,或在人皮肤微生物或葡萄糖苷酶作用下,转化为氢醌。

α-熊果苷(图 3-28)是天然熊果苷的异构体,比天然熊果苷的美白作用更强。目前,研究者已鉴定出 7 种不同的微生物酶能够产生 α-熊果苷,包括 α-淀粉酶、蔗糖磷酸化酶、环糊精糖基转移酶、α-葡萄糖苷酶、右旋糖酐酶、AM 蔗糖酶和蔗糖异构酶。

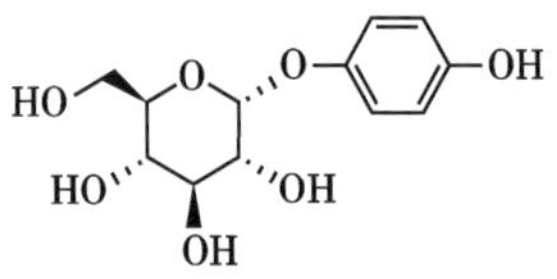

图 3-28　α-熊果苷化学结构式

3)曲酸:从亲水性的真菌代谢物中提取(图 3-29),通过对酪氨酸活性中心的铜原子螯合作用,抑制 TYR 的活性,从而抑制黑色素的合成。但它具有致癌性和储存过程中的不稳定性,被限制在化妆品中使用。

4)壬二酸:可连接至 TYR 的氨基及羧基,阻止底物酪氨酸同酶活性中心的连接,竞争性地抑制 TYR 的活性,从而抑制黑色素的合成。

5)白藜芦醇:是一种多酚化合物(图 3-30),存在于许多食用植物中,如葡萄。其美白及抗氧化的机制为:①通过 ERK 通路或激活 *FOXO3a* 基因的表达,下调 MITF 的表达,从而抑制 TYR 活性。②抑制 TYR 和其他黑色素合成酶的基因表达和成熟。③直接清除 ROS 和 / 或抑制其产生。④通过激活沉默信息调节因子 1 和 NRF2 相关通路增强细胞抗氧化能力。⑤抑制细胞炎症反应。⑥直接抑制 MMP 的催化活性。

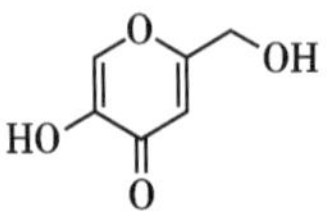

图 3-29　曲酸化学结构式 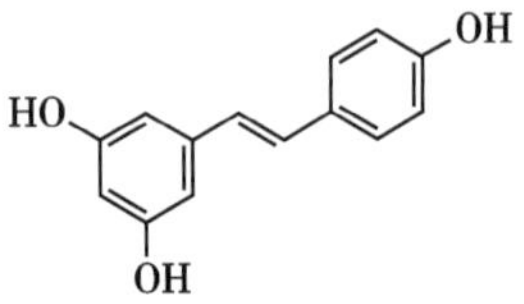　　　　　　**图 3-30　白藜芦醇化学结构式**

6)辅酶 Q10:是一种泛醌化合物(图 3-31),可以通过下调 p53-MC1R/α-黑色素细胞刺激激素(alpha-melanocyte stimulating hormone, α-MSH)-MITF 通路的调控基因阿片黑色素促皮质激素原(pro-opiomelanocortin, POMC)、α-MSH、MITF 的表达而抑制 TYR 的活性,阻碍黑色素的合成。同时,它还能诱导抗氧化基因(*HO-1*、*γ-GCLC*)的表达,起到抗氧化的作用。

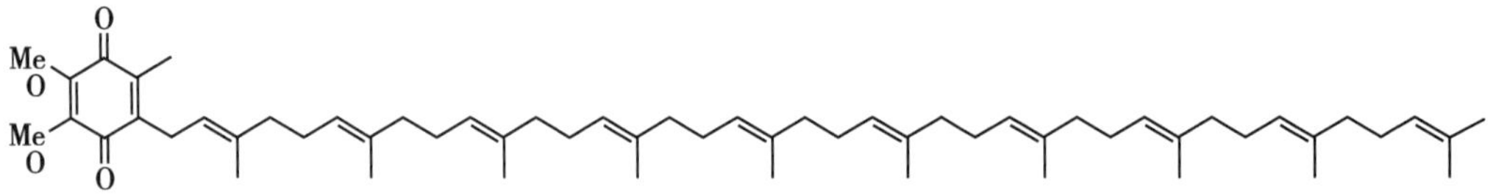

图 3-31　辅酶 Q10 化学结构式

7）谷胱甘肽：可能的美白抗氧化机制为抑制 TYR 活性，使黑色素从颜色较暗的真黑色素向颜色较浅的褐黑色素转变，清除自由基（图 3-32）。但确切的机制尚不明确。

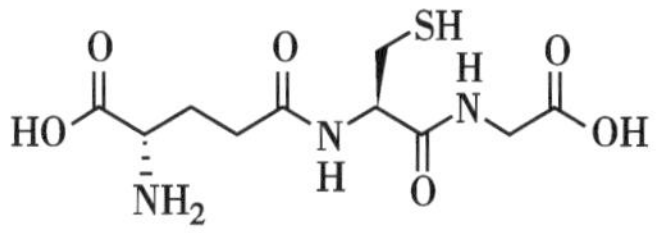

图 3-32 谷胱甘肽化学结构式

8）4- 正丁基间苯二酚：通过下调 MITF 的表达，抑制 TYR 及 TRP- 1 的活性，从而抑制黑色素的合成（图 3-33）。同时，它还能下调氧化相关的蛋白核因子 E_2 转录因子 2 及 NAD（H）醌氧化还原酶 1 的表达，起到抗氧化的作用。

9）植物提取物：从欧洲草本植物洋甘菊（母菊）中提取物含有 ET 的拮抗剂，通过竞争性抑制 ET 与黑色素细胞膜上的特异性受体 ETA 和 ETB 的结合，抑制黑色素细胞的增殖、黑色素的合成及代谢，从而起到美白的作用。

甘草中含有甘草黄酮、去氢粗毛甘草素 C（dehydroglyasperin C，DGC）（图 3-34）等多种美白药用成分。甘草黄酮主要在甘草的油溶性部分中，其美白机制为抑制 TYR 活性、抑制环氧化酶抗炎、清除氧自由基抗氧化。同时，具有比氢醌、熊果苷等成分更强的美白功效。去氢粗毛甘草素 C 是类黄酮物质，可以通过抑制 TYR 和其相关蛋白酶 TRP-1 的表达水平，以及通过 cAMP-CREB 通路和磷酸化 ERK 来下调 MITF 的表达水平，从而降低 TYR 活性，抑制黑色素生成，起到美白的作用。同时，它还具有抗癌、抗炎以及抗氧化作用。

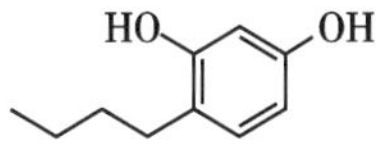

图 3-33 4- 正丁基间苯二酚化学结构式

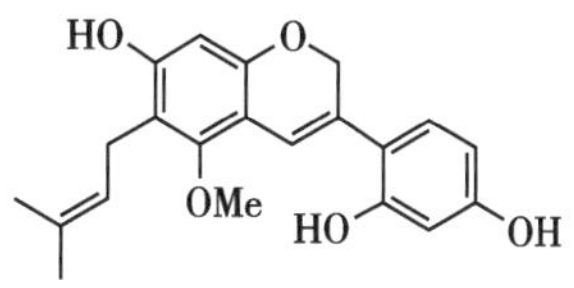

图 3-34 去氢粗毛甘草素 C 化学结构式

山茶提取物包含山茶皂苷 A（图 3-35），山茶花粉中的咖啡因等成分可以通过抑制 TYR 的活性和黑色素细胞的增殖来抑制黑色素生成，从而起到美白的作用。此外，它还具有抗炎、抗氧化和改善微循环等作用。

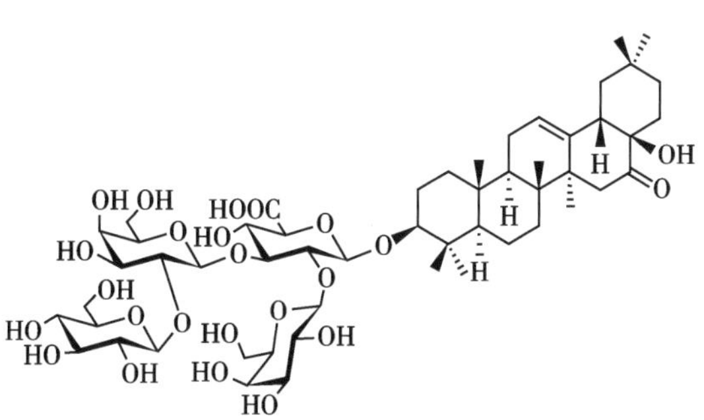

图 3-35 山茶皂苷 A 化学结构式

其他植物提取物可参见本章第十三节。

（3）TYR 的转录后调节

1）亚麻油酸 / 次亚麻油酸：脂肪酸中的亚麻油酸及次亚麻油酸可以增强成熟 TYR 的

泛素化。泛素化的 TYR 能够被整合入内质网相关的降解途径（ER-associated degradation，ERAD），继而 TYR 被降解，黑色素的生成受到抑制，从而起到美白作用。

2）二十二碳六烯酸：通过泛素 - 蛋白酶体系统降解 TYR，从而抑制黑色素的生成，起到美白作用。

3）细胞磷脂酶 D_2：降解 TYR 的蛋白酶体，从而下调黑色素的合成水平，起到美白作用。

此外，中草药成分，如葛根、白芍、人参、白术、当归、黄芪、芦荟、白芷、白及等成分也具 TYR 抑制剂的作用，可用作于皮肤美白。

2. 黑色素合成抑制剂

（1）维生素 C：它能够阻止多巴进一步氧化为多巴色素，并使已合成的多巴醌被还原为多巴，以致黑色素不能合成，从而起到美白作用。但由于其具有很强的还原性，在没有保护的情况下极容易被氧化，从而失去活性。因此，目前大多数化妆品中添加的美白成分是维生素 C 的衍生物，以此来提高它的稳定性。

（2）氨甲环酸：又称传明酸，是一种人工合成的氨基酸，其可以通过抑制黑色素细胞的活化和激活培养的黑色素瘤细胞中的自噬系统来抑制黑色素生成，从而起到美白的功效。氨甲环酸还可抑制纤溶酶原与角质形成细胞的结合，从而减少花生四烯酸的释放和产生前列腺素的能力，最终抑制紫外线导致的上皮细胞纤溶系统的激活，降低 TYR 的活性。通过培养人黑色素细胞的体外实验表明，不同浓度的氨甲环酸对 TYR 均有直接抑制作用，且抑制作用与它的浓度呈线性相关。因此，氨甲环酸对 TYR 的抑制作用不仅仅是与酪氨酸结构相似产生竞争性抑制的结果。

（二）抑制黑色素的转运

某些活性成分可抑制富含黑色素的黑色素小体向角质形成细胞的转运，从而减轻色素沉着。

1. 烟酰胺 是烟酸的酰胺化合物，通过抑制角质细胞对黑色素颗粒的摄取来抑制黑色素小体的转运，还可通过在基因水平上抑制 MITF 的表达来减少黑色素的合成，从而起到减轻色素沉着的作用。

2. 核苷酸胞苷 通过抑制黑色素的生成和黑色素小体转移到角质形成细胞中来减轻色素的沉着。

（三）促进黑色素的代谢

化学剥脱剂在化妆品分类规则中归类为去角质类，但由于其可减弱皮肤角质形成细胞间的连接，加速表皮角质层的脱落，从而加快黑色素在角质层的降解，具有提亮肤色的作用。例如：AHA 可使角质形成细胞粘连性减弱，使堆积在皮肤上的角质层脱落，从而美白皮肤。因此，在祛斑美白类护肤品中有时也添加一些化学剥脱剂，但需注意添加浓度，具体可参见本章第十六节。

三、光防护剂

目前，研究表明紫外线、蓝光等光源照射会诱发和加重皮肤的色素沉着，因此防晒对于皮肤美白也至关重要。具体可参见本章第九节。

（顾 华 何 黎 王晓莉）

第八节 抗老化活性成分

一、概述

衰老是指机体对环境的生理和心理适应能力进行性降低、逐渐趋向死亡的现象。作为被覆于人体表面的皮肤,不仅发生内在的退行性变化,还时刻受到外界环境的侵袭。因此,皮肤衰老的过程与其他器官有所区别,可分为内源性老化和外源性老化。内源性老化一般来说是不可抗的,但外源性老化主要由环境因素引起,其中紫外辐射是最主要的因素。衰老虽然是生命的必然过程,但是人类追求青春、延缓衰老的步伐从未停止。目前,根据衰老的原因及相关的皮肤临床表现和病理改变,通过促进细胞增殖和代谢能力、重建皮肤细胞外基质、抗紫外辐射、清除过量自由基、保湿和修复皮肤屏障功能,活性成分可发挥一定程度的抗老化功效。其中,抗氧化相关内容详见本章第十节,防晒相关内容详见本章第九节,保湿相关内容详见本章第五节,修复皮肤屏障相关内容详见本章第二节。本节着重介绍抗老化活性成分促进细胞增殖和代谢、重建皮肤外基质的作用机制。

二、抗老化的活性成分及作用机制

(一)促进细胞增殖和代谢能力

目前,市场上许多抗衰老类化妆品的作用是促进真皮细胞增殖和提高代谢活性,加快表皮角质细胞脱落、刺激基底细胞分裂,达到改善皮肤外观的目的。

1. 细胞生长因子 是生物活性多肽,能与靶细胞膜上的特异性受体结合而发挥作用,具有高效性和专一性等特点。随着生物工程技术的发展,重组(人)细胞生长因子作为化妆品原料已经逐渐成为现实,但作为大分子的多肽,细胞生长因子如何透皮发挥功效仍然受到业界的质疑,是否能够添加到产品中,还应按照国家相应法规要求进行。

(1)表皮生长因子:能够促进表皮细胞分裂分化,还可促进 K^+、脱氧葡萄糖、α-羟基异丁酸等小分子物质的转运,增加细胞外基质的合成和分泌,促进 RNA、DNA 和蛋白质的合成。表皮生长因子可以有效地刺激表皮的生长,促进皮肤细胞的新陈代谢,促进羟脯氨酸的合成,促进胶原及胶原酶的合成,分泌胶原物质、透明质酸和糖蛋白,调节胶原纤维,进而增强皮肤弹性。

(2)成纤维细胞生长因子:包括酸性成纤维细胞生长因子和碱性成纤维细胞生长因子,是一种多种功能生长因子,能够改善局部血液循环,促进组织再生。在创伤修复的过程中,成纤维细胞生长因子参与胶原纤维的合成,对日晒伤、痤疮等修复有效。在痤疮修复时,成纤维细胞生长因子能刺激皮肤肉芽组织的形成和促进肉芽组织的上皮化,还可调节胶原降解及更新,使胶原纤维以有序方式排列,防止结缔组织异常增生。

(3)角质细胞生长因子:是人体皮下组织细胞分泌的一种碱性蛋白生长因子,能够促进角质细胞的生长和迁移,并能促进毛囊形成,对外源致伤造成的细胞损伤具有防护作用。因此,它在调节表皮角质细胞增殖和创伤愈合过程中具有重要的作用。

2. 动植物提取物

（1）羊胎素：是从妊娠 3 个月的母羊胎盘中直接抽取并提炼的一类活性成分,含有表皮生长因子、核酸、超氧化物歧化酶和糖胺聚糖脂蛋白、酵素、维生素、激素、卵磷脂、胸腺素、矿物质等多种营养成分,这些活性成分能够刺激皮肤中细胞的分裂和活化,促进老化细胞的分解排出,从而延缓皮肤老化。《已使用化妆品原料目录（2021 年版）》收录了水解胎盘（羊）提取物、水解胎盘（猪）蛋白/提取物、（动物）胎盘蛋白/酶。

（2）海洋肽：是从栉孔扇贝中提取的多肽。海洋肽对真皮成纤维细胞有刺激作用,能促进成纤维细胞分裂及合成和分泌胶原蛋白与弹性蛋白,能增加衰老皮肤的表皮平均厚度,因此海洋肽能够抗皮肤衰老和减少皱纹。

（3）红景天素：是一种景天科景天属的野生植物,被称为"高原人参"。红景天蕴含

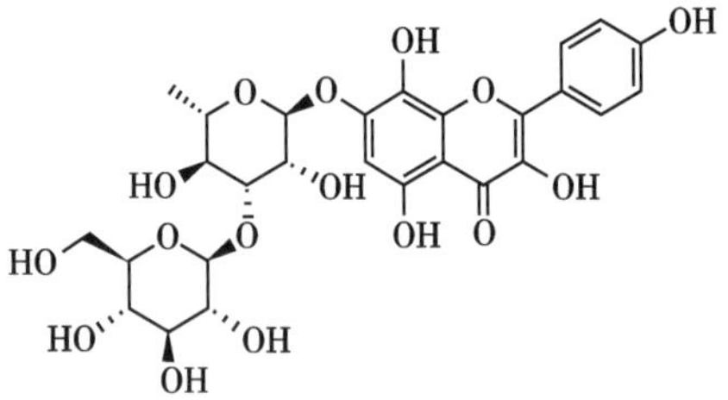

图 3-36 红景天素化学结构式

大量抗衰老活性超氧化物歧化酶以及红景天素（图 3-36）、红景天苷、苷元酪醇、红景天内酯,35 种微量元素,18 种氨基酸,维生素 A、维生素 D、维生素 E 等一百种左右的化学成分。它的主要活性成分红景天素能促进成纤维细胞的分裂并促使其合成和分泌胶原蛋白,同时也刺激细胞分泌胶原酶使胶原降解,但合成效应大于降解效应。因此,红景天可以使胶原纤维的含量增加。

（4）三七：三七总皂苷是三七的主要有效活性成分,含有多种单体皂苷,其中以人参皂苷（Rb1、Rg1）和三七皂苷（R1）含量最高。研究表明,三七皂苷 R1 可促进紫外线照射后成纤维细胞的增殖,抑制 MMP-1、MMP-3 的表达,三七总皂苷可显著抑制细胞的氧化损伤,有效降低细胞的凋亡率,提高细胞活力,具有抗光老化的作用。

还有很多动物和植物来源的成分具有抗皮肤衰老的作用,如羊胎素、蜂王浆、人参、黄芪、白莲、赤水金钗石斛、阿尔卑斯金花等,也常用于抗衰产品。

3. 果酸类物质　果酸是一类小分子物质,可迅速被吸收,具有较强的保湿作用。它作为剥离剂使用时,通过渗透至皮肤角质层,使老化角质层中细胞间的键合力减弱,加速老化细胞剥离,并促进细胞分化、增殖,加速细胞更新速度,从而改善皮肤状态,达到除皱、抗衰老的作用。果酸除皱作用与果酸的种类、浓度有关,通常分子量越小,pH 越低,浓度越高,除皱效果越好,但刺激性也越大,通常化妆品中果酸类物质添加浓度应低于 6%。

AHA 是一类从柠檬、甘蔗、苹果、越橘等水果中提取的羟基酸,包括羟基乙酸、L- 乳酸、枸橼酸、苹果酸、甘醇酸、酒石酸等几十种物质。以羟基乙酸和 L- 乳酸最为常见。羟基乙酸是分子量最小的果酸,对皮肤的渗透能力最强,效果最明显,但刺激性也最强。L- 乳酸作为天然保湿因子存在于皮肤中,刺激性较小。

4. BHA　是从天然生长植物如柳树皮、冬青叶和桦树皮中提取出来的一类酸。使用最广泛的是水杨酸,因为它是亲脂性的,更容易与富含脂质成分的皮肤表层相结合,促进皮肤角质细胞的自然脱落和新细胞的再生,还可以渗透入含油脂丰富的毛孔内部,清除老化角质,使毛孔缩小、皮肤变得更为光滑。

5. 维 A 酸类　具有维生素 A 的核心结构及其氧化代谢物的一类化合物被称为维 A 酸类。由于维 A 酸刺激性强,使皮肤变薄,导致血管扩张,动物实验发现其有致畸作用。我国

相关法规禁止在化妆品中使用维 A 酸及其盐类。维 A 酸类产品为维 A 酸的衍生物,如维 A 醛或维 A 酯,是由维 A 酸经结构修饰而得到的新型化合物,能发挥维 A 酸作用——促进表皮的代谢,使表皮和结缔组织增生、消除皱纹,增加皮肤弹性,但其刺激性远低于维 A 酸,因而可添加在抗衰老类化妆品中。但要注意,这些维 A 酸的衍生物在体内仍然是转化成维 A 酸,进而发挥作用,故使用后需注意避孕。

6. 核酸类原料 脱氧核糖核酸具有活化细胞的效果。小分子 DNA 可以被皮肤吸收,作为合成新细胞的原料,使细胞处于生命旺盛状态,细胞更新速度更快,从而起到抗皱和抗衰老作用。

7. β- 葡聚糖 它的作用机制是与巨噬细胞、中性粒细胞和其他细胞携带的 β- 葡聚糖受体结合而激活这些细胞,从而产生多种细胞因子如表皮生长因子、血管生长因子等。由此可刺激皮肤细胞活性,增强皮肤自身的免疫保护功能,高效修护皮肤,减少皮肤皱纹产生,延缓皮肤衰老。

(二)重建皮肤细胞外基质

真皮细胞外基质中包含许多成分,包括结构蛋白(胶原蛋白和弹性蛋白)、黏附蛋白(纤维粘连蛋白和层粘连蛋白)等。随着年龄增长,皮肤中真皮细胞外基质的含量和质量不断变化,是皮肤衰老的重要特征之一。因此,许多化妆品或药品抗衰老作用建立在这个基础之上,试图重建细胞外基质,使其在质和量上达到年轻皮肤的水平,并利用一些具有生物活性作用的物质,增强各类细胞合成细胞外基质或抑制细胞外基质降解的能力(如某些植物提取物、细胞因子、促进成纤维细胞合成分泌胶原蛋白),或人为地补充由于皮肤老化而失去的部分细胞外基质(如胶原肽、弹性蛋白肽、透明质酸等细胞外基质成分)。

1. 胶原蛋白肽 胶原蛋白是大分子蛋白质,并不能被人体直接吸收。胶原蛋白肽是胶原或明胶经蛋白酶降解处理后制成的,能促进表皮细胞活力、增加营养、有效消除皮肤细小皱纹。

2. 透明质酸 它是真皮的主要基质成分之一,皮肤成熟和老化过程也随着 HA 的含量和新陈代谢而变化。透明质酸是一种酸性糖胺聚糖,有特殊的保水作用,是自然界中保湿性物质,被称为理想的天然保湿因子,2% 的纯 HA 水溶液能牢固地保持 98% 的水分。它可以改善皮肤营养代谢,在保湿的同时又是良好的透皮吸收促进剂,与其他营养成分配合使用,可以起到促进营养吸收的更理想效果,从而使皮肤的保水性能增加、富有弹性、皱纹减少。

3. 卡巴弹性蛋白 其结构如同皮肤中的弹性蛋白,但甘氨酸、丙氨酸、缬氨酸、羟丙氨酸的含量要高于后者,而这些氨基酸是构成皮肤弹性和维持张力的主要因素。研究证明,卡巴弹性蛋白是迄今为止唯一能穿透表皮的外源性弹性蛋白。卡巴弹性蛋白安全无毒,化妆品中添加卡巴弹性蛋白可直接改善皮肤弹性蛋白的性质,并在成纤维细胞作用下刺激皮肤合成弹性蛋白。另外,卡巴弹性蛋白可在皮肤表面形成一种半透明膜,对皮肤具有保护和滋养作用。

(刁 萍 熊之潔 李 利)

第九节 防晒功效活性成分

一、概述

过度的日光暴露不仅可导致皮肤光老化,影响容貌,还可诱发多种光敏性皮肤病,如PLE、慢性光化性皮炎(chronic actinic dermatitis,CAD);还可诱发光加剧性皮肤病发生,如红斑狼疮、黄褐斑、痤疮等;过度日光暴露甚至可导致皮肤肿瘤发生,如日光性角化病、基底细胞癌、鳞状细胞癌等。

随着人们对光辐射引起的光生物学效应的认识不断提高,防晒化妆品的需求迅速增加,国际上已开发了 60 多种防晒剂。防晒剂是利用对光的吸收、反射或散射作用,以保护皮肤免受特定紫外线伤害的物质。我国将防晒类护肤品作为特殊类型化妆品进行监管,同时,《化妆品安全技术规范》2015 版对添加于防晒类化妆品的准用活性成分进行了规范,批准使用的防晒剂有 27 种。日本可使用的防晒剂有 32 种,美国 FDA 批准的防晒安全有效成分只有 16 种。

二、防晒功效的活性成分及作用机制

传统的优质防晒化妆品应具有以下特点:防晒效果确切,防晒光谱涵盖 UVA 和 UVB;安全性和耐受性高,不易产生刺激和过敏;产品对光稳定,不使衣物着色;易于涂抹,透气性好。

从作用机制上看,防晒剂可大致分为紫外线吸收剂、紫外线屏蔽剂和各种抗氧化或抗自由基的活性物质。法规管理中可使用的防晒剂清单只包括前两者,其中,化学性紫外线吸收剂又称有机防晒剂。近年研究发现物理性防晒剂,如二氧化钛、氧化锌也可通过光化学反应发挥其防晒效果,物理性紫外线屏蔽剂也称为无机性防晒剂。此外,还有多种抵御紫外辐射的生物活性物质,包括维生素及其衍生物,如维生素 C、维生素 E、烟酰胺、胡萝卜素等;抗氧化酶一族,如超氧化物歧化酶(superoxide dismutase,SOD)、泛醌、谷胱甘肽、金属硫蛋白等;植物提取物,如芦荟、燕麦、葡萄籽萃取物等。由于紫外辐射是一种氧化应激过程,通过产生氧自由基导致一系列组织损伤,这些物质本身虽不具有紫外线吸收能力,但可通过清除或减少氧活性基团中间产物从而阻断或减缓组织损伤或促进晒后修复。

除了紫外辐射,红外辐射也会造成皮肤损伤。红外线(infrared radiation,IR)能穿透到皮肤的深层,造成热损伤,引发线粒体的功能性失调,增加细胞氧化应激产生自由基。目前,有多种生物活性物质能增强皮肤抵御红外辐射损伤的能力,如卤虫提取物、藻提取物、萹蓄提取物、越橘果提取物等。

(一)理想的紫外线吸收剂应具备以下特性

1. 应吸收 280~400nm 的紫外辐射,如果使用一种防晒剂不能提供足够的防护效果,需搭配使用两种或两种以上的成分,防止 UVA 及 UVB 的辐射。

2. 应具有足够大的分子量(理想情况下超过 500Da)以防止紫外线吸收剂透皮吸收。

3. 紫外线吸收剂在润肤剂中应具有良好的溶解性,尤其是固体紫外线吸收剂,如二苯甲酮、阿伏苯宗、樟脑衍生物等,并确保其不会在皮肤上出现结晶。还需注意其在防晒霜中的稳定性,在保质期内,紫外线吸收剂必须保持溶解状态。此外,须在配方中适当悬浮,应仔细选择其分散相,以最大限度地保持其在分散相中的均匀性和稳定性。

4. 具有极好的光稳定性和光化学惰性。同时,要添加特定的润肤剂或猝灭剂(能降低荧光体发光强度的分子),并确保它们在配方中处于稳定状态。

5. 考虑到防晒剂的防水性,配方中应选用水溶性低或不溶于水的紫外线吸收剂。

6. 不可有毒性,不致粉刺,不致敏,无光毒性。

7. 与化妆品用具、配料以及大多数包装材料兼容性好,便于操作和使用。

8. 当涂抹在皮肤或头发上时,不应使皮肤变色、弄脏衣服、引起刺痛感、沉淀、析出晶体、导致皮肤干燥或产生异味。

9. 理想的紫外线吸收剂应做到成本低,经济合理。

10. 紫外线吸收剂必须获得官方监管机构的批准。

(二)无机防晒剂

目前,无机防晒剂主要有二氧化钛、氧化锌。二氧化钛对 UVB 有较好的屏蔽效果,氧化锌对 UVA 有较好的屏蔽效果,两者的混合配方则具有广谱抗紫外线的效果。近年研究发现,无机防晒颗粒具有类半导体性能,其内电子跃迁过程可选择性吸收紫外线而发挥防晒作用。无机防晒剂具有防晒谱宽、相对光稳定、不易致敏的优点,适用于皮肤敏感人群。其不足之处在于颗粒较大、不易涂抹,因此厚重感强,影响美观。同时,遮光谱与其颗粒大小相关,因此,近年来化妆品生产企业致力于降低无机防晒剂的体积研究。虽然纳米级的二氧化钛具有高折光性、透明度好,涂抹后不易产生厚重的感觉,但颗粒太小的二氧化钛或氧化锌容易透皮吸收,体外实验中通过放射显影技术观察到二氧化钛、^{65}ZnO 可穿过大鼠和兔的皮肤及毛囊,加速成纤维细胞中 DNA 的损伤。因此,需注意在化妆品中所添加的无机防晒剂的颗粒大小。

(三)有机防晒剂

有机防晒剂又称化学性紫外线吸收剂,这类物质可选择性吸收紫外线,并转化成其分子的振动能或热能而发挥防晒作用。大部分有机防晒剂都含有芳香基团,苯环上的基团可影响防晒剂的光谱特性。有机防晒剂具有质地轻薄、透明感好的优势,但其光稳定性较无机防晒剂差,且易透皮吸收,可能会导致接触致敏和光致敏作用。同时,由于一种有机防晒剂仅对某一波段的紫外线具有吸收作用,因此,如需提高防晒剂的防晒功效,就需添加多种有机防晒剂,这也增其致敏性。近年来,一些新型有机防晒剂不断问世,通过异构化、微粒化等方式显著提高防晒剂溶解性、光稳定性,且不易透皮吸收,克服了传统有机防晒剂安全性差的缺点。

依据我国《化妆品安全技术规范》(2015 年版)中规定的化妆品准用防晒剂,按照其有机防晒剂对紫外线的吸收情况,可分为 UVA 吸收剂、UVB 吸收剂及既能吸收 UVA 也能吸收 UVB 的防晒剂。

1. UVA 吸收剂 2,2- 双 -(1,4- 亚苯基)1H- 苯并咪唑 4,6- 二磺酸及其钾、钠和三乙醇胺盐属于苯唑类防晒剂,是新型的水溶性 UVA 吸收剂;对苯二亚甲基二樟脑磺酸、对甲氧基肉桂酸异戊酯、丁基甲氧基二苯甲酰基甲烷、二乙基氨基羟基苯甲酰苯甲酸己酯、苯基二苯并咪唑四磺酸酯二钠、苯甲酸（二乙基己基丁酰胺基三嗪酮）也可吸收 UVA。

2. UVB 吸收剂 乙基己基三嗪酮、水杨酸乙基己酯、二甲基 PABA 乙基己酯、聚丙烯酰胺甲基亚苄基樟脑、聚硅氧烷、三亚苄基樟脑、4- 甲基苄亚基樟脑、二苯酮 -4 可吸收 UVB，其中水杨酸乙基己酯吸收波段较窄（290~330nm），主要与其他化学防晒剂联合使用，可增加防晒效果。樟脑苯扎铵甲基硫酸盐、甲氧基肉桂酸辛酯、辛基三嗪酮、水杨酸三甲环己酯都可吸收 UVB。桂皮酸盐，又称甲氧基肉桂酸辛酯、4- 甲氧基肉桂酸 -2- 乙基己基酯、2- 羟基 -4- 甲氧基二苯甲酮，是目前全世界范围内最广泛使用的 UVB 防晒剂。

3. UVA 及 UVB 吸收剂 双乙基己氧基苯酚甲氧基苯基三嗪、奥克立林、甲酚曲唑三硅氧烷、二乙基己基丁酰胺基三嗪酮、二苯酮 -3 等可吸收 UVB 及 UVA。

（四）防蓝光的防晒活性成分

适量的天然蓝光有诸多益处，但过多的蓝光辐射也会增加皮肤光损伤。特别是随着数码时代的来临，计算机、平板电脑、智能手机和 LED 灯等带来的蓝光无处不在，长期暴露于蓝光环境下会使皮肤会产生氧化压力。目前，也有较多的植物提取物可通过活化视蛋白、减少氧化应激来保护皮肤抵御蓝光，如姜根提取物、可可籽提取物、胡萝卜根提取物、稻胚芽提取物等。

（刘玮 涂颖 赖维 何黎）

第十节 抗氧化功效活性成分

一、概述

大部分地球上的生物需要氧气来维持生存，但氧气又是一种高反应活性的分子，可以通过产生 ROS 破坏生物体。因此，生物体自身建立了一套由代谢产物和酶构成的抗氧化网络系统，通过具有抗氧化作用的代谢中间体和产物与酶之间的协同作用，保护机体重要细胞成分，如 DNA、蛋白质和脂类等免受氧化损伤。

抗氧化剂（antioxidant）是一类可通过捕获并中和氧自由基，阻止或清除 ROS 的物质。ROS 物质除了引起机体的 DNA、蛋白质等损伤外，还在生化反应中充当氧化还原信号分子。因此，抗氧化剂的作用不是完全清除氧化物质，而是将这些物质的产生维持在一个动态平衡。敏感性皮肤、皮肤老化、黄褐斑、痤疮及其他面部皮炎都与氧自由基的产生有关，因此，抗氧化剂常被添加到舒缓类、清痘类、抗老化以及美白类化妆品中。

二、抗氧化功效的活性成分及作用机制

抗氧化剂可分为非酶类、酶类抗氧化剂，某些植物提取的活性成分也具有抗氧化作用。

（一）非酶类抗氧化剂

非酶类抗氧化物质可清除过剩的自由基，抗氧化物质提供一个电子给含有不配对电子而高度活泼的氧自由基，使之形成具有稳态结构的分子而失去其高度化学活性和攻击性，且自身不会形成有害物质，主要有以下几类。

1. 维生素A及其衍生物 极易被氧化,从而阻止机体内脂质过氧化反应的发生。其抗氧化机制主要表现在以下几方面:硒蛋白是大多数抗氧化酶的组成成分,维生素A可以促进硒蛋白基因表达;二十碳四烯酸是一种广泛存在于体内的多不饱和必需脂肪酸,高浓度会对细胞产生毒性,维生素A可以通过调节硫氧还蛋白还原酶和丝裂原激活蛋白激酶信号通路来调节细胞内二十碳四烯浓度的平衡,从而保持细胞的抗氧化性。此外,维生素A可以与有机过氧化自由基结合,从而阻断氧化反应链。

2. 维生素E和维生素E酯 一种脂溶性维生素,是皮肤屏障中主要的生理性抗氧化剂,能保护皮肤角质层屏障减少光损伤。人体自身不能合成维生素E,必须从新鲜蔬菜、植物油、谷类和坚果中获取,通过皮脂腺分泌到皮肤表面。维生素E易被氧化,故能保护其他物质(如不饱和脂肪酸、维生素A和腺苷三磷酸等)不被氧化,降低可溶性胶原蛋白向不可溶性胶原蛋白的转化速度。维生素E酯是维生素E的衍生物,经皮吸收后需要被水解才能发挥生物效应,因此其作用层次更深、更持久。

3. 维生素C 和维生素E一样具有抗氧化作用,且能够促进胶原的合成,抑制黑色素生成。人体缺乏合成维生素C的特殊酶,因此,维生素C必须从柑橘类水果和绿叶蔬菜中摄取。由于肠道吸收有限,即使口服大剂量的维生素C,皮肤中维生素C的浓度也难有大幅度地提高,它作为化妆品添加剂使用到皮肤上更为合理。水溶性维生素C能帮助更新脂溶性维生素E的氧化形式,这两种维生素具有协同抗氧化作用。但是水溶性维生素C不稳定和难以透皮吸收,一度限制了其使用。随着技术发展,目前有维生素C衍生物和特殊的材料或技术将维生素C包裹,提高了维生素C的稳定性,导入、微针等技术也会辅助增加其透皮性,维生素C的应用也会越来越广泛。

4. 类胡萝卜素 是一种营养性的抗氧化剂,可以通过消灭自由基,阻断脂质自氧化的链式反应。类胡萝卜素也可以通过电子转移的方式来清除自由基,此时类胡萝卜素被氧化成自由基正离子。此外,类胡萝卜素还可以与自由基发生加成反应,形成类胡萝卜素加合自由基。有研究发现,类胡萝卜素的抗氧化性强于维生素C和维生素E等抗氧化剂。因此,类胡萝卜素在一定的条件下也具有氧化作用。

5. 维生素B₅ 又称为泛酸,在体内主要以辅酶(CoA)的形式参与糖、脂、蛋白质代谢;在体内以CoA的形式清除自由基,保护细胞质膜不受损害;可通过促进磷脂合成帮助细胞修复,具有抗脂质过氧化作用。同时,维生素B₅还具有提高皮肤水合作用的功效,可通过抗氧化、保湿等作用修复皮肤泛红的情况。

6. 烟酰胺 烟酰胺是辅酶Ⅰ和辅酶Ⅱ的前体,可以帮助细胞更有效地对抗自由基和其他氧化应激。

7. 辅酶Q10 是组成细胞线粒体呼吸链的成分之一,其本身是细胞自身产生的天然抗氧化剂,能抑制脂质过氧化反应,减少自由基的生成,保护SOD活性中心及其结构免受自由基氧化损伤,提高体内SOD等酶活性,抑制氧化应激反应诱导的细胞凋亡,具有显著的抗氧化、延缓衰老的作用。有研究推测辅酶Q10与维生素C也具有协同抗氧化作用。

8. 金属硫蛋白 是从动物器官中分离出的金属蛋白质,是体内清除自由基能力最强的一种蛋白质,其清除羟自由基的能力约为超氧化物歧化酶的10 000倍,而清除氧自由基的能力约是谷胱甘肽的25倍,具有很强的抗氧化活性,能防止机体细胞的衰老。

9. 硫醇类抗氧化剂 包括谷胱甘肽、N-乙酰半胱氨酸、硫辛酸及其衍生物,是一类重要的强效自由基清除剂,能够有效地保护紫外辐射引起的表皮脂质过氧化、细胞毒性和细胞凋亡。

(二)酶类抗氧化剂

抗氧化酶的作用是使 ROS 中间产物失活,主要有以下几种。

1. SOD　是一种生物抗氧化酶,可以快速催化超氧阴离子自由基发生歧化反应生成水和氧,是机体代谢产生的超氧阴离子自由基的天然清除剂,在防御超氧阴离子自由基的毒性、抗辐射、抗衰老以及抗炎等方面起着重要的生理作用。

2. 谷胱甘肽过氧化物酶(glutathione peroxidase,GSH-Px)　是以谷氨酸、甘氨酸和半胱氨酸为主的 CAT,主要存在于含线粒体的细胞中。GSH-Px 通过催化谷胱甘肽,使有毒的 H_2O_2 及脂质过氧化物还原为无毒的羟基化合物,从而保护细胞膜结构及功能不受过氧化物的损伤和干扰。

3. CAT　是抗氧化酶系统的标志酶,广泛存在于动物、植物和微生物体内。CAT 能迅速分解细胞代谢过程中产生的 H_2O_2,使 H_2O_2 不会与 O_2 在铁螯合物作用下生成有害的羟基自由基,清除自由基对细胞的损伤,从而降低氧化损伤程度。

4. 谷胱甘肽还原酶(glutathione reductase,GR)　是皮肤抗氧化系统中的一种重要的抗氧化酶,在氧化型谷胱甘肽转化为还原型谷胱甘肽的过程中起催化作用,从而维持细胞中两种谷胱甘肽的动态平衡。

5. 醛酮还原酶(alde—keto reductases,AKR)　ROS 引发的脂质过氧化反应过程中会产生大量醛类物质,这些醛类物质相比于 ROS 存活的时间更长,对细胞膜的穿透力也更强,它们比 ROS 更具有破坏性。AKR 可以将这些醛类转化成醇,降低醛的毒性,从而发挥其抗氧化性。

(三)植物性抗氧化剂

植物源性抗氧化剂来源于植物,具有特殊官能团的生物活性物质,在抗氧化方面发挥着重要且安全的作用,其种类包括多酚、多糖、多肽、萜烯类以及某些酶类等。

1. 多酚类　多种植物中都可提取多酚,如茶树、绿茶、银杏叶等。常见的植物多酚包括多酚单体(黄酮类化合物、绿原酸、没食子酸和鞣花酸等)和多聚体(原花青素、没食子单宁和鞣花单宁)。

(1)茶多酚:绿茶中提取出的绿茶多酚能抑制 TNF-α、IL-1β、IL-6 等多种炎性细胞因子释放,还能够减少合成 H_2O_2 及 NO 合成酶的细胞数量,从而进一步减少 H_2O_2 及 NO 的生成,具有抗氧化作用。茶多酚还具有维生素 P 的作用,可降低毛细血管的通透性和脆性,能贮存皮肤表层的水分,防止皮肤干裂,从而润肌健肤,能促进皮肤微循环,增强微血管的抵抗力和弹性,降低血液黏滞性,改善血液流变学,促进皮肤的血液循环。

(2)白藜芦醇:是一种非黄酮类多酚化合物,可在葡萄叶及葡萄皮中合成,是葡萄酒和葡萄汁中的生物活性成分。体外实验及动物实验表明,它具有抗增殖、抗血管生成、抗炎、抗氧化和抗菌性能。

(3)3,4-二羟基苯乙醇:是在初榨橄榄油中发现的酚类化合物,可以抑制血管内皮细胞的增殖和迁移,并改变上皮细胞增殖周期细胞的分布,从而减少微血管生成。

此外,芦丁和植物激动素也具有抗氧化作用。芦丁属于黄酮类成分,不但能显著清除细胞产生的 ROS,还具有防紫外辐射和改善毛细血管扩张的作用。植物激动素是一种植物生长激素,核酸腺嘌呤碱基的衍生物,研究证实,它可以在体外延迟与人体皮肤细胞老化相关的细胞变化,并具有抗氧化的能力。

2. 多糖类　多糖的结构单位是单糖,由糖苷键连接,可以形成直线,也可以形成支链,分子量从几万到几十万。它可以从黄芪、燕麦、茶、青刺果、姜黄、灵芝、芦荟、银杏等多种植物中提取,具有免疫调节、抗氧化、抗辐射活性等多种药理功效。

3. 多肽　是由 α- 氨基酸以肽键连接在一起而形成的化合物,是蛋白质水解的中间产物。由两个氨基酸分子脱水缩合而成的化合物称为二肽,同理类推还有三肽、四肽、五肽等,通常由 10~100 个氨基酸分子脱水缩合而成的化合物称为多肽。它可以从鹿茸、海洋动物、红藻、大豆等物质中提取,具有抗氧化、增强免疫力、组织创伤修复等功效。

4. 萜烯类

（1）虾青素（astaxanthin）：是一种萜烯类不饱和化合物,是 600 多种类胡萝卜素中的一种。虾青素有极强的抗氧化性能,增强免疫力,清除体内自由基的作用,还有调整血流、改善微循环的功效。

（2）α- 红没药醇：是一种脂溶性倍半萜类化合物,广泛存在于洋甘菊、春黄菊等植物精油中。研究显示其具有抗氧化、抗炎、抗菌等作用,对多种肿瘤细胞也具有抑制作用。

5. 木瓜巯基酶　来源于天然鲜嫩木瓜,其特点是分子链上存在大量的活性巯基（—SH）,是一种具有高生物活性的抗氧化因子,能清除体内的超氧自由基和羟自由基,有效降低皮肤中过氧化脂质的含量,从而防止机体细胞老化,使皮肤衰老过程得以延缓。

（涂　颖　李　利　何　黎　杨　智）

第十一节　金　属　元　素

目前,在人体中发现的金属元素有 80 多种,以矿物质的形式为人体所利用,帮助细胞产生能量、生长和康复,甚至酶的活性也依赖于这些金属元素。当这些金属元素含量不足时,可引起多种皮肤问题,如创面愈合不当或缓慢、氧化应激、色素沉着、脱发、皮肤癌、光老化和易产生皱纹。

一、金属元素在化妆品中的应用历史和现状

化妆品中使用频率较高的金属元素主要有钙、镁、锌、铜和少部分金属元素类硼、硒等,通常以其盐和氧化物的形式存在。金属矿物盐作为化妆品的应用历史可追溯到公元前 5 世纪的埃及,通常将白铅矿（天然碳酸铅）、朱砂（主要化学成分是硫化汞）与焦炭粉末及硫化铅混合制成美容化妆品。中国将金属矿物盐用于化妆品的历史可追溯至殷商末年,当时的妇女使用白粉涂面（碳酸钙烧制成石灰粉混合油脂类混合而成）,颜墨画眉,如《中华古今注》中"燕脂起自纣,以红蓝花汁凝作之,调脂饰女面,产于燕,故名燕脂"。及至唐代,化妆用品的发展更为成熟,据唐代名医王焘著《外台秘要方》中的记载,有面脂、面膏、敷粉、胭脂、口脂等数百种美容方剂。

在现代化妆品中,金属元素及其矿物盐的使用更为广泛,从普通化妆品中的口红、粉

底等,到特殊化妆品中的防晒剂等,所涉及的种类繁多、用途广泛,其中不乏创新的剂型和种类。

二、化妆品中的矿物质、金属离子及其对皮肤的作用

《已使用化妆品原料目录名称(2015版)》收录了约70种金属离子的盐、矿物及复合发酵成分。用于化妆品的主要金属元素及其潜在作用见表3-1。本节主要介绍金属离子锌、钙、硒、钛、镁、铜的作用机制。

表3-1 用于化妆品的主要金属元素及其潜在作用

金属元素	潜在作用
锌	细胞增长,伤口愈合,光保护,抗氧化
铜	角质化,胶原蛋白形成,毛发生长,能量代谢
铁	氧化作用,微循环
硒	抗氧化,抗真菌
铝	止汗剂
锶	抗刺激
硅	促进结缔组织形成
镁	维持皮肤健康
钙	细胞黏附,抗炎,表皮成熟
铬	改善微循环
银	抗菌
钛	光防护作用

(一)锌

锌作为人体中200多种金属蛋白的组成部分,是最重要的微量元素之一。由于其易于结合生物大分子,且稳定性好,不易氧化,在人体中易于运输转运,因此,锌具有涉及人体中酶、结构蛋白和激素代谢等方面的广泛生化功能。例如:锌可作为生物膜、细胞受体(包括睾酮在内的激素)和其他蛋白质的结构组成部分;通过影响细胞复制转录过程中的聚合酶、转移酶等影响细胞的生长、成熟;还可通过参与基因序列中特异性DNA识别和基因表达,调节细胞有丝分裂。

锌以化合物的形式添加至护肤品配方中,如氧化锌、枸橼酸锌、葡萄糖酸锌、硫酸锌及乳酸杆菌/镁/锌发酵溶胞产物等。其中亚微米粒径的氧化锌表面处理的颗粒常用在防晒霜乳中作为无机防晒剂成分,能够阻断UVA和UVB波段的紫外线;表面未处理的中性氧化锌常用于婴儿护臀霜或痱子粉,以预防尿布疹或痱子;葡萄糖酸锌通常作为清痘类护肤品中的主要功能性成分,单独使用或与水杨酸等羟基酸联合使用,可提高清痘的功效。此外,炉甘石中也含有氧化锌,外用制剂以缓解过敏症状。化妆品中的含锌化合物多由天然矿物加工而来,应注意监测其中的重金属含量。

1. 促进维生素 A 的代谢 充足的锌是维生素 A 吸收、转运、代谢、肝脏释放和组织利用的必要条件。锌是生物合成视黄醇脱氢酶的必需物质,视黄醇脱氢酶可催化视黄醇氧化生成视黄醛。锌还是肝脏合成视黄醇结合蛋白的必需物质,可调节维生素 A 的吸收。

2. 对免疫功能的影响 锌在免疫系统的发育和维持中起着至关重要的作用,从皮肤屏障到淋巴细胞内基因的调节,涉及免疫系统多个方面。锌可维持中性粒细胞、巨噬细胞和自然杀伤细胞介导的细胞免疫正常功能,还可影响获得性免疫和免疫球蛋白的生成,轻到中度缺锌可影响免疫反应中的 T 淋巴细胞、B 淋巴细胞和巨噬细胞的发育及其功能,特异性 $CD4^+T$ 细胞数量减少,IgA、IgM 和 IgG 产生减少。锌在胸腺激素(胸腺肽)的生物活性和各种细胞因子的合成和释放中发挥重要作用,缺锌可导致胸腺激素活性降低,自然杀伤细胞活性降低。因此,缺锌会导致机体免疫功能受损,对微生物的易感性增加。

3. MMP 它是一个大家族,因其催化活性依赖锌离子,且参与胞外基质降解和重建而得名。一般由五个功能不同的结构域组成——疏水信号肽序列、前肽区、催化活性区、富含脯氨酸的铰链区及羧基末端区,其中,前肽区可与催化活化区的锌离子相互作用以保持酶原的稳定,该区域被外源性酶切断后 MMP 酶原被激活;羧基末端区则与酶的底物特异性相关;在催化活性区有锌离子结合位点和一个蛋氨酸结构,与酶的活性和稳定性相关。因此,锌离子的浓度对维持 MMP 的活性至关重要。

(二)钙

钙离子是调节角质形成细胞功能的重要金属离子,自基底层至颗粒层,细胞内外的钙离子浓度由低到高,随后在角质层钙离子浓度再次下降。钙离子在表皮中的特殊浓度梯度分布调控着表皮角质形成细胞的正常增殖、分化以及细胞间皮脂的合成,进而影响皮肤屏障的形成、创伤愈合。

钙制剂在护肤品中的使用和研究相对较少,常见成分,如葡萄糖酸钙、乙酸和珍珠粉等,产品剂型主要有喷雾或水剂。但因水溶性钙制剂的渗透性弱,目前有专家开始研发有机酸的钙盐,如牛磺酸钙,通过提高其亲脂性,增强其生物利用度。

1. 表皮中钙离子的分布 钙离子在角质形成细胞内以两种形式存在,细胞器结合的钙及胞质内游离的钙。在基底层细胞中,钙离子主要位于线粒体、内质网及高尔基体、细胞核及细胞质中;在棘细胞层,则主要见于线粒体;在颗粒层,则见于线粒体和板层小体中;角质层中有少量钙离子。超微结构的研究显示,在正常的表皮内存在严格的钙离子浓度梯度,从基底层到颗粒层,细胞内、外钙离子浓度由低到高,而角质层中钙离子浓度较低。

2. 表皮层中钙离子的代谢 细胞质中的钙离子浓度是通过位于质膜和内质网中依赖 ATP 的钙离子泵来维持的。细胞内钙离子浓度很高,细胞质中的钙离子浓度比细胞外液或内质网腔中的钙离子浓度低。细胞内钙稳态的一个关键调控因子是质膜中的钙敏感受体(calcium-sensing receptor, CaR),它是 G- 蛋白偶联受体(G-protein-coupled receptors, GPCR)C 家族的成员,细胞外钙结合到 CaR 触发其激活,进而激活磷脂 C(phospholipase C, PLC),PLC 水解脂质磷脂酰肌醇 4,5- 二磷酸,形成 1,2- 二酰基甘油和 1,4,5- 三磷酸肌醇(inositol 1,4,5-trisphosphate, IP3),IP3 结合到位于高尔基体和内质网膜上的 IP3 受体的 N 端胞质结构域,钙离子通道开放,细胞溶胶(细胞质基质)中钙离子浓度增加。而在质膜中发现的泵和交换器则负责将钙从细胞溶胶运输到细胞外液。同时,P 型 Ca^{2+}-ATP 酶浆膜 Ca^{2+}-ATP 酶也可促进钙离子从细胞溶胶输送到细胞外液。

3. 钙离子对皮肤的影响

（1）影响表皮分化：角质形成细胞从基底层移行至角质层，最终成为角质层中终末分化的角质细胞，钙是表皮分化的关键调节因子。在未分化的角质形成细胞中，细胞质内游离钙分布均匀，但在分化的角质形成细胞中，细胞质内游离钙浓度明显增高。有研究表明，培养基中的低钙离子浓度刺激了角质形成细胞增殖，但不导致细胞分层，当转换到高钙培养基时，促进了细胞分化和分层。钙还可提高转谷氨酰胺酶表达，促进角化包膜形成，并可提高K1、K10 的表达。

（2）影响皮肤老化：老化可伴有表皮变薄、弹性降低、黑色素细胞缺失、屏障功能下降等特征。早在 1999 年就有研究表明，低钙离子浓度刺激黑色素细胞增殖和黑色素合成，而高钙离子浓度仅刺激黑色素合成，这表明表皮钙离子含量通过影响黑色素细胞功能，进而影响皮肤老化。

2003 年 Akiko Tomitaka 等使用显微镜系统观察不同年龄人群表皮钙含量。在年轻人的表皮中，钙离子定位于表皮的基底层、颗粒层及棘层，而在老年人的表皮中，钙遍布整个表皮层。2015 年时 Mark Rinnerthaler 等用火焰原子吸收光谱法测定老年人、中年人和年轻人皮肤样本中的钙含量，结果显示，老年人和中年人皮肤样本的钙含量无显著差异。但在年轻人的皮肤样本中可检测到更高的钙离子浓度，且老年人表皮中的钙离子梯度受到严重干扰，中年人和年轻人皮肤颗粒层钙含量明显高于老年人，而表皮各层钙含量均匀。这表明钙梯度失衡与皮肤老化有关。

（3）影响创伤愈合：创伤愈合是一个多步骤的过程，涉及创伤后细胞因子和生长因子表达、表皮和真皮细胞增殖并迁移等过程。细胞内钙离子浓度分布的不对称性可调控细胞迁移，调节细胞的极性。以往研究观察到，在角质形成细胞迁移过程中钙离子不对称分布以及细胞内的钙离子通道被激活。其中 TRPV1 参与了角质形成细胞迁移过程中膜张力引起的钙离子内流。这些结果表明，调节钙离子浓度和 TRPV1 可能是促进创伤愈合的潜在方法之一，尤其是在创伤愈合的增殖期。

（4）影响汗液的排泄：钙离子是汗腺中透明细胞排汗反应中一个调节离子和第二信使。汗腺周围区域的交感神经激活，引起乙酰胆碱释放，并激活突触后透明细胞上的 GPCR 的毒蕈碱型（muscarinic，M3）受体。M3 受体信号通过多种途径持续增加细胞内钙离子，激活 Cl⁻通道（如 NKCC1、TMEM16A 和 Best2），使 Cl⁻ 进入细胞质，然后进入汗腺腔，促进汗液分泌。Metzler-Wilson 等通过皮内微透析给予外源性乙酰胆碱，然后局部给予钙离子螯合剂或电压门控 Ca^{2+} 通道阻滞剂，这两种方法都能减弱细胞外钙离子进入，从而减少出汗。因此，人们通过研发与钙有关的胆碱能调节剂，减少局部皮肤中钙离子的进入及钙离子梯度，从而降低胆碱能性汗液分泌的敏感性。

（5）影响表皮抗病毒活性：Toll 样受体 -3（Toll-like receptor 3，TLR3）是一种位于核内体的双链核糖核酸（double-stranded RNA，dsRNA）传感器，能识别表皮角质形成细胞中的胞外合成 dsRNA Poly（I：C），在表皮对病毒感染的反应中起重要作用。研究发现，表皮角质形成细胞中高钙离子浓度可上调 TLR3mRNA 和蛋白表达。细胞外高钙离子浓度显著抑制 Poly（I：C）诱导的干扰素 -β 和促炎性细胞因子 IL-6 表达，诱导了 dsRNA 传感器、角蛋白 -10 和具有胶原结构的巨噬细胞受体（macrophage receptor with collagenous structure，MARCO）的表达，显著增强了 Poly（I：C）诱导的 NHEK 细胞的抗单纯疱疹病毒 1 活性，从而提高了表皮角质形成细胞的抗病毒活性。

（6）影响皮肤感觉、炎症反应：热敏感性瞬时受体电位（thermosensitive transient receptor potentials, thermo TRP）是近年来发现的一个由温度激活的离子通道家族，它们在初级感觉神经末梢表达，可感知环境温度的变化。目前已知的有 6 种 TRP，TRPV1 和 TRPV2 是由伤害性热刺激（≥42℃）活化；TRPV3 和 TRPV4 被非痛感的温觉激活；TR/MIN8 由冷刺激活化；TRPA1 由伤害性冷刺激（≤4℃）活化。引起 TRP 活化的温度称为热阈值，很多 TRP 的热阈值是由损伤的组织或炎性反应释放的细胞外介质调节的，如缓激肽、前列腺素和生长因子等。

个人护理产品中可添加影响 TRP 功能的活性成分，从而影响人们的皮肤感觉功能。如薄荷醇作为非损伤性冷感受器 TR/MIN8 的激活剂可以提供清凉的体感，减轻瘙痒、灼热等自我感觉，已被广泛用于个人护理类产品中。目前，TRPV1 拮抗剂（4- 叔丁基 - 环己醇）和 TRPA1 拮抗剂是研发热点，这些通道拮抗剂在抑制神经高反应性方面有重要作用（表 3-2）。每个子单元包含 6 个跨细胞膜域（S1~S6）、一个疏水孔环连接 S5 和 S6、胞质 N- 末端和 C- 末端。所有 TRP 的 N 末端都有不同数量的锚蛋白重复域（TR/MIN8 除外）。热敏 TRPVs 显示从非常热（TRPV2）至很冷（TRPA1）的不同热阈值。

表 3-2　不同的热敏感性瞬时受体电位通道激活剂及其功能

通道	温度敏感性	非热激活剂	功能
TRPV1	>42℃	辣椒碱、低 pH、乙醇、花生四烯乙醇胺、樟脑、辣椒辣素、大蒜素、2-氨基乙酯二苯基硼酸、利多卡因、姜辣素、姜烯酚、胡椒碱、单甘酯 ω-3 脂肪酸、膜拉伸	伤害性热感受器，也参与炎症时的痛感，对热、痛觉敏感，糖尿病、肥胖、高血压、胃肠功能紊乱及低体温都可激活 TRPV1
TRPV2	≥52℃	2- 氨基乙酯二苯基硼酸、大麻、膜拉伸	极热温度敏感器，先天免疫系统
TRPV3	32~39℃	2- 氨基乙酯二苯基硼酸、樟脑、香芹酚（牛至来源），醋酸因香酚、麝香草酚、丁香酚	对温觉敏感，可能参与毒性热检测
TRPV4	27~34℃	膜拉伸，佛波酯、5,6-EET、花生四烯乙醇胺、花生四烯酸、双穿心莲内酯 A	温暖感觉和程度的调节，可能参与毒性机械痛感和热痛觉过敏
TR/MIN8	25~34℃	薄荷醇、冰片、桉油精	无害冷感知，体温调节行为，冷介导镇痛；某些神经元的冷伤害性刺激
TRPA1	<17℃	肉桂醛、丙烯醛、氯气、ROS、甲醛溶液、脂肪酸、芥末油、大蒜素、冰片、姜辣素、前列腺素、非甾体抗炎药、异氟烷丙泊酚、依托咪酯、二氢吡啶类、克霉唑、尼古丁、薄荷醇	冷、机械及化学引起的伤害性刺激，冷痛觉过敏

（三）硒

硒是人与动物体内重要的微量元素之一，主要以硒代半胱氨酸的形式广泛存在。动物机体对硒的需求有严格剂量要求，硒的生理必需量和毒性剂量之间的范围较狭窄，中国营养学会针对不同的人群制定了硒的摄入标准。对于成年人，硒的可耐受最高摄入量为 $400\mu g/d$。硒含量过多会引起硒中毒，慢性硒中毒表现为生长发育迟缓和毛发脱落，急性硒中毒则表现为精神沉郁、呼吸困难、食欲减退，甚至衰竭致死。而硒缺乏与孕妇早产、克山病、大骨节病、变形性关节炎等地方病和黑色素瘤等肿瘤的发生相关。根据《化妆品安全技术规范》（2015 年版），二硫化硒在化妆品中的限量不超过 1%。

1. 抗氧化 皮肤中的 ROS 主要来源于大气中的氧、环境中的毒素、污染物及紫外线照射等，硒在机体抗氧化过程中发挥重要作用。硒酶主要以 GSH-Px、硫氧蛋白还原酶和脱碘酶等形式存在于人和动物机体中，硒作为 GSH-Px 的必要组成部分结合在其活性位点后可增强 GSH-Px 的活性。硒酶通过参与清除体内过多的 ROS，如过氧化物和自由基等，延缓机体衰老，增强机体免疫功能，降低一些有毒元素的毒性。研究发现，硒对角质形成细胞、黑色素细胞和成纤维细胞的预培养可防止这些细胞的紫外线损伤，但在加入亚硒酸钠或硒代蛋氨酸后立即给予 UVB 照射，防止紫外线损伤的效果则会减弱，这说明硒不是通过直接的抗氧化作用抑制紫外线损伤。

TDR 的许多细胞受体位于角质形成细胞的细胞膜上，参与皮肤晒黑反应的调控。当无紫外线照射时，TDR 会还原硫氧蛋白，抑制 TYR，阻止黑色素合成的前体二羟基苯丙氨酸（dihydroxyphenylalanine，DOPA）形成。紫外线照射皮肤产生自由基时，硫氧蛋白氧化自由基以氧化态形式存在，因此，TYR 可以自由合成 DOPA，对自由基起到一定的清除作用。

2. 预防皮肤癌发生 紫外线是引发皮肤癌的主要原因之一，*p53* 是重要的抑癌基因。当紫外线损害皮肤细胞中的 DNA 时，*p53* 会被编译成相应的蛋白质，促进 DNA 修复，诱导异常细胞凋亡，阻止异常细胞增殖，从而阻止肿瘤形成。硒的一种组成成分——硒代蛋氨酸可以抑制 UVB 诱导的 p53 蛋白聚集和细胞凋亡基因的反式激活，起到预防皮肤癌发生的作用。

紫外线引起的氧化应激是产生皮肤癌的另一主要原因，硒酶可通过清除 ROS，预防皮肤癌发生。肿瘤标志物 12-O- 十四烷酰佛波醇 -13- 醋酸酯（12-O-Tetradecanoylphorbol-13-acetate，TPA）能诱导 GSH-Px 转基因小鼠皮肤中 GSH-Px 的表达，抑制 TPA 引发的过氧化物生成，DNA 氧化损伤和小鼠皮肤发炎；GSH-Px 还可通过提高皮肤免疫功能，抑制肿瘤的发生。

3. 提高皮肤免疫功能 硒能保护白细胞和巨噬细胞等免疫细胞，增强免疫细胞对细菌的杀伤能力，也能刺激 IgG、IgM 等免疫球蛋白的生成，增强机体抗病能力。在紫外线照射下，角质形成细胞释放 IL-10，硒化合物可抑制 IL-10 的释放，增强细胞免疫，减轻紫外线诱发的皮肤炎症。另外，紫外线照射后，皮肤免疫系统中重要的抗原呈递细胞——朗格汉斯细胞数量减少，形态和功能发生变化，下调其协同刺激分子，降低了朗格汉斯细胞的抗原呈递功能，活化 T 细胞的作用降低，机体免疫功能下降。而硒可以通过增加朗格汉斯细胞数量，提高机体免疫能力。

4. 降低重金属毒性 硒和三价砷与二价汞具有很强的亲和力，在体能内能共价结合形成金属硒蛋白复合物，从而降低三价砷和二价汞的毒性。

5. 抗微生物　二硫化硒是一种抗真菌药物,可以防止真菌在皮肤上生长,外用治疗头皮屑、脂溢性皮炎和花斑癣。二硫化硒洗剂具有抑制寄生虫及细菌的作用,可降低皮肤游离脂肪含量,辅助治疗痤疮。

（四）钛

皮肤中含有微量钛离子,具有以下作用。

1. 光催化作用　二氧化钛本身具有光催化作用,当紫外线照射时,二氧化钛在水性环境中可催化颗粒表面形成超氧化物和羟基自由基,这些氧自由基会引起 DNA 氧化损伤,导致突变,引起细胞死亡或增殖障碍。

有学者使用二氧化钛乳剂处理人类皮肤异种移植小鼠 24 小时,在离子显微镜下观察二氧化钛通过皮肤各层的渗透深度,结果显示二氧化钛主要沉积在角质层,皮肤较深层没有发现二氧化钛。说明角质层针对微米级别的二氧化钛具有良好的屏障作用,防止二氧化钛进入较深层次的皮肤中。因此,经表面处理的二氧化钛可以作为物理性防晒剂用于光防护。

2. 对钙离子的影响　直接使用二氧化钛（$15\mu g/cm^2$）加入角质形成细胞、皮脂腺细胞、黑色素细胞和成纤维细胞的细胞培养液中,相差显微镜观察显示,纳米级二氧化钛颗粒可被体外培养的成纤维细胞和黑色素细胞内化,而不被角质形成细胞和皮脂细胞内化。使用钙敏感的探针检测内化了二氧化钛的成纤维细胞和黑色素细胞内钙离子水平,发现钙离子水平在 45 分钟后明显升高。

3. 减少细胞增殖,促进细胞凋亡　二氧化钛以剂量和时间依赖性方式抑制了细胞增殖。此外,二氧化钛还促进了成纤维细胞凋亡,活细胞数目减少。究其原因,可能与二氧化钛促进膜联蛋白 V 的表达相关。

由于二氧化钛可抑制角质形成细胞增殖,用二氧化钛（$15\mu g/cm^2$）处理角质形成细胞 48 小时后,发现角质形成细胞晚期分化蛋白 INV 的表达和细胞黏附分子桥粒芯蛋白 -1 和 P-钙黏素的水平降低。

4. 对线粒体功能的影响　纳米级二氧化钛可影响细胞线粒体功能,诱导电子从规则的呼吸链逸出,产生 ROS。因此,利用二氧化钛纳米颗粒处理 HaCaT 人角质形成细胞,二氧化钛纳米颗粒可进入 HaCaT 人角质形成细胞吞噬体,导致细胞呼吸速率下降。

5. 二氧化钛纳米颗粒本身不是皮肤致敏剂　Yoon-HeePark1 的研究结果显示,二氧化钛纳米颗粒不会引起光毒性、急性皮肤刺激或皮肤过敏,说明二氧化钛纳米颗粒本身并不是皮肤致敏剂。

（五）镁

镁是人体必需元素之一,人体 60% 以上的镁存在于骨骼中,在皮肤中的含量较少。在表皮角质层中镁离子浓度最高,随着皮肤的深入,镁的浓度逐渐变低。

镁主要通过小肠吸收进入人体,食物中磷酸盐和乳糖的含量、肠腔内镁的浓度及肠道功能状态均会影响镁的吸收。钙和镁的吸收存在竞争作用,因此,食物中含钙过多会影响镁的吸收。另外,镁也可以穿透皮肤角质层,通过渗透作用进入人体。镁的排泄主要是通过肠道和肾脏进行的。大部分镁离子通过粪便排出,小部分通过肾小球和肾小管的滤过、重吸收作用后随尿排出。

镁是很多金属元素的辅酶,几乎参与了人体所有的新陈代谢过程,在皮肤中的作用主要有以下几点。

1. 促进角质形成细胞增殖   在新生小鼠的角质形成细胞培养基中增加镁的含量,角质形成细胞 DNA 合成速率增加,生长融合期延长。同样,在成年小鼠角质形成细胞培养基中增加磷酸盐和镁的含量,也能显著增加细胞内 DNA 合成速率和 DNA 含量,促进角质细胞的增殖。

2. 抑制朗格汉斯细胞的抗原呈递能力   采用氯化镁对人皮肤进行处理,发现与氯化钠相比,在 UVB 照射前外用 5% 氯化镁不仅能显著减少表皮中朗格汉斯细胞的数量,而且还降低了其抗原呈递活性。

3. 抑制炎症产生   含镁离子的软膏明显抑制巴豆油引起的皮肤炎症反应,氯化镁能显著缓解 1- 氯 -2,4- 二硝基苯构建的致过敏性接触性皮炎小鼠模型中的炎症反应。

4. 修复皮肤屏障   在无毛小鼠背部涂抹氯化镁、硫酸镁、乳酸镁和磷酸镁溶液,发现除了磷酸镁溶液外,其他三种镁溶液都能加快小鼠皮肤屏障的修复。将人手臂浸泡在镁含量达 5% 的溶液中,也发现镁能修复人手臂皮肤屏障,增强表皮水合作用,减少皮肤粗糙和炎症。

(六)铜

针对皮肤中铜代谢的研究较少,主要集中于铜离子在皮肤炎症及氧化应激、细胞毒性及色素沉着中的作用。此外,TYR 是酪氨酸合成黑色素的关键酶,每个 TYR 分子中含有两个铜离子,铜离子是 TYR 的辅基,通过配位键结合。因此,铜离子可增加黑色素合成,有时会用于白癜风的治疗中。与铜离子相关的皮肤病有 Menkes 扭结毛发综合征、色素性干皮症、白癜风、湿疹、天疱疮、银屑病等。

1. 抑制皮肤炎症   Peng-Yang Hsu 等利用咪喹莫特(imiquimod,IMQ)构建皮肤炎症小鼠模型,利用四硫代钼酸盐(tetrathiomolybdate,TM)作为铜离子螯合剂研究铜离子对皮肤炎症的作用。该研究发现,在用咪喹莫特构建的皮肤炎症小鼠模型上涂抹铜离子试剂可缓解皮肤炎症,而涂抹铜离子螯合剂 TM 也可缓解,甚至消除皮肤炎症反应。

2. 细胞毒作用   在培养基中添加 $CuCl_2$ 及 $Cu(OAc)_2$ 两种试剂,在较高的浓度($>580\mu mol$)下均能对人皮肤角质形成细胞造成严重的细胞毒作用。

随着对金属元素研究和认识的不断深入,重金属的危害也逐渐受到科学家和行业管理者的重视,对产品的安全监管也逐步规范和严格。《化妆品安全技术规范》(2015 年版)对化妆品禁限用组分列了明确的禁用和限制使用清单和标准,特别是铅、镉、汞、砷等重金属等,有条件的企业宜参照 GMP 规范对上游原料和产品生产过程加强管理,避免重金属超标或由原料带入等质量事故的发生。

(七)硅

硅是自然界中极为常见的一种元素,极少以单质的形式在自然界出现,而是以复杂的硅酸盐或二氧化硅的形式,广泛地存在于岩石、砂粒、尘土之中。硅是人体必需的微量元素之一,占体重的 0.026%。在结缔组织、软骨形成中硅是必需的成分,能将糖胺聚糖互相联结,并将糖胺聚糖结合到蛋白质上,形成纤维性结构,从而增加结缔组织的弹性和强度,维持结构的完整性。人体胶原中氨基酸约 21% 为羟脯氨酸,脯氨酰羟化酶使脯氨酸羟基化,而硅可维持脯氨酰羟化酶的最大活力。因此,硅对皮肤的健康也起到重要的作用。

1. 抑制瘢痕增生   研究发现使用硅酮凝胶后,皮肤局部表面水分蒸发率仅为正常皮肤的 50%,硅酮凝胶涂布于皮肤表面,能减少水分流失,保持瘢痕区域的湿润,良好的湿润环境保证了皮肤结缔组织角质细胞的水合状态,改善瘢痕处皮肤组织的生理功能,刺激皮肤纤维细胞加速繁殖,加快胶原蛋白的形成。硅酮凝胶还可改善局部微循环,降低毛细血管充血,减少毛细血管的活动、早期炎性细胞浸润和胶原沉积,达到抑制瘢痕增生的目的。因此,硅凝胶对增生性瘢痕、瘢痕疙瘩及激光手术瘢痕等有良好的治疗效果。

2. 防晒 二氧化硅是物理防晒剂中最常用成分,可通过折射紫外线达到防晒效果,但需注意其颗粒大小。有报道,纳米级二氧化硅能跨过皮肤屏障,进入真皮层,并可上调HaCaT细胞中 $p53$ 的表达,引起机体不同的生物效应。

(梅鹤祥 王银娟 何黎 涂颖 吴艳)

第十二节 内源性生长因子

20 世纪 80 年代,意大利 Rita Levi-Mantalcini 博士和 Stanley Cohen 博士首次发现生长因子,并因此获得 1986 年诺贝尔生理学或医学奖。生长因子是一类通过与特异的、高亲和的细胞膜受体结合的多肽类物质,可由多种细胞分泌,作用于特定的靶细胞,调节细胞分裂、基质合成与组织分化的细胞因子,对生长、发育具有广泛调节作用。内源性生长因子是生长因子中的一种,调控细胞生长、增殖、分化的多肽类物质,可由皮肤表皮及真皮中包括角质形成细胞、成纤维细胞和黑色素细胞等细胞分泌产生,是细胞间交流的重要信号,在皮肤生理功能调控中发挥极其重要的作用。近年来,在生物工程技术飞速发展的带动下,内源性生长因子在化妆品领域中逐步得到应用,对其进行稳定的结构修饰或特殊处理后,以一定的有效浓度添加到化妆品中,可以有效地与皮肤细胞发生作用,促进上皮细胞营养代谢,抵抗各种因素所带来的皮肤损伤、抵抗衰老。目前,化妆品中较常用的为表皮生长因子(EGF)、酸性成纤维细胞生长因子(acidic fibroblast growth facto, aFGF)、bFGF、角质形成细胞生长因子(keratinocyte growth factor, KGF)、VEGF。

一、表皮生长因子

EGF 由美国 Vanderbit 大学医学系 S.Cohen 教授在用羧甲基纤维素柱从小鼠颌下腺分离纯化 NGF 时发现,又名寡肽 -1,是由 53 个氨基酸组成的"53 肽",分子量为 6 200Da。它几乎存在于所有体液、分泌液及大多数组织中。可大规模化学合成或基因工程技术生产重组获取大量人类 EGF。不同来源的 EGF 的结构略有差异,一般同源性在 70% 左右。日本民间素有"人尿美容"的风俗;德国巴伐利亚地区用牛舌头舔伤口等习惯也与 EGF 修复功能有关。

(一)创面修复

皮肤的创面修复是一个复杂、动态的生物学过程,EGF 在这个过程中起重要的作用,可与创面附近细胞膜上 EGF-R 结合,激活蛋白激酶,加速 DNA、RNA 和蛋白质合成,促使伤口附近细胞加快有丝分裂,使创面愈合。EGF 还能刺激肉芽组织的形成和上皮化,调节胶原降解及更新,使胶原纤维以线性方式排列,防止结缔组织异常增生,故有缩短创伤愈合时间及减少瘢痕形成的作用,对预防痤疮后瘢痕及加强痤疮皮肤护理也有很好的效果。添加 EGF 或类似物除了可促进皮肤更新外,还刺激皮肤细胞产生更多其他内源性生长因子,分泌 HA 和糖蛋白,加快皮肤修复过程,因此常用于微创或有创皮肤美容的术后治疗。

（二）美白、抗衰老

EGF 可促进皮肤组织细胞增殖与分化，使新生细胞迅速代替衰老或死亡细胞，增加细胞间质、保持皮肤水分、促进代谢废物排出和减少脂褐素沉积，具有保湿、美白、去角质、抗衰老等作用。

EGF 对皮肤的功效显著，但存在常温下稳定性差，对热、光极不稳定，易降解及易失活等缺点。同时，EGF 透皮吸收也是其产品化需要解决的问题。目前对 EGF 的使用也存在一些质疑，近期 *Cell* 发表了一篇关于成纤维细胞在肿瘤形成后对肿瘤增长具有促进作用的文章，揭示其潜在风险。

二、酸性成纤维细胞生长因子

人的 aFGF 分布于肾脏和脑组织中，是一种胞质蛋白，其本身缺乏 N 端信号肽结构，主要通过自分泌和旁分泌两种方式对周围细胞起作用。人 aFGF 的多肽由 154 个氨基酸残基组成，分子量为 16kD；具有以下生物学活性：促进有丝分裂和细胞增殖，作用于胚胎发育、形态发生、血管生成及组织损伤修复等环节。此外，aFGF 还具有舒张血管、保护心肌和局部缺血等作用。

aFGF 在创面愈合中发挥着重要的作用，通过大鼠创伤模型观察重组 aFGF 在创面愈合中的作用发现，aFGF 在创面愈合的前期可趋化炎症因子浸润创面，促进血管内皮细胞和成纤维细胞增殖分化，加速肉芽组织形成和创面的再上皮化，加快创面愈合。后期则可直接或间接地促进成纤维细胞的凋亡，抑制胶原纤维的过量形成，维持细胞增殖与凋亡的平衡，避免瘢痕组织的形成。

三、碱性成纤维细胞生长因子

目前，人们对成纤维细胞生长因子（fibroblast growth factor，FGF）家族中的 FGF-1（aFGF）、FGF-2（bFGF）、FGF-7 的研究较为深入，虽然 bFGF 在人体中含量非常少，但其对机体的影响却很大，bFGF 能刺激新生血管生成，参与创伤愈合和组织再生，促进胚胎组织发育和分化，还与肿瘤的发生发展密切相关。

（一）创面修复

内皮细胞是 bFGF 的主要来源，当内皮细胞受损时可大量释放 bFGF，其对源于中胚层和神经外胚层的细胞和组织具有促进丝裂、分化和调节作用，是创伤愈合和上皮形成的重要调节物。

bFGF 促创伤修复机制是一个复杂的动力学过程，可以影响创伤修复的早期炎性反应、肉芽组织生长、再上皮化及组织再塑形整个过程。bFGF 作为趋化因子，可直接促进修复细胞在损伤部位聚集，直接促进表皮细胞的增殖，加速创面覆盖过程，刺激 EGF 的分泌，促进表皮细胞生长。bFGF 还可刺激成纤维细胞增殖并合成胶原纤维，从而促进创面愈合。bFGF 直接促进肉芽组织中成纤维细胞、血管内皮细胞、平滑肌细胞等的增殖与分化，从而加快肉芽组织的生长速度；间接促进肉芽组织中胶原纤维与其他基质的合成与分泌，从而促进肉芽组织成熟。

内源性 bFGF 可在创面局部通过复杂的调节过程促进创面愈合，而外源性 bFGF 可刺激组织分泌内源性 bFGF，也可直接刺激成纤维细胞及细胞外基质的蛋白合成，形成胶原纤维。在创面愈合时应用外源性 bFGF，可使肉芽组织中成纤维细胞的数量增加，增殖合成能力加强,并转化为大量肌成纤维细胞,增加的成纤维细胞产生其他生长因子、蛋白水解酶及其抑制剂,调节细胞外基质,影响血管形成,调节成纤维细胞向肌成纤维细胞的分化,加速完成伤口收缩活动。同时,创面内肉芽组织中血管内皮细胞增殖,并迅速迁移使微小血管的数量增加。外源性 bFGF 还可加速角质形成细胞的增殖和迁移活动,使组织迅速完成再上皮化。

由于 bFGF 具有促分化及增殖的作用,在将 bFGF 应用于化妆品的过程中,人们主要担心其是否会失控从而引起细胞过度增殖,导致增生性瘢痕,甚至肿瘤的发生。近年来,研究表明 bFGF 还具有抑制胶原合成,可通过增加前胶原 mRNA 的降解和抑制 mRNA 的转录,减少胶原蛋白的过量沉积,从而减少病理性瘢痕的形成。有研究报道,创伤后使用外源性 bFGF 可以引起原癌基因表达增加,但目前尚缺乏足够的研究结果以明确外用 bFGF 是否会增加肿瘤发生的风险,有待进一步的研究结果。

（二）其他

bFGF 可改善细胞生长的微环境,促进弹性纤维和胶原蛋白的合成,使肌肤富有弹性,能够促进成纤维细胞的生长发育,不断以新的细胞取代老化细胞,因此具有防皱、祛皱作用。bFGF 还可降低皮肤细胞中黑色素和有色细胞的含量,减轻皮肤色素的沉着。bFGF 可有效地保护由 UVB 带来的细胞损伤,提示 bFGF 可用于抗光老化的化妆品中。

四、角质形成细胞生长因子

KGF 是 1989 年由 Rubin 等首先从人胚胎肺成纤维细胞的生长培养液中分离出来的单链多肽,分子量为 19.3kD。基因序列分析表明 KGF 从属于 FGF 家族,由 194 个氨基酸组成,包含分泌所需的信号肽和 N 端的糖基化位点。KFG 对成纤维细胞、静脉内皮细胞、黑色素细胞没有作用;主要作用靶细胞为上皮细胞,也可促进角膜及小血管内皮细胞的增殖。其主要生物学作用为促进有丝分裂、促进细胞迁移、调控细胞分化、抗凋亡、细胞保护等。

1. 抵抗紫外线　KGF 是一种多功能生长因子,其生物学功能有促进上皮细胞增殖与分化、辐射防护、维持细胞骨架稳定,可以作为防晒霜中的一种有效成分。

2. 促进头发再生　KGF 作为单品配以溶媒直接在头部皮肤和表皮皮肤使用,也可以作为生物功效剂原料添加到膏霜、生发水、护发水中使用。

3. 抗衰老　KGF 可促进细胞间质的形成,促进胶原蛋白的合成和分泌,促进弹性纤维合成和分泌,促进细胞间基质的增加,使皮肤细嫩健美、饱满有弹性,从而消除皱纹。

五、血管内皮生长因子

VEGF 是胱氨酸结生长因子超家族一员,是唯一对血管形成具有特异性的重要生长因子。它可有效提高局部血管通透性,为成纤维细胞的增殖及胶原的合成提供充足的营养物质和其他生长因子,进一步促进细胞的分裂、增殖,改善皮肤微循环。同时,它还能有效清除一些代谢产物,如细胞质中导致皮肤色素沉着的过氧化脂质沉着,从而使细胞中各种有害的代谢产物不易积累形成痤疮、黄褐斑等,在促进皮肤美白红润方面有着独到作用。

内源性生长因子本身在皮肤护理中的作用显著,但将其加入化妆品配方当中,还有很多问题需要思考,例如生长因子本身生产过程中的纯度提炼,以及加入配方中的剂型选择、功效稳定性及透皮吸收性等。因此,本文列举了常见的应用于护肤品中的五种内源性生长因子。护肤品中的生长因子均为人工合成,一般通过细菌、发酵、基因工程等技术获得,在成分列表中通常以寡肽形式标注。需注意寡肽 1 和人寡肽 1 的区分,我国相关法规规定,化妆品中添加物为寡肽 1,是甘氨酸、组氨酸和赖氨酸等三种氨基酸组成的合成肽,与人寡肽 1 非同一种物质。

(梅鹤祥　王银娟)

第十三节　植物来源化妆品原料

一、植物提取物的发展历史和现状

(一)植物提取物的发展历史

植物类原料或成分是天然概念的一个分支,在化妆品中的应用历史悠远,可以追溯到两希文明时期的希腊和我国的殷商,甚至更早的年代。古希腊医师希波克拉底已记载从柳树皮提取苦味粉末用来镇痛、退热。此后柳树提取物一直被收入西方药典。我国早期的药物学专著《神农本草经》中记载了 100 余种抗衰老草药。至晋代,药学家葛洪所著的《肘后备急方》列出涉及头面、皮肤等美容药方。唐代第一部国家药典《新修本草》共收载美容中药 80 余种。此外,唐代医学家孙思邈的《备急千金要方》、王焘的《外台秘要方》均特辟专卷,系统论述当时的美容方剂,并根据膏剂和对应的功效详细描述。从历史的角度回溯草本植物的应用,西方国家主要将循证医学和草本主义疗法相结合,我国则是在中医药整体辨证论治理论的基础上逐渐发展演变而来。目前,全球市场大约有 14 000 种植物的 1 100 种植物成分出现在超过 90 000 种化妆品中,我国《已使用化妆品原料名称目录》(2015 年版)及《化妆品安全技术规范》(2015 年版)中收录的植物提取物和植物成分超过 2 000 种。

近年来,随着国际化的进一步发展,新兴国家市场的消费持续升级,天然和有机化妆品已经成为化妆品中仅次于保湿类的第二大需求。2018 年新上市的护肤产品中,63% 含有一种或多种植物来源的成分。消费者对天然、植物成分情有独钟的原因在于他们认为植物成分更加纯净和安全,能够降低对环境的影响并减少碳排放。根据对来自中国、美国和英国的 3 055 名受访者的调查,70% 的消费者在购买化妆品时,相对于不信任的成分,会更倾向于购买天然产品,65% 的消费者担心合成原料可能带来负面影响,其中 69% 的中国消费者更愿意花费额外的支出购买纯天然产品。

(二)相关法规、标准的发展历史

目前,市场上将植物提取物按照形式分为两大类:一类是植物提取物的混合物,通常是根据其溶解度(水溶性、醇溶性或油溶性)区分,市场上有来自 2 200 余种植物的不同提取物;另一类是植物功效成分(也称活性成分)的单体,包括初级代谢物和次级代谢物,目前已经得到确认的有 40 000 余种,这些单体通常有明确的药理学基础和作用机制,其功效所获得的认同度相对较高。

对植物提取物的管理,虽然目前全球没有统一的法规,但经过多年的探索,逐渐形成主流的管理方式。以欧盟为主基于以往有机产品基础上发展而来的 COSMOS 认证体系,吸纳了法国有机保养品认证组织签发的 BIO 有机认证标识、法国国际生态认证中心签发的 ECOCERT 有机认证标识、德国产业与贸易联合会签发的 BDIH 有机认证标识,以及美国、英国类似的管理规范,对植物的种植、采收、加工流程中是否使用农药、催熟剂,以及化学助剂等进行详细的规范。例如:加工过程是否使用苯氧乙醇、尼泊金酯类及异噻唑酮类防腐剂,是否使用丁基羟基茴香醚、二丁基羟基甲苯等抗氧化剂,是否使用含有聚乙二醇(polyethylene glycol,PEG)衍生物增溶剂和增塑剂等成分均有严格的限制。COSMOS 是迄今使用范围最广、被认可度最高的有机认证规范,在欧洲市场上,未经 COSMOS 认证的普通类提取物虽然还占有一定份额,但随着消费者对 COSMOS 认知的加深及接受度的提高,普通植物宣称的产品所占比例逐年降低。

与此相对应为美国农业部(United States Department of Agriculture,USDA)对植物类产品的认证。20 世纪 90 年代,为了解决天然产品的市场宣称问题,美国国家标准协会(American National Standard Institute,ANSI)委托国家科学基金会(National Science Foundation,NSF)启动国家有机项目(National Organic Program,NOP),并与 USDA 一起启动农产品有机项目,该法案于 2002 年 10 月正式实施。USDA 的有机标准根据产品中含量百分比划分为四个等级,即100% 有机(有机成分含量 100%)、有机(有机成分含量 95% 及以上)、有机成分制造产品(有机成分含量 70%~<95%)、含有有机成分(有机成分含量低于 70%)。

法国于 2002 年生效的 ECOCERT 标准中将植物或有机成分又分为"有机"(organic)和"环保"(ecological)两个大类,这种分类标准与 NSF/NOP,USDA 的标准虽然分级名称不一致,但可以对应使用。例如:USDA 标准中的"100% 有机"及"有机"与 ECOCERT 标准的"有机"对应;USDA 标准中的"有机成分制造"及"含有有机成分"则与 ECOCERT 标准的"环保"对应。

由于不同国家和消费群体对植物提取物的理解存在差异,对其所采取的措施差异较大,市场上形成了不同的管理规范,为了解决标准之间的差异,适应市场准入的需要,许多国家、经济组织(通常是非官方的 NGO)和企业做了大量努力和尝试。例如:欧洲一些化妆品生产企业开始推动 ISO 16128 非强制标准,采用这一标准的企业可以根据配方中天然成分的含量(N.O.C)计算出产品的天然指数(N.I.),可以分为含水和不含水两种计算方法,产品可以根据计算所得的天然指数(N.I.)将其标注在产品标签上(最大值为 1)。

这一标准是基于天然(或天然来源成分)和有机成分的含量计算出天然指数,对COSMOS 有机标准做了补充,弥补了不同国家标准之间的差异,具有广泛的适应性。但目前该标准是推荐标准,不具有约束性,因此其可接受度和推广还面临不同市场的挑战。

虽然我国已经是全球化妆品的第一大消费市场,但根据我国化妆品相关法规的规定,以上述天然或有机标准为标准进行生产的化妆品在进入我国时不可宣称有机。同时,由于我国化妆品中的植物成分大多来源于具有悠久使用历史的中草药,而影响植物生长和提取的条件很多,如植物的生长条件、健康状况、收获季节、运输过程的保护措施、加工前的储存时间和方法、植物的提取部位、加工方法、提取溶媒、纯化技术等,且所提取的植物活性成分形态千差万别、含量参差不齐,即使同一种提取物在最终配方中的表现也相差甚远。因此,对植物提取物加强规范监管的呼声也越来越高,一些植物活性成分供应商也通过改进产品的形式及标准来保证提取物的功效和稳定性。例如:将普通的混合提取物和粉末类进行区分,通过体内或人体测试数据体现不同植物提取物的差异化,通过纯化分离农药、重金属、潜在致敏原等有害残留物,甚至将明确有效地单体纯化分离。制定符合我国特色的天然或有机标准,为我国企业和消费者提供可参照、适合国际准入要求的标准,已经成为行业的一项迫在眉睫的任务。

二、植物提取物的分类

化妆品配方中使用的植物提取物并非简单地将植物碾碎或榨取添加,而是根据植物中具有功效的成分特性,特别是这些成分的溶解度、热稳定、光稳定性、是否有致敏和致毒的杂质,以及这些成分的药理学和药代动力学特性,通过适当的工艺和溶剂提取、分离,并采用合适的溶媒或配方制成稳定、方便使用、对人体安全的液体或固体形式,再加入配方中使用。由于有如此多的因素和条件影响提取物最终的使用形式,提取物的呈现形式多种多样。例如:提取物中的小分子糖类因在水中溶解度好,最终配制为稳定水溶液;水溶性不好的蛋白质类可配制成粉末。多酚类、维生素对光和热不稳定,提取时后工艺和溶剂的选择决定所提取的产物是否保持活性。鉴于此,二氧化碳的超临界萃取等技术已成为越来越受欢迎的提取工艺。

因此,在对提取物分类时,可根据其溶媒的特性分为水溶性提取物、醇溶提取物、油溶提取物;可根据提取物的产品形态,分为液体、粉末或浸膏类提取物;也可根据工艺进行分类,如二氧化碳的超临界萃取配伍干燥、冷冻干燥等。

三、植物提取物的主要功效

如果按提取物的功效对其进行归类,可将常见的功效归为如下几种。

(一)抑制炎症类

具有抑制炎症作用的成分是指能够抑制炎症因子产生或炎症级联反应中的炎症因子的类单体或混合物。炎症反应复杂,涉及的通路较多,仅仅作用于某一单一炎症因子或单一通路的提取物或单体,其缓解炎症反应表现未必显著,因此建议考虑具有多通路、多靶点协同作用的植物提取物。

由于不同实验模型灵敏度或响应水平差异较大,在进行实验时要考虑分子水平、细胞水平、外植体或人体试验之间的相关性,以避免出现分子水平响应敏感、临床测试表现不理想的现象。

目前常见抑制炎症的植物提取物有洋甘菊、马齿苋、甘草、紫松果菊等。洋甘菊是德国华沙利胆丸的主要草药成分,在欧洲有悠久的使用历史。1974 年,德国科学家从洋甘菊中首先分离出抑制 IL-1α、IL-6、IL-8 的成分红没药醇,并提纯出其单体商品化,后来又陆续发现母菊奥和芹苷元等。马齿苋为马齿苋科马齿苋属植物,《中华人民共和国药典》(简称"《中国药典》")收载马齿苋的干燥地上部分作为药用,具有清热解毒、凉血止血的功效。马齿苋中含有黄酮、生物碱、萜类化合物、有机酸、儿茶酚胺类成分(去甲肾上腺素、多巴胺等)、多糖等,具有抗炎、抗菌、降血脂、抗衰老、松弛肌肉、镇痛及促进伤口愈合等作用。

(二)抗氧化、清除自由基类

Harman D 自 1956 年提出的自由基和衰老理论认为,线粒体生成的 ROS 直接引发蛋白质和 DNA 的氧化损伤,也可间接通过脂质氧化作用和糖基化作用产生新的羰基和 DNA 修饰,从而引起线粒体自由基损伤和机体衰老。人体自身具有 SOD、谷胱甘肽、CAT 等抗氧化酶系统防御自由基损伤,但随着年龄增大,酶的代谢减弱,同时自由基持续累积,不可避免地引起机体损伤。

研究表明,SOD、抗氧化剂及 ROS 水平与物种寿限有高度相关性。通过补充外源性抗氧化剂抑制环境中的氧化源或抑制参与病理过程的自由基反应，可减轻自由基对蛋白质和DNA的直接损伤，减少脂质氧化和糖基化反应，降低机体的氧化应激状态、改善线粒体氧化状态和代谢酶的活性。例如：姜根提取物抗氧化能力随活性物浓度升高而增高；植物源肌肽抗氧化能力也与浓度成正比，植物源肌肽与糖和低分子量的醛发生反应，通过这些分子的介导，减少羰基蛋白产生，抑制糖化反应。

（三）皮肤屏障修复类

经典的皮肤屏障功能通常指角质层维护的渗透屏障功能。最近研究发现在一定的生理时期，宿主特定的解剖部位上定植的微生物群组分相对稳定，也有维持皮肤屏障的作用，这些微生物菌落形成的屏障被称为微生物屏障。从大类上说，能够改善和平衡上述三种屏障的组分可以归为屏障修复剂。

关于改善渗透屏障的植物成分在前文已阐述，这里介绍平衡表皮微生态的植物来源成分，如葡聚糖（燕麦、酵母来源）、菊糖和其他的糖类组分，这些糖类主要提供微生态生长、繁殖所需的碳源，也被称为益生元。分布在皮肤表面的微生物是表皮微生态屏障的关键角色被称为益生菌，HA 等由微生物降解形成的产物则被称为益生素。近年来多将这三类益生源（益生元、益生菌、益生素）用于化妆品中，以维持皮肤正常生理功效。各国对待益生菌的态度并不一致，因此科学家们很巧妙地采用特殊工艺将乳酸杆菌灭活，用于功效性护肤品。临床研究显示，乳酸杆菌对 AD、湿疹具有明显的改善作用。在另一项研究中，采用汽车尾气细颗粒物破坏皮肤屏障，以罗丹明 6G 作为角质层渗透性的定量参照物，发现皮肤上使用灭活乳酸杆菌能够显著降低细颗粒物刺激状态下的角质层渗透性，并促进成纤维细胞生成HA。燕麦葡聚糖的激光术后修复临床试验显示，经 5% 燕麦葡聚糖处理的皮肤，与空白对照组相比，在 24 小时内可降低 TEWL 值。

（四）祛斑美白类

由于亚洲人群的皮肤光分型以 Ⅲ 型、Ⅳ 型为主，肤色调节剂主要指均匀肤色及抑制黑色素沉着的美白剂。

根据这些植物成分的作用途径和靶点，可以分为以下几种：作用于 TYR 靶点的活性组分，作用于 POMC、α-MSH 途径的活性组分，作用于催乳激素抑制激素（PIH）及炎症因子通道和靶点的活性组分。例如，二氢银松素，是在欧洲赤松松塔提取物——银松素基础上氢化而来，但由于银松素萃取成本较高，其替代物——苯乙基间苯二酚是目前公认的对 TYR 抑制活性最有效的成分之一。通过体外实验发现，二氢银松素对 TYR 的抑制能力是曲酸的 22 倍，并显著高于熊果苷、氢醌等成分。滇山茶提取物也可抑制 TYR，具有祛斑美白功效。

香紫苏内酯盛产于南欧及中东，具有舒缓、抗氧化等功效，常用于食品及化妆品中，经过生物发酵后可抑制角质形成细胞生成 ET-1、CXCL1、IL-6、IL-8，通过调控角质形成细胞及黑色素细胞之间交流来控制色素生成。

中草药桑白皮提取物和白松露提取物对 TYR 均有较强的抑制作用。氧自由基也是促进色素沉着的主要物质，因此抗氧化类植物提取物，如根皮素、白桑葚、花青素、原花青素、白藜芦醇等也是美白产品中常用的组分。

（五）皮肤紧致、填充类

皮肤紧致、填充类指促进胶原蛋白、HA 合成，减少 MMP 生成的成分，如黑莓叶提取物可用于抗老化类护肤品中。

（六）紫外防护类

有日光防护作用的成分包括具有抗炎、抗组胺作用的植物，以及抗氧化清除自由基的植物及单体成分，如春黄菊及红没药醇、燕麦油及燕麦酰基邻氨基苯甲酸、甘草剂甘草、绿茶和茶多酚等。

（七）抗瘙痒类

肥大细胞和角质形成细胞均可释放组胺，与组胺受体结合，诱发红斑、风团、瘙痒。因此，有效降低组胺释放及阻止组胺和组胺受体结合的植物提取物是缓解皮肤红斑、风团和瘙痒的可行物质。

《美国药典》和《德国药典》均收载燕麦提取物的非处方制剂治疗皮肤瘙痒和刺激，应用历史可追溯到 18 世纪。新的研究发现，燕麦中的组分二氢燕麦酰基邻氨基苯甲酸对组胺有显著的抑制组胺释放的作用。美国杜克大学的 Zoe Diana Draelos 等通过对 40 例受试者的双盲测试发现，1% 二氢燕麦酰基邻氨基苯甲酸可有效抑制 51% 的瘙痒感及红斑。

（八）缓解刺痛、灼烧类

刺痛、灼烧等是皮肤高反应症状，在化妆品使用过程中，尤其是在面贴膜使用过程中高频出现。2016 年调查显示，化妆品消费者中，有 31% 自述使用护肤品曾产生过灼烧和刺痛等不良反应。其机制是一些成分能激活感觉性 C 神经纤维和 A 神经纤维上的 TRPV1 受体，也称辣椒碱受体；除化学刺激外，酸性环境（pH<5.9）、>42℃的温度等都可激活该受体。德国科学家 Thomas Kueper 等的研究证实，从希腊乳香木和地中海浆果中分离的成分 4- 叔丁基环己醇是 hTRPV1 受体的有效拮抗剂，通过测试 HEK293- 细胞电生理及记录卵母细胞表达 hTRPV1 的实验，辣椒碱诱导 hTRPV1 活化，而 4- 叔丁基环己醇抑制 hTRPV1 活化的 IC50 值为（34±5）μmol。一项临床研究也表明，0.4% 的 4- 叔丁基环己醇可显著减少用含 31.6mg/L 辣椒碱的油包水乳状液诱导的烧灼感。我国学者刘玮等分别通过细胞水平和体内研究表明，应用 TRPV1 拮抗剂 4- 叔丁基环己醇可抑制由辣椒碱和苯氧乙醇引起的刺痛、灼烧等不适感。

四、化妆品中植物单体及其功效

一种植物的功效很少能归因于单一的成分，对人体组织的影响是整个植物复合体与人体相互作用所产生的。以具有抗炎、收敛作用的英国草本植物绣线菊（filipendula ulmaria）为例，研究显示，其抗炎活性来自所含的水杨酸盐化合物；但绣线菊还含有其他化合物，这些化合物可能具有另外的功效，只是由于缺乏对该植物的详细药理研究，缺乏这部分资料。

在植物中所发现的化学成分通常分为初级或次级代谢产物。在所有生物中，化合物都是通过一系列新陈代谢而产生，初级代谢提供了小分子被用作次级代谢途径的起始原料，次级代谢物根据其生物合成途径可大致分为萜烯、酚类和含氮化合物。萜烯是通过甲羟戊酸途径由乙酰辅酶 A 合成的脂质；酚类是通过草酸或丙二酸途径以各种方式形成的芳香族物质；生物碱等含氮化合物主要由氨基酸类合成。

五、植物成分的标准化、安全性和风险控制

（一）植物成分标准化和质量控制

如前面所述，由于植物的生长条件、健康状况、加工方法、提取部分及部位、提取溶媒的不同，导致植物成分的含量也有所不同，功效会因采集或提取批次不同差异较大。因此，植

物成分标准化成为植物活性成分功效研究及开发利用的关键。植物成分标准化研究是以化学成分为指标,应用各种分析技术,对原料采集、提取、生产等过程进行分析,建立量化指标,制定质量控制体系,使植物成分真实、安全、稳定、可控。

在美国,联邦管理机构将草药治疗作为膳食补充剂或食品添加剂,因此,对其成分的功效和产品的效果没有标准。但植物成分的应用并非简单地将植物粉碎后加到配方中,环境和工艺等因素对溶解度、稳定性、药代动力学、药理学及活性成分毒性均有影响,较合成类活性成分,植物提取物生产过程中的质量控制更具有挑战性。

(二)功效标准化

各种含植物提取物的产品需要有确定的功效和安全数据,其应用也需要临床证据。应该由独立的研究机构在样本量足够(满足统计学要求)的志愿者中,对市售产品进行完整的单盲、双盲或多盲的对照性临床测试,与空白组或与阳性药物组进行对比。

德国 E 委员会(The German Commission E),即德国食品药品委员会,根据草药的使用方法、临床功效及其可靠性进行管理。德国 E 委员会已经建立了 700 余种草药的标准,这些标准也成为全球发达国家的标准。美国植物药研究所也评价了数百种草药的临床证据和副作用,以确认其合理应用的范围。

(三)安全性和风险控制

一个产品标识为"天然"并不等于安全,因麻黄导致 155 人死亡的案例,美国食品药品监督管理局(Food and Drug Administration, FDA)在 2003 年从市场上撤销了麻黄(ephedra sinica)。据报道,还有 23 种草药外用致死事件,其中包括紫松果菊、德国洋甘菊、马兜铃、芦荟、关木通、山金车黑芥子、紫草、鼠李、指甲花、大黄、巴豆、卡瓦椒、槲寄生、芸香油、漆树(盐肤木)、番泻叶、夹竹桃、欧洲赤松、云杉、圣约翰草等。植物提取物引起的严重皮肤黏膜反应包括过敏、血管性水肿 / 荨麻疹样表皮剥脱性红皮病、线状 IgA 大疱性皮肤病、红斑狼疮、恶性肿瘤、天疱疮、多形性糜烂性红斑、急性发热性嗜中性皮肤病、口腔溃疡和血管炎等。因此,应该重视植物提取物的安全性及其不良反应的风险控制。

接触性皮炎是含植物成分的制剂引起的最常见问题,接触刺激性和致敏性的常规安全试验是重复激发斑贴试验,该测试要求 50~150 名受试者局部贴敷受试产品。尽管化妆品并不强制要求进行这项测试,但专业的皮肤科医师应将其视为对含植物成分的化妆品上市前的重要测试。

六、植物提取物的功效分类

(一)抗光老化、光防护

芦荟、黑莓、椰枣仁、藏红花、白柳、狗牙蔷薇、莳萝、樱花树叶、鳄梨油、蘑菇、小麦复合物、亚麻、北美碱蒿(青蒿)、黑升麻、橡树槲皮素、德国洋甘菊、豆乳、总大豆提取物、白池花、燕麦、枸杞、红芒柄花、蓝莓、橄榄、葡萄籽、罗望子(酸角)、猫爪藤、洋李、甘草、白茶、咖啡豆、石榴、薰衣草、白檀香木、紫草、覆盆子、三七等。

(二)抗炎及抗氧化

紫松果菊(紫锥菊)、红没药醇、姜根、胡芦巴、白藜芦醇、辣木、绢毛鸢尾、仙鹤草、矢车菊、常春藤、吴茱萸、大风子、拳参、黄杨、野胡萝卜、芦荟、琉璃苣、长叶车前草、野甘菊、苍耳、颠茄、蚕豆、腰果、美国白睡莲、棉籽、蓝桉(尤加利)、欧洲山萝卜、菊苣、黑升麻、荞麦、蓖麻子、冬虫夏草、蔓越莓、接骨木、亚麻、石松、龙葵、牛蒡、猫爪草、杏仁、巴豆、欧毒芹、紫花毛地黄、椰子油、狸藻、白鲜、大西洋雪松、咖啡豆、蒲公英、月见草、乳香、山金车、蓝莓、狼把草、洋甘菊、紫草、椰枣、吴茱萸、蓝堇、鳄梨、笃斯越橘、金雀花、牡荆、苔景天、山茱萸、小米草、大蒜、猴面包树、龙胆睡菜、甘蓝、白花牛角瓜、冬青叶美登木、当归、小茴香、波尔多树、马齿苋、甘草、茶类、金盏花等。

（三）皮肤屏障修复类

燕麦、青刺果、葵花籽、椰子油、橙皮苷、姜黄素、胡芦巴、蜡大戟、红花、甘草、海莴苣、橄榄、向日葵、芦荟、亚麻、巴西棕榈、扁桃仁、夏威夷果、芝麻、红榆、掌状昆布、鳄梨、葡萄、蓖麻、霍霍巴、锦葵、乳木果油、石榴、琉璃苣、墨角藻、大车前、椰子、长叶车前草、桦树、金丝桃属植物、紫草根、玫瑰、大黄等。

（四）美白剂/脱色剂/增白剂

燕麦、香紫苏、欧洲银松、紫松果菊、木槿花、樱树叶、胡萝卜、姜黄素、熊果、山竹、小白菊、余甘子、回芹、柑橘黄酮（芸香苷）、桑白皮、蓝莓、椰枣、黄芩、桔梗、甘草、刺五加、蔓越莓、白柳、皱叶酸模、艾蒿、橄榄、花旗参、葡萄籽、银杏、芦荟素、野胡萝卜、橙皮苷、甘草、山茶等。

（五）皮肤紧致剂

桦树、七叶树、生姜、迷迭香、桂皮、白池花、银杏、鼠尾草、亚麻、狗牙蔷薇、绿茶、绿薄荷、啤酒花、薄荷、紫檀、金缕梅、红景天、三七等。

（六）紫外线防护

燕麦、石榴、葡萄籽、罗望子（酸角）、可可豆、翅果铁刀木、绿茶、橄榄、小白菊、菠菜、甘蓝、白檀木、白绒水龙骨、草莓、红茶、野生胡萝卜等。

（梅鹤祥 王银娟）

第十四节 海洋来源化妆品原料

海洋作为人类文明的发源地，是孕育生命的摇篮。人类对于海洋的探索从未停止，从满足人类生存的基本需求到新能源开发，特别是随着当今消费升级，美白、抗衰、舒缓、控油、修复、防晒等多种类型化妆品中含有海藻类提取物、海洋动物提取物、海洋植物提取物、深海矿物泥及海盐。

一、海藻类提取物

海藻类是海洋中最低等的隐花植物，以光合作用产生能量，种类达3万多种，目前开发较多的主要有红藻、褐藻、绿藻和蓝藻。相对于以藻红素及藻蓝素为主的红藻、褐藻、蓝藻，富含叶绿素及胡萝卜素的绿藻多生活在浅水处。海藻类富含大量的营养成分，包括糖类、氨基酸、多酚、维生素、无机盐、脂肪等，通常具备多重护肤功效。例如，来源于地中海的单细胞浮游生物提取物通过调节皮脂腺功能抑制皮脂过度分泌，通过调控环氧合酶（cyclooxygenase-2, COX-2）限速酶抑制炎症因子 PGE-2 的生成，还可诱导 FLG 的高表达来修复皮肤屏障；进一步研究表明，该提取物可有效调节油脂相关6种基因和屏障相关20个基因,因此,可作为针对油性敏感性皮肤的功效性护肤品中的活性成分。等鞭金球藻提取物(isochrysis galbana)可通过阻止毛囊细胞凋亡,延长生长期来对抗脱发,促进毛发生长,可用于头发护理及睫毛护理产品中。

(一)海藻多糖

海藻多糖是一种由多个相同或不相同的单糖基通过糖苷键相连而成的高分子碳水化合物,其中的极性基团可与水分子形成氢键而结合大量的水分。同时,糖分子链还相互交织成网状,加之与水的氢键结合,起到很强的锁水作用。多糖还具有良好的成膜性能,可在皮肤表面形成一层均匀的薄膜,减少皮肤表面的水分蒸发,进而达到保湿的功效。绿藻提取物中的葡糖醛酸能调节皮肤内水分的分布,抵抗皮肤干燥。此外,褐藻所固有的细胞间多糖——褐藻糖胶,除具有保湿、抗氧化等特性外,还可以抑制 TYR 的活性,对 CCl_4 诱导的氧化应激具有抗氧化作用;在抗光老化方面,不仅可以抑制由 UVB 诱导的 MMP-1 的表达,同时可以抑制 I 型前胶原在 mRNA 和蛋白质水平的下调。

(二)海藻多酚

多酚是一种常见的藻类次生代谢产物,如褐藻多酚由于可以螯合 TYR 的活性部位 Cu^{2+} 而成为有效的 TYR 抑制剂。在防晒方面,褐藻多酚具有抗光致癌作用,可能与预防紫外线诱导的皮肤氧化应激、炎症和细胞增殖有关。褐藻多酚还可通过防止成纤维细胞中的 DNA 损伤和改变形态来防止 UVB 辐射,有潜在的美白作用。此外,褐藻多酚能降低由氧化引起的 MMP-1 表达,是天然的抗氧化物质,可减少胶原的降解流失,并对革兰氏阳性菌具有广泛的抗菌作用。

(三)类胡萝卜素

类胡萝卜素是可以直接提供光保护、抵抗紫外线引起的皮肤光氧化的重要天然脂溶性色素,且 β- 胡萝卜素也可以调控长波紫外线引起的人体基因损伤。海藻中的孢粉素(sporopollenin)为类胡萝卜素的氧化衍生物,能够帮助皮肤抵抗日晒和皱纹的形成。岩藻黄素是类胡萝卜素中的一种,对 H_2O_2 诱导的细胞损伤具有较强的抗氧化活性,还可抑制 TYR 活性和黑色素的形成,外用和口服治疗均可有效抑制皮肤中与黑色素生成相关的 mRNA 的表达,从转录水平上对黑色素合成进行负调控。

(四)其他

类菌孢素氨基酸是在各种海洋藻类中发现的次生代谢物,对 310~360nm 的紫外线有很强的吸收作用,是海藻中最常见的防晒化合物。海藻珊瑚脂甲醇提取物对 UVA 诱导的人真皮成纤维细胞氧化应激具有强大的抗氧化活性作用。虾青素能够减少 UVA 诱导的人皮肤成纤维细胞和黑色素细胞 DNA 损伤,具有潜在的抗氧化作用。从红藻中分离出的倍半萜烯具有抗真菌作用。地衣提取物球地衣素和潘那林两种化合物能够清除氧自由基,防护紫外线;生物蝶呤葡萄糖是一种从海洋浮游蓝藻中产生的色素,能够保护皮肤免受 UVA 辐射的不良影响,被用于防晒品中。伪枝藻素是海洋蓝藻细菌产生的类胡萝卜素,具有紫外线防护作用。

二、鱼类胶原蛋白

鱼类胶原蛋白主要为鱼皮中提取的胶原蛋白及其生物技术处理后的相关肽。

(一)抗氧化

紫外线照射对人体皮肤具有很强的危害性,可导致人体皮肤中 ROS 含量急剧升高,进而破坏正常细胞的物质代谢,导致蛋白质、脂类和 DNA 的氧化性损伤,加速皮肤衰老。正常皮肤组织抗氧化损伤主要由抗氧化酶系统保护,包括 SOD 和 CAT,当皮肤长期暴露在紫外线照射下,超出机体正常的防御能力,抗氧化酶系统不能满足抗氧化的需求时,出现了皮肤老化。深海鱼类胶原蛋白可提高 SOD 和 CAT 的活力,降低脂质过氧化产生的丙二醛含量,具有与维生素 C 同样的抗紫外线损伤作用。

（二）增加皮肤胶原蛋白

延缓胶原蛋白变性是抗皮肤老化的主要途径之一。相比于其他来源的胶原蛋白,深海鱼类胶原蛋白易被人体吸收且不易过敏,它是由三条多肽链构成的三股螺旋结构,其氨基酸的主要组成为脯氨酸、甘氨酸和丙氨酸。胶原蛋白口服后可以增加成纤维细胞的产生,促进 HA 的产生,提高皮肤含水量,减少皱纹的生成。在皮肤中,小的胶原蛋白能够触发新的胶原纤维合成,促进皮肤成纤维细胞的生长和迁移。

（三）保湿

深海鱼类胶原蛋白不易被皮肤吸收,停留在角质层形成一层薄膜层,阻止皮肤中的水分流失;同时,还可结合空气中的水蒸气,保持皮肤湿润;此外,还可以增加皮脂中的脂质,使皮肤有光泽。

（四）营养

深海鱼类胶原蛋白可补充对人体有益的 17 种氨基酸,使皮肤中的胶原蛋白活性加强,保持角质层水分以及纤维结构的完整性,促进皮肤组织的新陈代谢。

（五）抗菌

海洋生物抗菌肽是从鱼类等动物中分离出来的,具有抗革兰氏阴性菌和革兰氏阳性菌的功效。

（六）祛斑美白

深海鱼类胶原蛋白作为 TYR 抑制剂,抑制黑色素生成,从而达到祛斑美白的效果。

三、动物源角鲨烷 / 角鲨烯

角鲨烯是一种多不饱和烃（图 3-37）,分子式为 $C_{30}H_{50}$,大量存在于深海鲨鱼肝油中,人皮脂也含有 13% 的角鲨烯,这种多不饱和烃的存在使皮肤保持健康,并免受紫外辐射介导的致癌作用,还具有保湿和润肤作用。角鲨烷是角鲨烯的饱和衍生物（图 3-38）,具有惰性和较低的毒性,有润肤保湿功能。

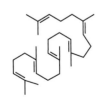

图 3-37　角鲨烯化学结构式

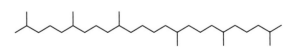

图 3-38　角鲨烷化学结构式

（一）抗氧化

由于人皮肤脂质含量高,所以很容易受到紫外辐射诱导的氧化应激,人类皮肤的主要成分之一角鲨烯是一种高效的自由基清除剂,具有抗氧化应激作用。

（二）保湿

角鲨烯很容易被皮肤深层吸收，能够保持角质层水分。

四、甲壳类动物

生物活性物质，如甲壳素、壳聚糖和虾青素是从甲壳类废弃物中提取的。

（一）甲壳素

甲壳素（chitin）通常与纤维素、甘露聚糖、聚半乳糖胺和葡聚糖等复杂的基质相结合，羧甲基甲壳素是甲壳素的衍生物，通过羧甲基化反应制备而成，在化妆品中具有多种用途，如皮肤光滑剂、保湿剂和清洁剂。

（二）壳聚糖

壳聚糖（chitosan）是甲壳素脱乙酰基后的产物，是天然多糖中为数不多的阳离子高分子聚合物，在许多领域内均具有诸多独特的功能。壳聚糖具有优良的生物相容性和成膜性、保湿、润湿性、抗静电作用、毛发柔软和保护作用，对皮肤无刺激、无毒。

（三）氨基葡萄糖及其 N- 乙酰形式

氨基葡萄糖（glucosamine）能够刺激 HA 的生物合成，加速伤口愈合，改善皮肤水分，减少皱纹，也有抗炎和保护软骨的作用。N- 乙酰氨基葡萄糖可以促进人体内蛋白聚糖的代谢合成，并提高人体肌肤 HA 的含量，延缓肌肤衰老及具有强保湿功效。

（四）虾青素

虾青素（astaxanthin）是从海洋动物（包括虾、蟹等甲壳类以及鲑、鳟鱼类）中发现的一种红色类胡萝卜素。纯虾青素单质为暗红棕色粉末，但在体内虾青素可与蛋白质结合而呈青蓝色。虾青素是一种氧化型类胡萝卜素，是类胡萝卜素生物合成途径中的终产物，作为潜在的光保护剂用于阻止皮肤光老化、防止诱发皮肤癌；其超强的消灭自由基的能力可以防止皮肤细胞受到自由基的损伤，减少皱纹及雀斑的产生。虾青素为脂溶性的色素，具有艳丽的红色和强的抗氧化性能，在化妆品中起着色作用。

（五）深海矿物泥、深海海盐

海泥含有多种营养物质和矿物质，甚至还含有抗菌成分，已被用于皮肤护理和药妆产品。海泥以其治疗银屑病和其他皮肤病的功效而闻名，也可以用来缓解各种疼痛。温泉矿物泥对皮肤具有一定的抗炎、抗衰老、保湿等重要功效。矿物盐（海盐）中的氯化镁、氯化钾、氯化钠能够有效地保护皮肤组织，抑制瘙痒。用死海盐溶液沐浴能够改善皮肤屏障功能，增强角质层水化，减少皮肤粗糙和炎症。

（梅鹤祥　王银娟　刘海洋）

第十五节　生物合成化妆品原料

随着科技飞速发展，生物技术工程近几年在化妆品领域得到广泛应用。生物工程包括遗传工程（基因工程）、细胞工程、微生物工程（发酵工程）、酶工程（生化工程）和生物反应器工程或组织工程五大工程。在这五大领域中，前两者是将常规菌（或动植物细胞株）作为特定遗传物质受体,使它们获得外来基因,成为能表达超远缘性状的新物种"工程菌"或"工程细胞株"。后三者的作用则是为新物种创造良好的生长与繁殖条件,进行大规模的培养,以充分发挥其内在潜力,为人们提供巨大的经济效益和社会效益。生物工程、基因工程、组织工程、细胞工程技术在化妆品原料的研发、生产等众多领域中起关键作用,为大规模定向量产提供便利。酶工程及生物发酵是目前最常用的技术。酶工程技术具有速度快、条件温和、选择性高、对蛋白质的成分破坏小等优点,且水解所得到的产物分子量较小,有利于皮肤吸收,在化妆品中得到广泛的应用。生物发酵是利用微生物,在适宜的条件下,将原料经过特定的代谢途径转化为人类所需要的产物的过程,是食品工业中应用较为广泛的一项生物技术,常用的微生物工具包括大肠埃希菌、乳酸菌、链球菌、双歧杆菌等,近年来在化妆品行业引起技术革命。

目前,应用最多的生物合成化妆品原料为氨基酸类、肽类、蛋白质类及多糖类等。

一、氨基酸类原料

氨基酸是多肽和蛋白质合成的最小单位,是人体必需的一类营养成分,天然氨基酸是由蛋白水解酶水解得到,均为 L 型氨基酸,化学合成也可用于氨基酸的生产,但得到的是 L 型和 R 型的混合物。氨基酸在化妆品中的使用已有很漫长的历史,护肤品中一般添加氨基酸及氨基酸表面活性剂居多。近几年,在清洁类产品中加入月桂酰肌氨酸钠、椰油酰甘氨酸钠、月桂酰谷氨酸钠等氨基酸,其分子结构中存在亲水性的羧基和氨基,同时也含有亲脂性基团,是非常重要的一类天然保湿因子。护肤品中添加氨基酸,一方面有助于皮肤的保湿锁水,另一方面为皮肤所需的某些蛋白和酶类的合成提供必要的原料,加速伤口愈合,抵抗光老化,使皮肤年轻化。

(一)合成途径

L- 精氨酸是谷氨酸家族的氨基酸,是以谷氨酸作为前体物质,共经过 7~8 种酶的催化最终合成 L- 精氨酸。在微生物体内根据乙酰基团参与的方式,L- 精氨酸在微生物体内的生物合成途径可以分为三种。

1. 线性途径   主要存在于肠杆菌(enterobacteriaceae)和黄色黏球菌(myxococcus xanthus)体内。

2. 循环途径   广泛地存在于酵母、藻类、植物以及大部分细菌体内,例如嗜热脂肪芽孢杆菌(bacillus stearothermophilus)、酿酒酵母(saccharomyces cerevisiae)、海栖热袍菌(thermotoga maritime)、铜绿假单胞菌(pseudomonas aeruginosa)和谷氨酸棒杆菌(corynebacterium glutamicum)等。在循环途径中,N- 乙酰谷氨酸是在 N- 乙酰鸟氨酸经过 argJ 编码的鸟氨酸乙酰转移酶催化下将乙酰基转移至 L- 谷氨酸上生成的,接着 N- 乙酰谷氨酸再经过由 argB 编码的 N- 乙酰谷氨酸激酶磷酸化,然后经过 argC、argD、argJ、argG、argH 编码的各酶催化,最终合成 L- 精氨酸。鸟氨酸乙酰转移酶(argJ 编码)在不同微生物中具有单功能和双功能两种类型,单功能的鸟氨酸乙酰转移酶只具有线性途径中的乙酰鸟氨酸酶(argE 编码)的功能,只对乙酰鸟氨酸具有脱乙酰的能力;而在此途径中双功能的鸟氨酸乙酰转移酶具有线性途径中乙酰谷氨酸合成酶(argA 编码)和乙酰鸟氨酸酶的双重功能,乙酰鸟氨酸在鸟氨酸乙酰转移酶作用下生成鸟氨酸。同时,乙酰基团又被循环转移到 L- 谷氨酸而形成乙酰谷氨酸,从而使乙酰基团得到了循环利用,因此,该途径又称为经济循环途径。

3. 新的合成途径　Shi 等在一种黄单胞菌（xanthomonas campestris）中发现了 L- 精氨酸合成新途径，乙酰鸟氨酸没有脱乙酰生成鸟氨酸，而由乙酰鸟氨酸氨甲酰转移酶（argF′ 编码）催化生成乙酰瓜氨酸，它再由乙酰瓜氨酸催化脱乙酰生成 L- 瓜氨酸，而后再由 L- 瓜氨酸合成 L- 精氨酸。argF′ 的同源基因同时发现于木杆菌属、拟杆菌属、噬细胞菌属，以及其他真细菌的细胞内。

（二）麦角硫因的作用

麦角硫因，又称为 2- 硫代咪唑氨基酸（ergothioneine），是自然界中一种稀有天然氨基酸（图 3-39），是一种对细胞具有高度保护性、无毒的天然抗氧化剂，在水中不易被氧化，使其在某些组织中的浓度可以达到毫摩尔（mmol），并激发细胞的天然抗氧化防御系统。

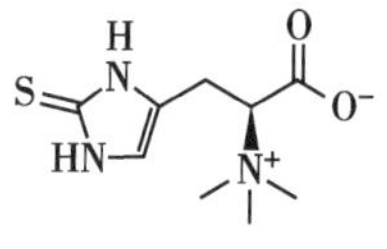

图 3-39　麦角硫因化学结构式

麦角硫因主要有抗氧化、抗炎和保护细胞作用，其抗氧化作用由多重机制共同发挥。首先，麦角硫可直接清除自由基，在体外所构建的光损伤模型（UVA+UVB）中，可有效降低自由基释放及细胞凋亡率。在二苯代苦味肼基自由基（1, 1-diphenyl-2-picryl-hydyazyl, DPPH）清除实验中，麦角硫具有类似谷胱甘肽的清除自由基能力，加热后较谷胱甘肽有更好的抗自由基稳定性，临床试验中发现 2% 的浓度可有效抑制紫外线引起的光老化，淡化晒斑。它还可以螯合各种二价金属阳离子，激活抗氧化酶，如谷胱甘肽过氧化物酶和锰超氧化物歧化酶，并抑制超级氧化激酶，如烟酰胺腺嘌呤二核苷酸磷酸（nicotinamide adenine dinucleotide phosphate, NADPH）- 细胞色素 C 还原酶，可使机体内红细胞免于自由基的损伤。麦角硫因还是一种强大的次氯酸清除剂，抑制次氯酸带来的细胞损伤。1990 年国际上开发出合成麦角硫因的生产工艺，但目前成本依然较高。

二、肽类原料

（一）概述

肽类（peptides）是现代化妆品制备的重要活性成分之一，一个氨基酸的氨基与另一个氨基酸的羧基可以缩合成肽，形成的酰胺基在蛋白质化学中称为肽键。少于 10 个氨基酸称为寡肽，10~50 个氨基酸称为多肽。用于化妆品中的肽通常由 6~7 个氨基酸组成（8~20 个氨基酸序列也有应用），分子量在 500~1 000Da。目前，肽类的获得方法主要有自上而下的蛋白水解法（包括化学水解和酶水解等）和自下而上的氨基酸合成法。以前的护肤品中宣称的"富含多肽"多由水解法获得，经典的水解法可以得到一系列的多肽片段，然而这些片段的长度、分子量、组成及作用机制等较为复杂且难以控制。近年来，化学合成在生物领域的发展，使得一系列合成肽被有目的地设计出来，添加乙酰基、棕榈酰、肉豆蔻酰等修饰，实现工业生产。相比于小分子氨基酸，肽类的功能更强大，而相比于大分子蛋白质，肽类的渗透能力增加了成百上千倍。

（二）肽类分类及作用

肽类在护肤品当中通常被用来作为抗衰老的主要活性成分，主要分为信号肽、松弛肽、载体肽及酶抑制剂肽。

1. 信号肽　是一种刺激肽，向皮肤传递信号，引起相应的生理反应，包括受损组织再生和恢复、刺激真皮细胞合成胶原蛋白等。

（1）L-肌肽（β-丙氨酰基-L-组氨酸）：具有代表性的信号肽，天然存在于人体中。其作用主要包括：通过消灭 ROS 和重金属螯合剂来阻止氧化损伤；通过清除糖基化终末产物阻止糖基化反应；阻止大分子交联保护胶原蛋白，抑制 MMP-1 生成的同时也可刺激胶原蛋白合成；防护 UVB 和臭氧对皮肤的伤害。存在于环境中的醛类化合物也会因其产生自由基损伤皮肤，通常细胞通过新陈代谢将其转化为惰性物质，但当细胞对这类化合物的代谢能力降低时，这类醛类化合物会与细胞外的大分子发生反应，导致皮肤损伤。肌肽通过将这类醛类化合物转化为更为亲水性的物质，使其失去活性，以保护细胞免受损伤。

（2）肉豆蔻酰类：是近几年较受关注的一类脂寡肽家族成员，功能较为全面。在人体细胞研究中发现，低浓度的肉豆蔻酰九肽-3 就具有上调类视黄醇发挥生物活性的相关基因表达，可以模拟视黄酸在皮肤上的活性作用，同时避免产生类似视黄酸的刺激反应。该物质在配方当中具有稳定、易用的特征，解决了视黄醇和类视黄醇的配方及储存方面的问题，是未来抗衰老极具潜力的活性成分。肉豆蔻酰五肽-4、肉豆蔻酰五肽-8 及肉豆蔻酰五肽-11 可有效地调节真皮中成纤维细胞的功能。肉豆蔻酰五肽-16 及肉豆蔻酰五肽-17 可促进毛发（睫毛）生长，而肉豆蔻酰五肽-23 则有抗菌及抗痤疮作用。

2. 松弛肽 通过影响神经递质而发挥作用，类似于肉毒杆菌。松弛肽通过阻止信号传递，减少肌肉收缩，从而防止面部皱纹的产生。其作用强度虽不如肉毒杆菌，但侵入性和安全性远高于肉毒杆菌，如乙酰基六肽-8、二肽二氨基丁酰苄基酰胺二乙酸盐，能够特异性地阻断面部肌肉神经递质的释放，抵抗衰老。

3. 载体肽 将皮肤需要的金属离子运输到关键部位，提供补给，维持或增强生物功能。蓝铜胜肽是近几年被广泛应用的代表，通过其结构中的铜参与愈伤组织的修复及抗衰老的效果。

4. 酶抑制剂多肽 较少见，主要为一些天然蛋白的水解产物，如大豆蛋白、蚕丝蛋白等。它可抑制与皮肤衰老相关酶的活性，如胶原蛋白水解酶及金属基质蛋白酶等。

此外，肽类还能调节黑色素的生成，起到美白亮肤的功效；减少白细胞介素的生成，起到抗炎的功效；还具有神经活性，产生舒缓镇静的功效。目前，应用于化妆品行业的肽类正快速增长，具有广阔的发展前景。

三、蛋白质类原料

蛋白质是具有三维结构的肽的高级形态，是在人体中广泛存在的具有一定结构和功能的重要组成成分，主要通过酶解法获取；常用的有与皮肤结构相关的胶原蛋白、弹性蛋白、纤连蛋白等，与新陈代谢相关的酶、激素和调控蛋白等，与信号转导相关的细胞因子以及与防御屏障相关的抗体等。

蛋白质三维结构复杂，化学合成非常困难，因此蛋白质多来源于天然物质。例如：从牛皮或鱼皮中可提取出用作天然膜前体和锁水成分的胶原蛋白；从马血清中可分离出类似用途的纤连蛋白；从小麦、大米、土豆等植物中也可提取具有促进皮肤紧致的天然蛋白。

通过生物工程技术可以合成一部分蛋白质，例如将人体胶原蛋白的 mRNA 反转录成 cDNA，经酶切后的一段基因重组于大肠埃希菌内，经过高密度发酵、分离、复性、纯化工艺生产出高分子生物蛋白。在葡萄糖和无机盐仿制的胶原蛋白化妆品中添加一些酶类，如乳酸/葡萄糖氧化酶等具有一定的抗菌能力，可帮助对抗皮肤粉刺或损伤。蛋白水解酶、脂肪分解酶和对紫外线稳定的抗氧化酶也被添加到护肤产品中。细胞因子等常被报道为化妆品活性成分,但是由于其合成或提取的技术原因,以及对细胞的毒性不明,始终没有被广泛使用。

四、透明质酸

透明质酸(HA),又称为玻尿酸、玻璃酸,是一种线性大分子酸性糖胺聚糖,是构成皮肤真皮层的物质,也是组成细胞间基质的主要成分,其保水能力比其他任何天然或合成聚合物强。目前,工业上采用 C 型链球菌,在五种酶蛋白(HAS、UGD、UGP、GlmU、Pgi)的共同作用下生物发酵合成,不仅提高了产率,也增加了产品的安全性。

五、维生素类

维生素是人体生长不可或缺的一类营养成分,各种维生素的化学结构和功能都各不相同,通常将维生素分为脂溶性维生素和水溶性维生素。脂溶性维生素是指不溶于水而溶于脂肪及脂溶剂的维生素,包括维生素 A 及其衍生物、维生素 D、维生素 E 及维生素 K。水溶性维生素是指溶于水的维生素,包括 B 族维生素,如维生素 B_1、维生素 B_2、烟酸和烟酰胺、维生素 B_6、泛酸、生物素、叶酸、维生素 B_{12} 和维生素 C。维生素添加到护肤品和化妆品中,不仅能增加皮肤抗氧化或抗炎能力,还能增强皮肤免疫系统功能,同时促进皮肤新陈代谢,对延缓皮肤衰老有特别的功效。维生素可通过天然提取、化学合成及生物发酵方法获得。维生素 C 合成的早期工艺是莱氏法,由于此工艺复杂,缺陷多、生产工艺不安全,已被淘汰。现在采用 D- 山梨醇两步发酵工艺,即 D- 山梨醇经醋酸杆菌发酵得到 L- 山梨酸,再经假单胞菌生物转化得到 2- 酮 -L- 古龙酸,经内酯化、烯醇化最后制得维生素 C。维生素 B_2 又称核黄素,目前主要采用阿舒假囊酵母级发酵并进一步氧化制得。维生素 B_{12} 又称钴胺素,较成熟的工艺是两步发酵工艺,先经厌氧性乙酸杆菌发酵,再经需氧菌发酵制得。

六、酶工程

(一) β- 葡聚糖

葡聚糖是葡萄糖分子中 c-1、c-2、c-3、c-4 或 c-6 位通过糖苷键相互连接而成的多糖,它广泛存在于自然界中,最普遍存在的形式是纤维素和淀粉,可在酵母菌、蘑菇、某些细菌、海菜及谷物中获得。葡萄糖分子间连接键的变化,尤其是三维结构决定了 β-1, 3- 葡聚糖(β-1, 3-glucan)在物理和化学性质、生物功能上的特殊性。

燕麦葡聚糖是来源于燕麦麸皮中的一种营养物质,主要存在于燕麦胚乳和糊粉层细胞壁中,有许多单糖通过 β-(1, 3)和 β-(1, 4)糖苷键连接形成 β-D- 葡聚糖,可通过水提、酶解法、发酵三种方法获取。燕麦葡聚糖具有较好的水溶性,可通过细胞间隙渗透入皮肤。其特有的平面螺旋结构可被巨噬细胞识别,激活皮肤中的免疫细胞,产生细胞因子 IL-1、IL-6、GM-CSF 等,以及 EGF、TNF-α 和血管生成因子,促使角质形成细胞及成纤维细胞增殖及分泌基质类物质,如 HA、胶原蛋白等,增强皮肤保湿能力,增加皮肤弹性,有效改善皱纹,抵抗衰老。燕麦葡聚糖作为天然多聚糖附着在皮肤表面,具备较好的成膜性和锁水能力。

（二）多醇类

戊二醇自 1992 年首次进入化妆品领域,是一种性能优异的保湿剂,多年来被广泛应用,其主要由化学合成方式获得。在应用过程中逐步发现戊二醇更多的功能,如杀菌作用,可在配方体系中承担防腐作用,配制无防腐剂产品;还可提高其他活性物的生物利用度,以及作为增溶剂,提升使用后的肤感。随着酶工程发酵技术的发展,可利用榨取糖分后的甘蔗废渣进行生物发酵,获取戊二醇,更符合现在追求纯天然来源的原料趋势。

七、干细胞技术的应用

近年来,作为皮肤祖细胞的干细胞已被确定为化妆品活性成分的研究目标。人们对从毛囊隆起中分离的干细胞进行筛选,发现了一种姜提取物 BIO3040(生姜根提取物)具有丰富的辛辣成分和标准化的姜醇,是一种有效的"干细胞"保护剂。此外,生姜提取物 BIO3040 可上调 HO-1 蛋白,抑制 COX-2 活性和 PGE_2 释放,具有抗炎活性。由于其活性特征,生姜提取物 BIO3040 非常适合作为抗炎、抑制色素沉着的活性成分。

（梅鹤祥 王银娟）

第十六节 化学合成化妆品原料

化学合成类的活性成分种类繁多,覆盖化妆品原料的全部类别,如表面活性剂、保湿剂、美白剂、防晒剂、抗老化剂、舒缓类、抗氧化剂、抑菌防腐剂等。其中表面活性剂、保湿剂、美白剂、防晒剂、抗氧化剂见前面章节。本节着重介绍美黑、抗老化、舒缓、抗氧化及促渗剂。

一、助黑剂

市场上的助黑产品所使用的成分能与皮肤表层、角蛋白和汗液中的蛋白质和氨基酸成分发生反应,所生成的颜色与自然晒黑的颜色非常相似,即皮肤呈现深褐色伴少许的黄色。

经过一系列的络合和浓缩作用,DHA 和皮肤氨基酸的氨基发生反应,形成自然晒黑的棕色皮肤,该过程通常需要 2~3 小时,一旦色素产生,就会持久保留而难以洗掉。只有在角质细胞自然脱落的过程中才褪色。由于一定数量的角质细胞层是与 DHA 发生反应后着色的,所着颜色需 5~6 天才能完全消退。虽然目前发现 DHA 不具有毒性,但是最近有关于 DHA 分子有无可能渗透到活体皮肤并且全面被身体所吸收的疑问。Estee Lauder 实验室应用赛璐玢带去色技术在人类志愿者身上进行试验,结果显示 DHA 只存在于角质层中,不能渗透到表皮的其他层。市场上大多数助黑产品的 DHA 浓度为 2.5%~10%,通常所用的浓度为 5%。

通常,DHA 和皮肤氨基酸反应生成的颜色与自然晒黑的颜色非常相似,皮肤 pH 对其所生成的颜色影响显著。在 DHA 应用前,用碱性肥皂清洗皮肤,生成的颜色倾向于黄橙色而不是褐色。因此,皮肤表面的油性残余物必须清洗干净,不能有任何碱性残留,如肥皂和去污剂。为了延长皮肤着色的时间,可以在着色前去除皮肤部分角质层。

助黑剂活性成分对 UVB 的照射不能提供有效的防护作用,也不
能作为一种防晒剂减轻日晒伤的程度。但新近的研究显示,由于 DHA
和皮肤的反应生成的颜色能吸收很大部分的 UVA,对 UVA 具有一定
的光保护作用。2021 年 7 月 6 日,欧盟发布 2021/1099 号修订案[公
报 Official Journal of the European Union 公布(EU)],欧盟委员会就脱氧熊果苷和二羟基丙酮
(DHA)两种物质(图 3-40),新增相关条款至欧盟化妆品法规(EC)No 1223/2009 附录 Ⅱ 和
Ⅲ。因此,DHA 仍不能完全应用于化妆品中。

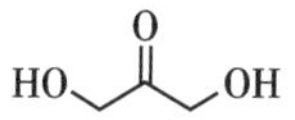

图 3-40　二羟基丙酮化学结构式

二、抗老化剂

目前,用于化妆品中具有一定抗皮肤老化功效的各种化合物种类繁多,对抗皮肤老化的
方法除了上述防晒、美白、保湿外,还有角质剥落剂、抗氧化剂、维 A 酸类及激素类等。这里
着重介绍几种化学合成的抗老化活性化合物。

(一)二甲基氨基乙醇

二甲基氨基乙醇(dimethylaminoethanol,DMAE)是一种简单的氨基化合物(图 3-41),
这类化合物在配方中主要作为 pH 调节剂,在未被中和的状态下,其 pH 在 10 左右,在局部
外用制剂中,DMAE 可被酸性成分部分或全部中和。

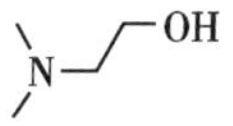

图 3-41　二甲基氨基乙醇化学结构式

Nicholas Perricone 博士首次确认并将 DMAE 添加进化妆品配方中,作为促皮肤渗透的辅助成分。此后,DMAE 紧致皮肤和抗老化作用逐渐被人们认识,已经成为护肤产品中一个新的活性成分用以抗老化,改善面部皮肤紧实程度。

(二)阿魏酸(阿魏酸葡萄糖苷)

阿魏酸可从当归、川芎等天然植物中提取,但市售产品以合成来源为主,化学结构为 3-
甲氧基 -4- 羟基桂皮酸,是桂皮酸的衍生物之一(图 3-42),与植物细胞壁中的多糖和蛋白质
结合,成为细胞壁骨架,具有抗氧化、抗炎、镇痛及抗紫外辐射等功效。阿魏酸可吸收波长在
290~330nm 附近的紫外线,可添加到防晒护肤品中保护皮肤免受 UVB 的损伤。阿魏酸还
可清除自由基,有很强的抗氧化作用,并保护人成纤维细胞免于
UVA 损伤。此外,阿魏酸还具有抑制 TYR 的作用。因此,阿魏
酸可作为防晒、抗衰老、美白功效成分应用于化妆品中。阿魏酸
酯类衍生物不仅具有阿魏酸相似的生物活性,而且具有良好的脂
溶性和稳定性。

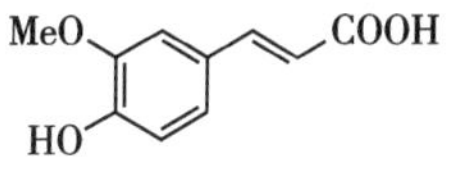

图 3-42　阿魏酸化学结构式

(三)白藜芦醇

白藜芦醇(3-4'-5-trihydroxystilbene)化学名称为 3,4',5- 三羟基 -1,2- 二苯基乙烯(3,4',5-
芪三酚),分子式为 $C_{14}H_{12}O_3$,于 1940 年被日本人首次从毛叶藜芦(veratrum grandiflorum)的根
中分离得到。2003 年哈佛大学教授 David Sinclair 及其团队研究发现白藜芦醇可激活乙酰化
酶,增加酵母菌的寿命,激发了人们对白藜芦醇抗衰老研究的热潮,之后在葡萄叶片中也有发
现,成为植物抗生素。白藜芦醇在自然环境中含量较低,多为化学合成。

白藜芦醇具有抗增殖、抗血管生成、抗炎、抗老化、抗氧化和抗菌的特性。研究表明,白
藜芦醇可以作为最强的沉默信息因子 1 的激活剂,模拟热量限制(calorie restriction,CR)抗
衰老反应,参与机体平均生命期的调控。白藜芦醇可促进成纤维细胞的增殖,增加胶原蛋白

的浓度,对雌激素受体蛋白(ERα 和 ERβ)具有亲和力,从而刺激 I 型、II 型胶原蛋白产生。此外,白藜芦醇还具有抗氧化作用,通过降低 AP-1 和 NF-κB 因子的表达,保护细胞免受自由基和紫外辐射对皮肤的氧化损伤,延缓皮肤的光老化过程。

(四)脂肪保护剂

人体内的脂肪组织分布随着年龄的增长逐渐发生着变化。最初,面部皮下脂肪逐渐减少;随后,内脏脂肪开始沉积;老龄的皮肤中由于脂肪组织减少,直接导致脸颊和颈部的皮肤失去弹性及紧致度。皮下脂肪含量下降的原因主要是 CCAAT/ 增强子结合蛋白 α(C/EBP α)和 PPAR-γ 的表达下降,从而导致前脂肪细胞的分化能力降低。此外,老龄皮肤中 TNF-α 的水平升高,可抑制脂肪细胞形成及刺激脂肪分解,从而减少脂肪细胞。

羟甲氧基苯基丙基甲基甲氧基苯并呋喃(hydroxy methoxy phenyl propyl methyl methoxy benzofuran, CAS 索引号 51267-48-2)不存在于自然环境中,为木质素降解的中间体,对紫外线稳定,是天然等同的异丁香酚,为强效抗衰老物质。SYM3D 是 PPAR-γ 激动剂,显著增强 3T3-L1 细胞中的脂肪细胞分化,抑制由 TNF-α 刺激产生的脂肪分解,可用于丰唇。同时,通过 ABTS 自由基清除实验检测到 SYM3D 具有抗自由基的作用,因此 SYM3D 还是一种强氧化剂,可用于面部抗衰老。临床试验显示,0.25% 的 SYM3D 使用 28 天后,皮肤弹性增加 11%,唇部体积增加 6%。

(五)AHA、多羟基酸和生物酸

皮肤老化时表皮新陈代谢的速率减慢,角质层常不能及时脱落,从而使皮肤表面粗糙。使用温和的角质剥脱剂可促进老化角质层中细胞间的键合力减弱,加速细胞更新速度和促进死亡细胞脱离,以改善皮肤老化状态。化妆品成分中常用的角质剥脱剂有 AHA 和 BHA。AHA 包括羟基乙酸、乳酸、枸橼酸、苹果酸、苯乙醇酸和酒石酸,多数存在于水果(柠檬、苹果、葡萄等)中,俗称为果酸。高浓度 AHA 可用于表皮的化学剥脱,而低浓度 AHA 能使表皮增厚,同时能降低表皮角化细胞的粘连性和增加真皮糖胺聚糖、HA 的含量,使胶原形成增加,在减少皮肤皱纹的同时增加皮肤的光滑性和坚韧度,从而改善光老化引起的皮肤衰老。β- 羟基酸则主要从天然生长植物,如柳树皮、冬青叶和桦树皮中萃取出来,是脂溶性的新一代果酸,比传统的水溶性果酸与皮肤有更强的亲和力和渗透力,有缓释作用,可溶解毛囊口的角化物质,使毛孔缩小。

(六)类视黄醇

类视黄醇的衍生物很多,传统的方法是将维 A 酸类药物划分为三代:第一代为维生素 A 的天然代谢产物,主要包括视黄醇(retinol)、视黄醛(retinal)、全反式维 A 酸(tretinoin)等;第二代主要包括阿维 A 酯(etretinate)及其代谢产物阿维 A(acitretin);第三代为具有受体选择性的芳香族维 A 酸。外用全反式维 A 酸能明显改善皮肤光老化的临床表现,消除或减少皱纹形成,减少色素沉着等。同时,外用全反式维 A 酸对皮肤光老化可能还有预防作用。使用维 A 酸会增加患者的光敏性,因此使用时应避免日光照射,最好在晚上单独使用。

鉴于视黄醇在细胞内需要分几步转化才能生成维 A 酸,转化过程会导致皮肤过敏,并产生不良反应,如皮炎、瘙痒、皮肤干燥或脱屑、光敏反应、皮肤发红或发炎等。为了降低视黄醇和维 A 酸的刺激性、光敏性,并提高其生物利用度,科学家们合成了新的视黄醇衍生物——羟基频哪酮视黄酸酯(hydroxypinacolone retinoat, HPR)。与目前化妆品中常使用的视黄醇和其他维生素 A 衍生物相比, HPR 的显著优势在于不需要转化为维 A 酸, 当其应用于皮肤时, 可以直接与受体结合, 产生抗衰老效果, 改善细纹和皱纹, 并减少色素沉着, 减少皮脂的产生, 收缩毛孔和改善皮肤质地。

对维 A 酸的分子生物学、基因表达分析和基础代谢作用机制的研究, 在很大程度上加速了新的维 A 酸类似物的发现。通过对维生素 A 代谢和活性特征的研究, 发现其衍生物视黄醇、视黄醛、视黄酯和视黄酸在高等哺乳动物的发育(包括眼睛)、血管生成及皮肤稳态中具有重要的作用。视黄酸有数种异构体形式(如全反式、9- 顺式和 13- 顺式), 本质上是视黄醇氧化产物, 是核受体家族中视黄酸受体(retinoic acid receptors, RAR)和维 A 酸类 X 受体(retinoid X receptors, RXR)的激动剂, 这两种受体亦分别有三种异构体 α、β 和 γ。

基于对类视黄醇化合物在基因表达机制中的理解, 可以合成很多新的化合物, 较之天然类视黄醇, 它们的结构更具多样性, 药理学特性也各异。

此外, 各种类视黄醇局部外用过程中的主要生物学效应与其和 RAR/RXR 复合物相互作用有关, 包括有些条件下被强制性代谢转化为视黄酸。

三、舒缓剂

舒缓类化妆品中常含有一些抗敏、抗刺激功效的植物提取物, 如马齿苋、洋甘菊、茶多酚、蓝蓟油等, 可缓解皮肤敏感, 有效修复受损的皮肤, 激发细胞蛋白质生化合成以及细胞的再生, 重建皮肤免疫系统。

羟苯基丙酰胺苯甲酸(图 3-43)早期在燕麦中被发现, 通过竞争性与肥大细胞表面的 NL-1 受体结合, 阻断组胺释放, 以缓解瘙痒。斑贴试验证明可有效减少 40% 的泛红及瘙痒, 并且对于皮肤干燥引起的瘙痒也具备一定的缓解作用, 广泛地应用于针对敏感性皮肤、湿疹、AD 的化妆品中。

4- 叔丁基环己醇是 TRPV1 受体拮抗剂(图 3-44)。TRPV1 是重要的温度、化学和其他感觉刺激的分子传感器和信号整合器, 是疼痛、瘙痒和神经反应的关键因素。4- 叔丁基环己醇通过拮抗 TRPV1, 调节表皮细胞内 Ca^{2+} 流稳定性, 有效阻断由辣椒碱及 SDS 引起的皮肤刺激。在产品应用中不但可用于敏感皮肤护理, 还可缓解配方体系中苯氧乙醇的刺激。另外, 在染发、烫发过程中可缓解化学物质对头皮的刺激。

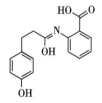

图 3-43　羟苯基丙酰胺苯甲酸
化学结构式

图 3-44　4- 叔丁基环己醇
化学结构式

此外, 纳米技术在化妆品行业的应用也给予敏感性皮肤另一种解决方案。脂质体、纳米乳、固体脂质纳米粒等含有天然磷脂、维生素 E 等低敏性活性载体可以将化妆品有效成分包裹其中, 不仅降低了活性成分的刺激性, 同时增加了皮肤的吸收, 延长了其在皮肤中的释放时间, 为敏感性皮肤的护理开创了新的时代。

四、抗氧化剂

化妆品中的抗氧化剂有多种分类,按使用目的可分为保护产品的抗氧化剂和用作活性组分的抗氧化剂;按化合物类型分为酚类及醌类化合物、有机酸、醇和酯类、无机酸和盐、氨基酸类和含硫的化合物等。

(一)保护化妆品配方稳定性的抗氧化剂

酚类化合物为丁羟甲苯、丁羟茴醚、桔酸丙酯、桔酸辛酯、十二醇桔酸酯、维生素 E、阿诺克索墨。醌类化合物为叔丁基氢醌。有机酸、醇和酯类化合物为异维生素 C、去甲二氢愈创木酚、维生素 C 棕榈酸酯、枸橼酸异丙酯混合物。无机酸和盐类化合物为亚硫酸氢钠、焦亚硫酸钠。氨基酸类化合物为半胱氨酸。含硫化合物为硫脲。

(二)化妆品中作为活性组分的抗氧化剂

酚类化合物为维生素 E、类胡萝卜素。有机酸、醇和酯类化合物为阿魏酸、维生素 C 棕榈酸酯、维生素 C 及衍生物、维生素 C-2- 磷酸酯、依克多因。巯基或含硫化合物为硫辛酸、麦角硫因(铜)、谷胱甘肽。亚丁香基丙二酸乙基己酯 / 维生素 E 可作为复配物用于化妆品中。其中,维生素 C 及衍生物具有水溶及油溶的特性,其余化合物均为油溶。此外,二甲基氨基丁醇是一种新型的多功能抗氧化剂,属于氨基化合物,具有水溶性特性。

1. 依克多因 名字来源于其英文 ectoine,化学名称为四氢甲基嘧啶羧酸(图 3-45)。

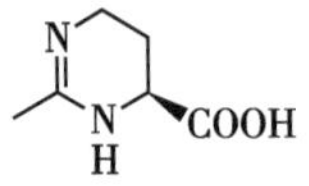

图 3-45 依克多因化学结构式

人类首次在海洋嗜盐外硫红螺菌中发现依克多因,为中度嗜盐菌中主要的渗透压补偿溶质。玻利维亚的“天空之镜”、我国青海地区茶卡盐湖和察尔汗盐湖等地拥有丰富的嗜盐菌来源,为依克多因提供优良的野生菌株来源。在活性产物领域中其价格相对较高,是其推广过程中主要的限制因素。目前,为了保证产量及提高稳定性,也利用化学合成方法进行开发。

依克多因对皮肤具有保湿、抗炎、抗衰及增强皮肤细胞免疫能力等多种功效。Wedeking 等通过体外研究证实,依克多因可抑制 RAW 264.7 巨噬细胞 Cox、IL-6、TNF、IL-1、NF-κB 释放。Bownik 等研究发现,2% 的依克多因能显著提高皮肤弹性。

2. 麦角硫因(2- 硫代咪唑氨基酸,ergothioneine) 在众多的抗氧化剂中,麦角硫因可以螯合重金属离子,可使机体内红细胞免于自由基的损伤。

麦角硫因主要有抗氧化、抗炎和保护细胞作用。麦角硫因的抗氧化作用由多重机制共同发挥。在 DPPH 自由基清除实验中,它与谷胱甘肽显示类似清除自由基能力,在加热后较谷胱甘肽有更好的抗自由基作用。临床试验中发现,2% 的麦角硫因可有效地抑制紫外线引起的光老化,淡化晒斑。其他抗氧化机制还包括螯合各种二价金属阳离子;激活抗氧化酶,如谷胱甘肽过氧化物酶和锰超氧化物歧化酶,并抑制超级氧化激酶,如 NADPH- 细胞色素 C 还原酶;影响各种血红素蛋白,如血红素和肌红蛋白的氧化作用。麦角硫因能抑制过氧亚硝基阴离子介导的氨基酸氧化,如酪氨酸硝化。它还是一种强大的次氯酸清除剂,抑制次氯酸带来的细胞损伤。

3. 谷胱甘肽(glutathione,GSH) 是一种含 γ- 酰胺键和巯基的三肽,由谷氨酸、半胱氨酸及甘氨酸组成,谷胱甘肽有还原型(G-SH)和氧化型(G-S-S-G)两种形式,生理条件下以还原型谷胱甘肽为主。谷胱甘肽的生产方法很多,有化学合成法、萃取法、酶法和发酵法。谷胱甘肽具有活性巯基(—SH),是最重要的功能基团,可参与机体多种重要的生化反应,保护体内重要酶蛋白巯基不被氧化、灭活,保证能量代谢、细胞利用。同时,其通过巯基与体内的自由基结合,可直接使自由基还原成酸性物质,从而加速自由基的排泄,并对抗自由基对重要脏器的损害。谷胱甘肽是体内的主要抗氧化剂,能抵抗氧化剂对硫氢基的破坏作用,保护细胞膜中含硫氢基的蛋白质和酶不被氧化。当细胞内生成少量过氧化氢时,GSH 在谷胱甘肽过氧化物酶的作用下,把 H_2O_2 还原成水,其自身被氧化为 GSSG。GSSG 在谷胱甘肽还原酶的作用下,从 $NADPH^+$ 上接受氢,又被还原为 GSH。

五、促渗技术

皮肤的屏障作用限制了大多数化妆品活性成分经皮吸收的效率,因此,需要促渗技术的辅助。目前,促进活性成分透皮吸收的方法主要分为化学法、物理法和剂型法。物理法包括离子导入技术、电导技术、微针贴片等。同时,药剂学上的促渗技术也能为化妆品促渗提供解决思路。

目前,常用的促渗剂包括表面活性剂类、氮酮类、小分子醇类和脂肪类、薄荷素和辣椒碱等。其中氮酮(azone,$C_{18}H_{35}NO$)能够使皮肤角质层与脂质相互作用,降低活性成分在角质层脂质中的相转变温度,增加流动性,使活性添加剂在角质层中的扩散阻力减少,起到很强的促渗作用。由于氮酮本身的高亲脂性,残留在皮肤内有一定的毒性作用,多添加改性后的水溶性氮酮。

另外,一些小分子的肽也具有促渗作用,通常是一类少于 30 个氨基酸残基的短肽,能够选择性地作用于角质层中的脂质双分子层、蛋白质、胆固醇等,从而改变角质层的结构,促进活性成分透过角质层。因其由氨基酸组成,生物相容性高,对皮肤损伤小,在高端化妆品中得以采用。

纳米载体技术(如脂质体、微乳、多聚物纳米颗粒、胶束、量子点、金纳米粒)等也是新型促渗技术。通过将活性成分包裹在纳米级别的载体中,相对较小的粒径不仅有利于其皮肤渗透,还可以将原本与皮肤亲和性不佳的活性成分改性,增加渗透能力。此外,某些不稳定的原料,如维生素 C 等得以被保护,有利于其产品储存和疗效的延长。

(梅鹤祥 王银娟 刘海洋)

第十七节 羟酸类活性成分

一、概述

随着医学美容观念和技术的蓬勃发展和老龄化进程的加快,人们更加关注各种各样的护肤产品。因羟酸类化合物具有安全舒适、方便、低价的特点,逐渐成为大众居家美容、对抗老化的一线选择。

二、羟酸的结构和分类

羟酸是一种分子中同时含有羟基(—OH)和羧基(—COOH)的化合物,具备羟基和羧基的典型化学特性,同时由于两种官能团的相互影响及相对位置的不同而又可表现出一些特殊性质。以羧酸为母体,根据羟基位置的不同,羟酸可分为 α- 羟基酸(AHA)和 β- 羟基酸(BHA)。

(一)α- 羟基酸

传统的 AHA 包括甘醇酸(图 3-46)、乳酸(图 3-47)、枸橼酸(图 3-48)、扁桃酸(图 3-49)等。其分子量小,结构简单,易溶于水,渗透性强,具有较好的保湿和角质剥脱的作用,广泛地应用于美容护肤产品。同时,由于 α 位羟基的影响,AHA 在 pH 低、浓度高时可引起表皮松解。其中,甘醇酸(又称羟基乙酸)和乳酸分子量最小,可迅速穿透皮肤,是目前最常用的 AHA。扁桃酸(又称苦杏仁酸、α- 羟基苯乙酸)由于分子结构中含有苯环,脂溶性增加,对于油性皮肤的穿透性增加。多聚羟酸(polyhydroxy acid,PHA)和多羟基生物酸(bionic acid,BA)是新一代的 AHA。PHA 是指羧酸碳链结构中含有两个或以上的羟基基团,当其中一个羟基位于 α 位时,PHA 就是多羟基 α- 羟基酸,代表分子为葡萄糖酸内酯(图 3-50)。在 PHA 的基础上再连有额外的糖基则构成多羟基生物酸,其经典代表为乳糖酸(图 3-51),后者由乳糖氧化形成,由一个 D- 半乳糖分子和 D- 葡萄糖酸分子构成。由于有多个羟基,PHA 和乳糖酸具有较强的保湿和抗氧化活性,同时分子量增大,进入皮肤的速度变慢,刺激性大大减弱。

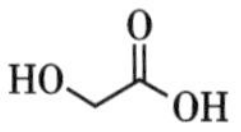

图 3-46 甘醇酸化学结构式

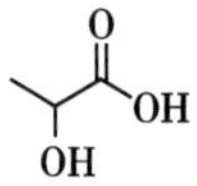

图 3-47 乳酸化学结构式

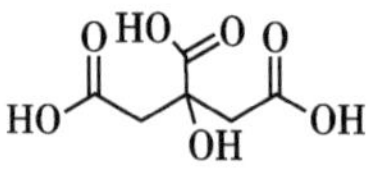

图 3-48 枸橼酸化学结构式

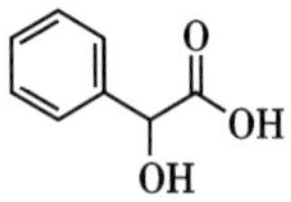

图 3-49 扁桃酸化学结构式

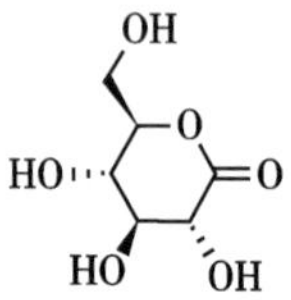

图 3-50 葡萄糖酸内酯化学结构式

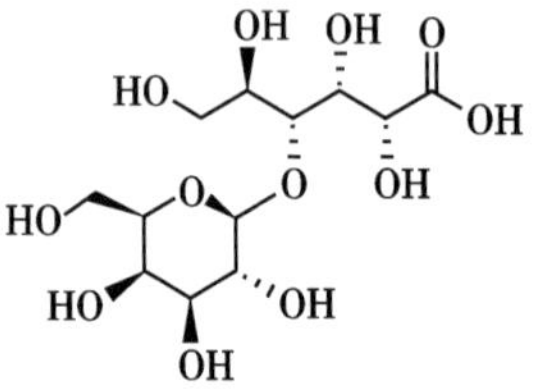

图 3-51 乳糖酸化学结构式

(二)β- 羟基酸

应用于护肤领域的 β- 羟基酸主要是水杨酸(邻羟基苯甲酸)(图 3-52),水杨酸属于芳香族 BHA,最初来源于柳树皮,具有解热镇痛的作用,在医学领域的应用历史悠久。不同于大部分 AHA,由于有苯环存在,水杨酸难溶于水,是一种脂溶性的有机酸。水杨酸被用于治疗皮肤疾病已有 100 多年的历史,19 世纪以来因其角质剥脱能力和独特的抗炎、抗菌作用在医学美容领域受到了广泛关注,其衍生物如辛酰水杨酸(图 3-53)也被陆续开发并应用于护肤品市场。

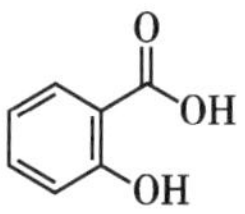

图 3-52　水杨酸化学结构式 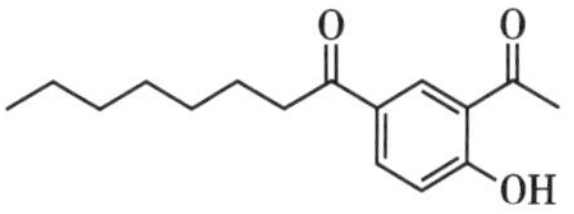　　　　　图 3-53　辛酰水杨酸化学结构式

三、α-羟基酸在化妆品中的应用

作为目前研究最为深入、应用最为广泛的羟酸，AHA 在延缓皮肤衰老以及辅助治疗损容性皮肤病方面发挥作用。长期紫外线损伤可引起真皮胶原变性、弹力纤维异常堆积、表皮色素生成增多等病理性改变，导致皮肤出现松弛、干燥、细纹、色素增加等老化表现。AHA 可以改善上述紫外线诱导的光老化表现。AHA 对于表皮，低浓度的能降低角质层细胞之间的连接，高浓度（50% 以上）的 AHA 能促进表皮松解，刺激角质形成细胞更替，加速老化角质细胞和黑色素颗粒代谢，重塑表皮正常结构；AHA 还具有抗氧化作用，抑制黑色素合成的作用。对于真皮层，AHA 可激活成纤维细胞，刺激细胞外基质重排，诱导胶原增生和糖胺聚糖沉积增加，提高真皮含水量，促使真皮厚度增加。因此，AHA 多用于针对痤疮粉刺、祛斑、美白及抗老化的化妆品中。

（一）甘醇酸和乳酸

甘醇酸（glycolic acid）和乳酸（lactic acid）是最常用的 AHA，易溶于丙二醇、水、乙醇等，在化妆品中浓度在 5%~10%。一项双盲、赋形剂对照临床试验显示，外用 8% 甘醇酸或 8% 乳酸可改善部分光损伤导致的皮肤老化表现，且耐受性良好。除上述机制外，Tang 等在小鼠模型中发现低浓度的甘醇酸可通过调节 NF-κB 通路下调 IL-6、IL-8、MCP-1 和 COX-2 等炎症因子的表达，从而抑制 UVB 介导的皮肤炎症反应。

在祛痘类护肤品方面，一种以 0.1% 视黄醛和 6% 甘醇酸为主要成分的护肤品被证实对于轻中度痤疮具有较好的治疗效果和耐受性。

在色素性皮肤病方面，甘醇酸和乳酸不仅可加速表皮黑色素排出，而且可以直接抑制 TYR 活性，从而减少黑色素合成。研究显示，含有氢醌、甘醇酸、透明质酸的复合制剂（4% 氢醌 +10% 甘醇酸 +0.01% HA）对轻中度的黄褐斑有明显的改善作用，而且由于添加了透明质酸可显著减低氢醌、甘醇酸的不良反应，增加使用的安全性。

由于甘醇酸和乳酸的分子量小，穿透迅速，刺激性随浓度和酸性增加而增加，对于敏感性皮肤需要慎重选用；对于深肤色人群来说，如果出现刺激性皮炎易导致炎症后色素沉着，也需要慎重选用。目前，市场上大多数护肤品中甘醇酸浓度多在 5% 以下，安全性比较好，较高浓度的甘醇酸和乳酸需在专业医师指导下使用。

（二）扁桃酸

扁桃酸（mandelic acid）因其具有抗菌活性最初被用于治疗尿路感染。近年来，扁桃酸由于结构特点使其具有一些特殊性，在皮肤领域受到了额外的关注。相比于甘醇酸和乳酸，扁桃酸由于分子量大、穿透速度慢、刺激性小、更加温和使其更适合黄褐斑患者，尤其是伴有皮肤屏障受损、皮肤耐受性下降的患者；同时，由于它有亲脂性，适用于油性皮肤；加之其独特的抗菌活性，适合用于有粉刺、痤疮的皮肤。研究证明，外用含低浓度（2%~10%）的扁桃酸产品联合扁桃酸化学换肤治疗可有效地改善黄褐斑，且没有明显的刺激反应和炎症后色素沉着的发生,对真皮型黄褐斑和深肤色人群亦有较好的疗效。含有扁桃酸的化妆品在激光术前、术后应用可有效地降低术后感染和炎症后色素沉着的风险。此外,在抗老化方面,研究显示 6% 扁桃酸精华联合 4% 扁桃酸晚霜对皮肤光老化有改善作用,在连续使用 4 周后,下眼睑皮肤弹性增加 25.4%,紧致度增加 23.8%,细纹减轻。

需要注意,使用甘醇酸、乳酸和扁桃酸等 α- 羟基酸时,由于角质层变薄,对于紫外线的防御能力下降,使用此类产品过程中需配合严格防晒,联合使用防晒产品。

(三)PHA 和乳糖酸

作为新一代的 AHA,PHA 和乳糖酸(lactose acid)的抗老化作用可以和 AHA 媲美,同时又具有其独特优势,逐渐成为许多世界著名的化妆品公司数十年来的研发热点。其分子上更多的羟基使二者的水结合能力较传统的 AHA 更强,是理想的保湿剂,可增强角质层屏障功能,乳糖酸还可以在皮肤表面形成均质薄膜,强效锁住水分。含有葡萄糖酸内酯的化妆品对于使用过氧化苯甲酰或维 A 酸的痤疮患者来说,可以明显减轻药物的刺激反应,增加患者的依从性。含有 PHA 和乳糖酸的化妆品还可以用作激光、微晶磨削、注射填充等美容治疗术后的修复,一方面可修复皮肤屏障、强效保湿;另一方面,由于 PHA 和乳糖酸是高效的金属螯合剂,其抗氧化能力与枸橼酸和维生素 C 相当,可有效地清除自由基,对抗光电治疗造成的氧化应激。临床研究显示,外用 8% 乳糖酸在抗老化、淡化眼周皱纹、增加皮肤弹性和厚度方面有显著作用,组织学研究发现表皮角质层排列更为紧密,真皮糖胺聚糖明显增加。乳糖酸还可明显抑制 MMP-9 的活性,后者常常被紫外线激活,可降解弹性蛋白、Ⅳ 型胶原蛋白等导致皱纹、松弛等老化表现,该研究表明乳糖酸的作用与甘醇酸、乳酸和扁桃酸这些 AHA 类似,但相较后者,乳糖酸作用温和无刺激,使用更加安全,是理想的家用护肤成分。临床研究也表明,含 4%~10% 的葡萄糖酸内酯配方产品与 8% 的甘醇酸对比,在抗衰老方面效果类似,但烧灼、刺痛等不良反应的发生率明显低于后者,患者使用的满意度更高。

此外,不同于传统的 AHA,PHA 和乳糖酸不会导致角质层变薄,不会增加皮肤对紫外线的敏感性。研究还发现,由于 PHA 和乳糖酸的缓释效果、强力保湿和修复皮肤屏障功能的作用,即使是敏感性皮肤患者也可以耐受,因此是敏感性皮肤、玫瑰痤疮或深肤色人群适宜的成分。

四、水杨酸及其衍生物在化妆品中的应用

水杨酸是被广泛应用在化妆品中的成分,常用浓度多在 0.5%~2%。水杨酸类似 AHA,可以破坏表皮角质层细胞间的桥粒结构,加速角质细胞脱落。另外,由于它的脂溶性使其容易渗透至毛囊皮脂腺导管开口部位,溶解粉刺;水杨酸还有一定的抑制皮脂分泌的作用和抗炎作用。研究显示,水杨酸对粉刺和油性皮肤有很好的作用,可以改善痤疮的炎性皮损、炎症后红斑和色素沉着。在抗光老化方面,水杨酸聚乙二醇复合制剂可抑制紫外线暴露部位皮肤 *p53* 基因的表达,诱导角质形成细胞正常分化。水杨酸还具有抗氧化、清除自由基的作用。Eve Merinville 等通过三个临床研究证实了含有水杨酸的化妆品的抗光老化作用:其中两个双盲安慰剂对照研究,采用皮肤快速光学成像法以及视觉影像分级法评估了含有水杨酸的化妆品的抗老化效果,结果均显示含有水杨酸的化妆品可在一定程度上减轻皱纹深度,改善皮肤粗糙度;组织学检测表明 1% 的水杨酸可促进皮肤原纤维蛋白 Ⅰ 和 Ⅰ 型前胶原的

合成。此外,水杨酸在深肤色人种针对光老化和痤疮的治疗中也获得了很好的效果。

虽然水杨酸有上述优点,但其难溶于水,以乙醇作为溶剂易增加对皮肤的刺激性,同时性质也不稳定。在此基础上,研究者开发了许多水杨酸的衍生物,如超分子水杨酸、辛酰水杨酸和水杨酸甜菜碱等。

1. 超分子水杨酸　是利用超分子化学技术得到的水溶性控释型水杨酸聚集体,具有透皮效率高、耐受性好、剂型稳定的特点,可以更好地发挥水杨酸的治疗作用。含有超分子水杨酸的化妆品在痤疮、玫瑰痤疮、色素性皮肤病等损容性皮肤病中得到广泛应用,也被用于改善肤色,对抗皮肤老化。

2. 辛酰水杨酸(lipohydroxy acid, LHA)　又称 2- 羟基 -5-(1- 氧代辛基)苯甲酸,在 20 世纪 80 年代首次被合成,相比水杨酸,LHA 刺激性更小,脂溶性更强。辛酰水杨酸在苯环 5 号位上连有 8 碳酰基脂肪链,分子量明显加大,穿透性减弱,速度减慢,其剥脱作用主要局限在角质层(部分学者认为 AHA 和水杨酸的剥脱作用可达角质层以下),更接近生理性剥脱过程。因此,它的作用更温和,患者耐受性更好。另外,增加的脂肪链进一步加强了脂溶性,使得 LHA 在化妆品领域更具优势,对毛囊皮脂腺单位具有更强的亲和力,溶解粉刺能力增强,更低的浓度即可达到较好的治疗效果。

3. 水杨酸甜菜碱　是由水杨酸与甜菜碱(三甲基甘氨酸)结合而成,后者是一种温和高效的新型保湿剂,同时具有抗氧化作用,与水杨酸结合后,不仅可以减弱水杨酸的刺激性,还能增加其水溶性。在小范围的研究中,4% 的水杨酸甜菜碱显示了较好的角质剥脱作用。

五、复合酸在化妆品中的应用

不同种类的羟酸由于自身的特点和优势,在护肤领域都有一席之地。复合酸是由不同类型的羟酸组成的复合剂型,可降低每种物质的浓度,利用不同羟酸作用机制的互相弥补,增强疗效。在深肤色的亚洲人种中使用复合酸安全性更高;同时兼具不同单酸的作用,应用范围更广。

最常见的复合酸配方是 AHA 和 BHA 组成的复合制剂。不同酸分子量不同,可以渗透到不同的皮肤层次,多靶点地作用于皮肤。复合酸的工艺要求比较高,需要将水溶性的 AHA 和脂溶性的水杨酸结合在一起,有的采用胶束技术,还有的应用缓释技术产生复合酸,通过缓释技术,多层、多靶点、缓慢持续释放,后者是以水溶性高分子化合物和亲水性物质为基质,做成大分子凝胶载体,将五种或五种以上的酸复合在一起,将 AHA 分散于凝胶骨架中,以氢键与凝胶分子中的羧基结合,持续缓慢控释,最大限度地保持了酸的生物利用度,同时安全、有效、低刺激。

一个新型复合酸制剂含 0.1% AHA-RC(通过生物工程技术得到的维 A 酸 -AHA 偶联物)、10.4% 左旋乳酸和 2% 水杨酸,该产品在轻中度痤疮中显示出较好的效果,连续 8 周每天 2 次外用后,患者的炎性皮损和非炎性皮损均得到了 55% 以上的改善。在另一项研究中,以 1% 水杨酸和 10% 甘醇酸为主要活性成分的凝胶联合含 1% 水杨酸的清洁剂在痤疮的治疗中显示出较好的耐受性和疗效,6 周后炎性皮损和非炎性皮损分别减少 98.55% 和 56.10%。一种含复合酸(1% 乳糖酸、1% 扁桃酸)、过氧化苯甲酰和维 A 酸类药物的乳霜被证实是轻度痤疮维持治疗的较好选择,可有效地控制痤疮皮损、抑制皮脂分泌、增加角质层含水量,且耐受性好。一项针对欧洲和亚洲女性的研究发现,复合酸皂土面膜含 15% 的乙醇酸、2% 的水杨酸和高吸水性皂土,可有效地去除表皮老废细胞及多余皮脂,加快表皮细胞新陈代谢,改善痤疮、毛孔粗大等。

(吴艳 何黎 王晓莉)

参 考 文 献

[1] 食品药品监管总局.国家食品药品监督管理总局关于发布化妆品安全技术规范(2015年版)的公告(2015年第268号)[EB/OL].(2015-12-23)[2022-02-20].

[2] 李利.美容化妆品学[M].2版.北京:人民卫生出版社,2010.

[3] 田燕,刘玮.防晒化妆品[J].临床皮肤科杂志,2009,38(5):342.

[4] 张大维,周成霞,段嘉川,等.芦荟凝胶对美容激光致皮肤创伤修复作用研究[J].中成药,2009,31(8):1293-1295.

[5] 田燕,吴琰瑜,万苗坚,等.防晒化妆品日光防护系数与使用剂量的关系[J].中华皮肤科杂志,2010,43(2):111-112.

[6] 涂颖,顾华,李娜,等.青刺果油对神经酰胺合成及神经酰胺酶表达的影响[J].中华皮肤科杂志,2012,45(10):718-722.

[7] 庞勤,邹薪,何黎.云南马齿苋提取物的抗炎机制研究[J].中华皮肤科杂志,2013,46(1):58-60.

[8] 中国医师协会皮肤科医师分会皮肤美容事业发展工作委员会.皮肤防晒专家共识(2017)[J].中华皮肤科杂志,2017,50(5):316-320.

[9] 王涛.维生素 C、E 抗氧化性研究进展[J].中国保健营养,2017,27(17):49.

[10] 张丽媛.天然药物抗氧化成分在化妆品中的应用[J].健康之路,2018,17(4):243.

[11] 李全.化妆品抗衰老的原理与应用[J].中国美容医学,2017,26(11):135-138.

[12] 成秋桂,高丽群,邓峰云,等.抗氧化在化妆品行业的应用进展[J].日用化学品科学,2019,42(2):32-38.

[13] 朱荟彬.补骨脂酚在化妆品领域的研究进展[J].药物资讯,2019,8(4):149-153.

[14] 杨泽宇,台秀梅,刘惠民,等.表面活性剂在化妆品中的应用[J].日用化学品科学,2019,42(10):50-55.

[15] 肖进新,肖子冰.表面活性剂与皮肤相互作用的理论及实践(待续)[J].日用化学品科学,2019,42(9):10-14.

[16] 刘光荣,赵俊钢,邓文娟,等.橙皮苷的抗痤疮作用研究[J].日用化学品科学,2020,43(3):42-46.

[17] KOLBE L, IMMEYER J, BATZER J, et al. Anti-inflammatory efficacy of Licochalcone A: correlation of clinical potency and in vitro effects[J]. Arch Dermatol Res, 2006, 298(1): 23-30.

[18] KAFI R, KWAK H S, SCHUMACHER W E, et al. Improvement of naturally aged skin with vitamin A(retinol)[J]. Arch Dermatol, 2007, 143(5): 606-612.

［19］GRIMES P E, GREEN B A, WILDNAUER R H, et al. The use of polyhydroxy acids（PHAs）in photoaged skin［J］. Cutis, 2004, 73: 3-13.

［20］FONSECA Y M, CATINI C D, VICENTINI F T, et al. Protective effect of Calendula officinalis extract against UVB-induced oxidative stress in skin: evaluation of reduced glutathione levels and matrix metalloproteinase secretion［J］. J Ethnopharmacol, 2010, 127（3）: 596-601.

［21］TSE T W, HUI E. Tranexamic acid: an important adjuvant in the treatment of melasma［J］. J Cosmet Dermatol, 2013, 12（1）: 57-66.

［22］BHATIA A C, JIMENEZ F. Rapid treatment of mild acne with a novel skin care system containing 1% salicylic acid, 10% buffered glycolic acid, and botanical ingredients［J］. J Drugs Dermatol, 2014, 13（6）: 678-683.

［23］LI D G, DU H Y, GERHARD S, et al. Inhibition of TRPV1 prevented skin irritancy induced by phenoxyethanol. A preliminary in vitro and in vivo study［J］. Int J Cosmet Sci, 2017, 39（1）: 11-16.

［24］CHANDRASEKARAN N C, SANCHEZ W Y, MOHAMMED Y H, et al. Permeation of topically applied Magnesium ions through human skin is facilitated by hair follicles［J］. Magnes Res, 2016, 29（2）: 35-42.

［25］SARKAR R, GARG V, BANSAL S, et al. Comparative evaluation of efficacy and tolerability of Glycolic Acid, Salicylic Mandelic Acid, and Phytic Acid Combination Peels in Melasma［J］. Dermatol Surg, 2016, 42（3）: 384-391.

［26］MCCOOK J P. Topical products for the aging face［J］. Clin Plast Surg, 2016, 43（3）: 597-604.

［27］ZEICHNER J A. The Use of lipohydroxy acid in skin care and acne treatment［J］. J Clin Aesthet Dermatol, 2016, 9（11）: 40-43.

［28］BROMBERG L, LIU X, WANG I, et al. Control of human skin wettability using the pH of anionic surfactant solution treatments［J］. Colloids Surf B Biointerfaces, 2017, 157: 366-372.

［29］PILLAIYAR T, MANICKAM M, NAMASIVAYAM V. Skin whitening agents: medicinal chemistry perspective of tyrosinase inhibitors［J］. J Enzyme Inhib Med Chem, 2017, 32（1）: 403-425.

［30］KUDO M, KOBAYASHI-NAKAMURA K, TSUJI-NAITO K. Bifunctional effects of O-methylated flavones from Scutellaria baicalensis Georgi on melanocytes: Inhibition of melanin production and intracellular melanosome transport［J］. PLoS One, 2017, 12（2）: e0171513.

［31］PARK E H, BAE W Y, EOM S J, et al. Improved antioxidative and cytotoxic activities of chamomile（Matricaria chamomilla）florets fermented by Lactobacillus plantarum KCCM 11613P［J］. J Zhejiang Univ Sci B, 2017, 18（2）: 152-160.

［32］SONTHALIA S, JHA A K, LALLAS A, et al. Glutathione for skin lightening: a regnant myth or evidence-based verity?［J］. Dermatol Pract Concept, 2018, 8（1）: 15-21.

［33］HOLLINGER J C, ANGRA K, HALDER R M. Are natural ingredients effective in the management of hyperpigmentation? A systematic review［J］. J Clin Aesthet Dermatol, 2018, 11（2）: 28-37.

［34］JACOBS S W, CULBERTSON E J. Effects of topical mandelic acid treatment on facial skin viscoelasticity［J］. Facial Plast Surg, 2018, 34（6）: 651-656.

［35］WANG Y, VIENNET C, JEUDY A, et al. Assessment of the efficacy of a new complex antisensitive skin cream［J］. J Cosmet Dermatol, 2018, 17（6）: 1101-1107.

［36］ZHU T, WU W, YANG S, et al. Polyphyllin I inhibits propionibacterium acnes-Induced inflammation in vitro［J］. Inflammation, 2019, 42（1）: 35-44.

［37］BOO Y C. Human skin lightening efficacy of resveratrol and its analogs: from in vitro studies to cosmetic applications［J］. Antioxidants（Basel）, 2019, 8（9）: 332.

第 四 章

化妆品中活性成分的功效评价

第一节 体外皮肤模型构建及应用

化妆品原料及配方的安全性及功效性检测的基础是选择合适的测试模型。随着科学技术的进步,尤其是体外科学研究领域的不断发展,研究模型已从人体评价实验、动物实验模型,逐步发展到以皮肤细胞和三维皮肤模型为代表工具的体外测试模型。

一、概述

人体评价实验的指标变化具有良好的表观代表性,但存在成本高、无法满足高通量检测需求、志愿者选择及管理等局限性。动物模型虽然是目前化妆品开发验证过程中普遍使用的研究模型,但动物实验周期长,与人体存在种属差异,只能够反映 50%~60% 的人体数据,无法准确评估其安全性和功效性。此外,由于动物福利保护的推行,抵制动物实验的呼声也越来越高。鉴于上述原因,欧美等发达国家已相继颁布化妆品法规,禁止在动物身上进行化妆品原料和配方的安全性测试。皮肤细胞模型虽然标准化程度高、成本低,但是结构简单,没有皮肤屏障,无法充分模拟人体皮肤的结构和功能,仍具有局限性。因此,三维重建人工皮肤模型成为体外替代测试方法的理想模型。

组织工程皮肤模型的开发始于 20 世纪 70 年代,Rheinwald 和 Green 从人体皮肤中成功分离出表皮角质形成细胞并实现了在实验室条件下的连续培养,随后 Green 等将角质形成细胞在体外培养成具有 2~3 层细胞厚度的表皮自体移植物培养物,用于治疗烧伤患者。上述的表皮自体移植物培养物中表皮的分化并不完全,到 20 世纪 80 年代初期,Régnier 等尝试将表皮细胞种植于去表皮的真皮基质上,并在气液界面进行培养,促进了表皮细胞的分化。在这些培养条件下,人工皮肤模型的三维组织结构得到很大的改善,特征性蛋白的表达和角质层脂质的组成都更接近于天然皮肤。体外皮肤模型的发展至今已有 50 多年,除了在临床治疗中的用途外,体外皮肤模型还有许多非临床研究性应用,如化妆品的体外安全性与功效性测试。欧洲替代方法验证中心(ECVAM)于 2002 年开始对多款体外重建皮肤模型进行体外皮肤刺激性测试验证。2010 年经济合作与发展组织(OECD)发布了 OECD TG 439 指南,确定体外重建皮肤模型可用于化妆品原料及配方的体外皮肤刺激性测试。

二、体外皮肤模型构建技术

(一)体外皮肤模型构建技术原理

自 1979 年 Bell 建立了第一款体外皮肤模型后,体外皮肤模型的构建技术经过多次的改进,已经有多款皮肤模型在体外构建成功,但从原代细胞培养到重建皮肤模型的基础变化不大。体外皮肤模型包含皮肤细胞及能支持皮肤细胞生长的物质,其基本原理是从机体获取少量活体皮肤组织,将皮肤细胞从组织中分离出来并在体外进行扩增培养,然后将扩增的细胞种植于具有良好生物相容性的支架上,细胞吸附于底层后,将培养物在培养基中浸没培养至形成多层组织,随后将培养物置于气液界面,进一步培养形成具有复层化结构的三维皮肤模型。体外皮肤模型构建技术的三个要素为种子细胞、支架材料、发育及形态发生过程的精确调控。

1. 种子细胞 用于重建皮肤的种子细胞除了来源于正常皮肤中的角质形成细胞、表皮干细胞、成纤维细胞、黑色素细胞外,还可来源于一些非皮肤细胞,如胚胎干细胞、诱导多能干细胞(induced pluripotent stem cell, iPSC)、间充质干细胞和羊膜细胞等。胚胎干细胞在特定的微环境下向表皮分化,来源于胚胎干细胞的角质形成细胞在人工基质上种植时能够形成分层化表皮,但胚胎干细胞的研究受到道德和伦理的限制。与胚胎干细胞相比,iPSC 没有伦理学的问题,最近研究表明,小鼠 iPSC 分化为表皮角质形成细胞的过程类似于胚胎干细胞的角质形成细胞分化,通过使用 iPSC 衍生的角质形成细胞系细胞可以成功再生表皮和毛囊。此外,骨髓和脂肪来源的间充质干细胞,以及羊膜上皮细胞和羊膜间充质细胞可用于体外全层皮肤模型构建的真皮细胞替代种子细胞。

2. 支架材料 支架材料的选择和优化在体外皮肤模型构建中起着至关重要的作用,用于支持细胞生长的支架材料可以是天然支架材料,如去表皮的真皮、天然胶原蛋白支架和脱细胞皮肤支架等。还有其他天然聚合物也可作为体外皮肤模型的支架,如明胶、HA、纤维蛋白、层粘连蛋白和弹性蛋白等。虽然天然来源的支架材料在生物相容性、三维结构以及细胞相互作用和信号转导方面具有优势,但这些材料的机械性能通常较差。与生物材料相比,人工合成的聚合物,如聚氨酯(polyurethane, PU)、聚丙烯(polypropylene, PP)、聚乙醇酸(polyglycolic acid, PGA)、聚乳酸(polylactic acid, PLA)及其共聚物聚乳酸-乙醇酸共聚物(polylactic-co-glycolic acid, PLGA)等,机械性能好、可批量生产、长期储存,虽然在生物学性能上不如天然材料,但基本能满足体外毒理学研究。

3. 发育及形态发生过程的精确调控 体外皮肤模型技术的关键在于发育及形态发生过程的精确控制,其构建过程主要包括细胞接种、液下培养和气液界面培养三大步骤,每一个步骤的精确调控对皮肤模型的构建都具有重要的影响。其中,将细胞培养物置于气液界面培养对于复层化结构的形成和角质层的分化是关键性的步骤。在体外皮肤模型构建过程中,皮肤细胞可以持续分泌多种细胞因子,包括生长因子、细胞外基质以及一些酶类,从而在模型发育、成熟过程中发挥调控作用。

(二)体外皮肤模型的类型

按组织结构的复杂程度,体外皮肤模型可分为重建表皮模型和重建表皮-真皮模型(全层皮肤模型)。根据皮肤模型中所含的细胞类型可以分为 3D 表皮模型(只含有角质形成细胞)、3D 全层皮肤模型(既有表皮细胞形成的表皮层,又有成纤维细胞形成的真皮层)、3D 黑色素皮肤模型(由人角质形成细胞和黑色素细胞共培养形成),以及具有免疫功能的 3D 皮肤模型(含有角质形成细胞和朗格汉斯细胞)。理想的体外皮肤模型应当具有正常皮肤的特征与功能,所得数据需与正常人体皮肤得到的数据一致。虽然近年来体外皮肤模型在类型上越来越丰富,并且被越来越多地应用于体外替代检测中,但由于缺少皮肤中具有的附属器结构,与正常人体皮肤相比仍有较大差距。因此,未来体外皮肤模型构建技术的发展方向应该是在体外重建出含有毛囊、皮脂腺、汗腺等皮肤附属结构的完整的皮肤模型。

三、体外皮肤模型在化妆品安全性及功效评价中的应用

由于欧美国家禁止使用动物实验来评价人皮肤药品及化妆品,所以重建皮肤模型作为体外测试模型在化妆品安全及功效评价中有很大的应用空间,在化妆品安全性检测中的应用如下。

(一)在化妆品安全性评价中的应用

1. 皮肤刺激(腐蚀)性试验　化妆品的安全性评价是保障化妆品质量安全的重要环节,皮肤刺激(腐蚀)性测试是化妆品安全性检测的重要指标。体外皮肤模型因其使用的试验材料为体外培养的人皮肤细胞,模拟表皮和真皮的生理结构进行培养,所以结果与人体检测结果的相关度较高,很多化妆品企业选择皮肤模型进行产品的研发和质量控制,以筛选对皮肤刺激性更小的活性成分及产品研发。将皮肤模型用于皮肤刺激性和腐蚀性检测,能很好地模拟化妆品渗透皮肤进入机体进而产生毒性的过程。基于3D表皮模型的体外皮肤刺激性和腐蚀性测试方法是,将受试物作用于模型表面,孵育相应时间后检测细胞活力(MTT还原法测定),通过计算实验组与对照组的活力比值,或细胞活力降低到规定阈值以下的能力来判断受试物的刺激性和腐蚀性。目前,在2019年OECD TG 439重建皮肤模型体外刺激性检测指南中,经过认证可以用于皮肤刺激性检测的皮肤模型有EpiSkin™(SM)、EpiDerm™ SIT(EPI-200)、SkinEthic™ RHE、LabCyte EPI-MODEL24SCT、epiCS®和Skin+®。

2. 皮肤光毒性试验　光毒性是指皮肤接触化学物质后暴露于特定波长的光线辐照下所产生的局部或全身毒性反应。防晒、美白、烫发、染发等产品,它们的原料中都可能含有产生光毒性的化学物质。虽然体外3T3中性红摄取光毒性试验是目前评估光毒性的基本方法,但是3T3试验不能提供光毒性的机制,对于疏水性物质或配方也不能很好地检测。所以,基于3D表皮模型的体外光毒性测试是很好的补充。3D表皮模型具备典型的皮肤结构与代谢功能,测试过程不受产品剂型影响,能准确反映受试物在人体皮肤上的光毒性结果。

3. 遗传毒性检测　遗传毒性是指环境中的理化因素作用于机体,使其遗传物质在染色体水平、基因水平等方面造成损伤。遗传毒性评估是化学品或化妆品安全性评估中一项重要的内容。传统遗传毒性体外评估方法是基于二维细胞培养的微核试验,该方法所用的细胞不是受试物的靶细胞,缺乏相应的代谢能力,所以会导致较高的假阳性率。相对二维细胞培养来说,3D表皮模型的代谢和屏障等功能更接近于人体皮肤,所以采用3D表皮模型进行微核试验能够获得更接近于生理条件下的遗传毒性测试数据。

目前,3D皮肤模型用于化妆品的光毒性和遗传毒性等测试的相关验证工作正在进行中。

(二)在化妆品功效评价中的应用

1. 化妆品修复皮肤屏障功效评价　皮肤屏障在皮肤抵御外环境、维持内稳态、防止皮肤水分散失等方面发挥重要的作用。皮肤屏障功能依赖于表皮内稳态相关的多种生物过程,如增殖、分化以及脂质合成。通常认为,角质层中角质细胞和脂质板层间形成的"砖墙结构"是形成屏障作用的结构基础。此外,细胞间紧密连接也对皮肤屏障具有重要的贡献。

角质套膜结构由多种结构蛋白在转化酶的作用下交联形成。其中部分蛋白,如角蛋白K1/10、外膜蛋白等参与CE组装的起始阶段,而其他蛋白,如FLG、LOR等则参与CE组装的

晚期加固阶段,以满足不同阶段的分化需求。位于角质层细胞间隙的脂质含有约 50% 的神经酰胺、25% 的胆固醇、15% 的游离脂肪酸及少量磷脂,形成脂质复层板层结构,在调节皮肤屏障中起着重要的作用。

在基于 3D 皮肤模型的功效性研究方法中,皮肤屏障相关指标是研究的重点对象,包括表皮分化相关指标(如转谷氨酰胺酶、FLG、角蛋白等)、NMF、胆固醇、脂肪酸以及神经酰胺等。可以从基因水平、蛋白水平以及组织水平对这些指标进行多维度试验分析,综合判断受试物是否可以提高皮肤屏障功能。

2. 化妆品保湿功效评价 角质层是皮肤屏障和功能的部位所在,与皮肤保湿关系最密切,角质层中水分的保护与维持依靠表皮的屏障作用(被动保湿)与水合作用(主动保湿)。皮肤的屏障作用主要依靠角质层的"砖墙结构",其致密牢固的结构可阻挡体内水分、营养物质的流失,维持角质层的含水量。皮肤表皮的水合作用主要依赖于角质形成细胞基质中的 NMF,NMF 能够有效吸附并锁住水分。除 NMF 外,皮肤的水合能力还依赖透明质酸和皮肤内的水分的运输,表皮中起水分运输作用的蛋白主要是水通道蛋白 3(aquaporin 3,AQP3),AQP3 在转运水的同时也能转运尿素和甘油等物质进出皮肤,是维持皮肤水合作用的一个关键因素。3D 表皮模型在皮肤保湿功效评价的应用中,主要从皮肤的水合作用和屏障作用两个角度展开,通过检测皮肤接触受试物后与表皮屏障作用和保湿作用相关的蛋白、基因的表达情况来评价受试物对皮肤保湿作用的影响。以 FLG 为例,FLG 是 CE 组装过程中关键的成分,参与表皮的屏障形成。此外,FLG 在角质层中上层中被水解成各种天然保湿因子,在表皮的水合作用中也发挥着重要的作用。

3. 化妆品抗污染功效评价 皮肤作为人体暴露在空气中面积最大的器官,也极易受到大气污染物的侵害。大量研究表明,大气污染物可附着于皮肤表面,破坏角质层的完整性,进而对皮肤造成不同程度的影响及危害,如诱导皮肤衰老、皮肤黑化等。Lecas 等发现,将皮肤模型暴露于雾霾污染物中,导致屏障相关蛋白表达下降,并且产生大量炎症因子和 MMP 等。因此,可以将 3D 表皮模型用于防污染护肤品的开发方面,将产品作用于皮肤模型后暴露在雾霾污染物中,然后通过比较处理组与对照组在皮肤屏障修复、保湿、抗衰等多方面的能力,综合性地评价功效性原料或配方产品的防大气污染能力。

4. 化妆品及原料渗透性研究 在化妆品原料选择和配方开发中,功效物质的皮肤渗透性及其在皮肤中的代谢情况是评价化妆品功效性的重要指标,而非活性物质的皮肤渗透性也是化妆品安全性评价的重要内容。3D 表皮模型可用于评估化妆品原料的皮肤渗透性,建立化妆品配方中有效成分的释放动力学。皮肤模型还可以用于物质经皮吸收后的代谢研究,比如芳香二胺类物质接触模型表面后能渗入皮肤组织,激活 N- 乙酰化、葡萄糖醛酸化、硫酯酶等对芳香二胺类物质进行代谢。

5. 化妆品祛斑美白功效评价 人体皮肤的颜色主要取决于黑色素的含量和分布,黑色素由黑色素细胞产生,这类高度分化的细胞分布于表皮的基底层中。黑色素发挥多种功能,如光保护(吸收、散射、反射光)及抗氧化(自由基清除)。皮肤中的黑色素包括真黑色素和褐黑色素,这两种黑色素都在表皮基底层的黑色素细胞中以酪氨酸为底物通过多步反应合成,随后转移至相邻的角质形成细胞中,并随着角质细胞的移行被带到表皮全层。化妆品中的美白成分大多是通过抑制、阻断或影响黑色素生成及转运过程,达到相应效果。另外,有一些产品是通过加速黑色素的代谢及从角质层脱离达到美白效果。

美白功效评价是最早应用于化妆品功效评价的皮肤模型。早在20世纪90年代初期黑色素细胞就被用于制备三维的皮肤模型，并对角质形成细胞和黑色素细胞之间的相互关系进行了研究。目前，通过从活检皮肤组织中分离黑色素细胞，在体外已经可以构建多种色素皮肤表型，利用3D黑色素皮肤模型评价美白类产品。通常将受试物直接涂抹于皮肤模型表面，通过对比化妆品给药前后皮肤模型表观颜色和亮度变化，或定量检测表皮中黑色素含量和分布、TYR活性及黑色素合成和转运相关基因的表达情况，对美白产品进行一站式、多维度的科学检测。

6. 化妆品防晒功效评价　皮肤模型还适用于评价防晒产品，目前已有多种皮肤模型用于评估皮肤光损伤及防晒剂的光防护效应。其中，3D表皮模型可以用于研究UVB对皮肤的损伤以及受试物的防晒作用；3D全层皮肤模型可用于研究UVA或UVB在表皮和真皮层的光损伤机制；含有黑色素细胞和朗格汉斯细胞的皮肤模型可评估包括免疫应答在内的光防护效应。

7. 化妆品抗皱功效评价　抗衰老是国内外化妆品功效研究的热门课题。衰老的明显特征为皱纹产生和皮肤松弛，表现为表皮真皮连接处变平、弹性纤维和胶原纤维减少等情况。而在抗衰老功效方面，体外指标主要考察促细胞增殖、促蛋白合成和抗氧化功能。全层皮肤模型具有典型的真皮层和表皮层，由于存在真表皮之间的重要相互作用，在这样的构建体系下，两层结构之间可以相互影响，促进彼此的分化与成熟，满足了真皮研究应用的需求，实现模拟皮肤老化的过程。检测一些主要的皮肤衰老相关蛋白合成的变化，研究皮肤程序性、外源性老化过程中的生物学机制，并发现有利于皮肤抗衰老的化妆品活性成分。值得注意的是，3D表皮模型也被用于体外抗衰功效检测，而表皮抗衰老的相关机制是否能够覆盖真皮，并起到全面的皮肤抗衰老，仍需要更多的研究。

8. 舒缓功效评价　作为人体的首道防线，皮肤具有抵抗外界刺激物和各种微生物病原体的能力。皮肤中的免疫细胞和免疫因子共同构成皮肤的免疫系统。衰老、环境变化和化妆品的不当使用等都可能导致皮肤的屏障功能下降，带来以敏感性皮肤为代表的一系列皮肤问题。近年来，敏感性皮肤的发生率有不断增加的趋势。宣称具有舒缓功效的护肤品日益受到消费者和化妆品企业的青睐。

表皮中主要的免疫细胞是角质形成细胞和朗格汉斯细胞。角质形成细胞可以感知危险因素侵扰，在活化后释放细胞因子、趋化因子和抗菌肽，启动皮肤免疫应答。朗格汉斯细胞能捕获摄入抗原并游走至皮肤引流区淋巴结，将抗原呈递给T细胞。将朗格汉斯细胞整合到重建表皮模型中，可研究表皮细胞间相互作用的复杂机制。在利用体外重建皮肤模型评价化妆品的抑制炎症、舒缓功效时，可将其作用于经表面活性剂或微生物等刺激后的皮肤模型上，然后通过检测化妆品对刺激后皮肤模型组织形态和细胞活力的影响、炎症因子（如IL-1a、IL-8、TNF-α等）和炎性介质（前列腺素 E_2）的分泌情况，以及相关基因的表达情况，以评估化妆品功效原料或配方的舒缓能力。

四、应用前景

体外皮肤模型具有与天然皮肤高度相似的结构和功能，不仅能用于化妆品的安全性测试，还可以用于化妆品功效原料的皮肤吸收和作用机制研究，为化妆品原料和配方的开发提供从安全到功效的全方位整合信息。其主要优势在于具有完整的皮肤结构，不同理化性质的受试物（疏水性物质、固体、混合物或配方产品）都可应用于皮肤模型，可以模拟化妆品作用于皮肤上的真实情况；可以将主观判定的功效转变为具体数据输出，试验条件精确可控，并具有较好的重复性；试验周期较短，相对于动物和人体试验，时间和经济成本都减少。

虽然在皮肤模型上开展化妆品功效评价已成为行业发展的趋势，但其结果所涉及的功能范围、在多大程度上能代表人群的功效反应，是学者们共同关注的问题，也直接影响化妆品功效性体外检测方法的系统设计与实施。结合笔者的研究，最基本的结论是需要整合多维度数据来综合评价体外科学检测的功效数据，需要实现多维度的科学逻辑统一，才能达到更好的化妆品功效评价结果。

（卢永波　李利　赖维）

第二节　经皮吸收评价

一、概述

动辄上千元的抗衰精华能不能被皮肤吸收？美白成分能否到达基底层？本该停留在角质层的防晒剂居然进入了血液循环？这些困扰大家的问题，就是经皮吸收要解决的。化妆品经皮吸收是指化妆品中的功效性成分按产品的有效性作用于皮肤特定部位，并在该部位积聚和发挥作用的过程。目前，常用的经皮吸收的检测方法大致分为体外检测和体内检测。每一种方法都有其优点和局限性，根据研究目的、功效原料的理化性质选择合适的方法是研究经皮吸收的关键。

二、经皮吸收的生理学基础

皮肤是机体和外界之间的天然屏障，也是化妆品中活性成分经皮吸收的最大挑战。

（一）活性成分经皮吸收的途径

一般经皮吸收有三种途径：透过角质层，直接由表皮进入真皮或皮下组织；经由皮肤附属器（如毛囊、汗腺、皮脂腺等）进入皮肤深部；有少量物质会通过角质层细胞的间隙进而被吸收（图 4-1）。

（二）活性成分的吸收层次

把功效成分顺利送达"目的地"是研究活性成分分布的意义。与药物经皮给药不同，化妆品功效成分普遍不需要透过皮肤进入体循环，越少进入体循环越好。皮肤从角质层到皮下组织，每一层都包含功效成分的潜在作用位点，这些层次含有代谢酶、转运体、溶酶体等，可能导致功效成分失活。根据产品的功效，防晒剂、封闭型保湿剂最好停留于皮肤表面；抗痘、止汗、育发成分应在皮肤附属器发挥作用；美白剂、局麻剂、抗组胺成分在真皮及表皮起作用；抗老化成分最好在真皮起作用（图 4-2）。

（三）影响经皮渗透的因素

1. 分子大小　影响经皮渗透的首要因素取决于功效成分的分子大小，常用分子体积（V）或分子量（dalton, Da）来定量描述分子大小，两者呈线性关系，一般认为 500Da 以上的

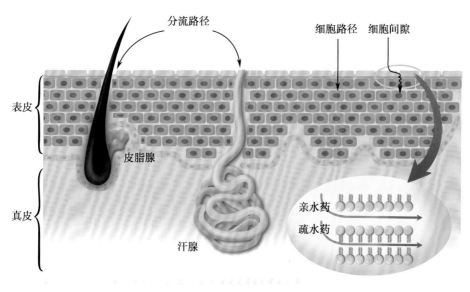

图 4-1　活性成分经皮吸收途径示意

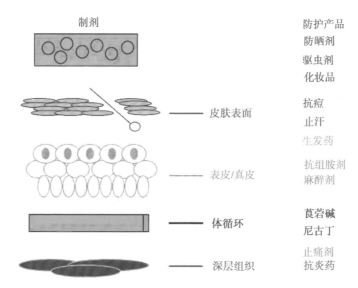

图 4-2　不同功效成分在皮肤不同部位作用示意

难以被皮肤吸收。此外,活性成分的皮肤吸收还受到活性成分的溶解性质、离解度、分子形态、分配系数以及与皮肤蛋白的结合影响。

2. 分配系数　功效成分在皮肤内的转运伴随着分配过程,分配系数的大小也影响功效成分的经皮吸收。由于角质层中含有较多脂溶性物质,有利于亲脂性成分分配,衍生出"水分和水溶性物质不能够从皮肤吸收,而油或油溶性物质可经皮吸收"的说法。但如果原料脂溶性过强,更亲水的组织可能会成为其主要障碍。事实上,随着技术的进步,脂质体、传递体、微胶囊等包裹技术的出现,多肽膜受体、亲角蛋白高分子等的改良,越来越多的功效成分能够穿越皮肤屏障进入"目的地"。

3. 皮肤的水合作用　水合作用是指表皮角质层吸收水分使其水化,过度水合作用可削弱角质层的屏障作用。简单来说,角质细胞内含有亲水性纤维蛋白和其他亲水成分,能够吸收一定量的水分,当含水量增加时,细胞膜孔直径增大,细胞间隙增大,使药物的渗透吸收增加。当角质层含水量超出 10% 时,皮肤即出现水合状态;角质层的含水量达 50% 以上时,有效成分的透过性可增加 5~10 倍,水合作用能增加亲脂性分子的通透性,对亲水性分子影响不大。

4. TEWL　TEWL 的增加反映了表皮渗透屏障的损伤。由于化妆品外用于皮肤,不同部位的渗透屏障完整性存在差异,吸收到特定部位的剂量可能会有很大的差异。当角质层屏障的完整性被破坏时,TEWL 和经皮吸收率均增加。但对这两项指标之间的定量和 / 或定性相关性尚有争议。普遍认为 TEWL 和经皮吸收率呈正相关,但不适用于高亲脂性化合物的经皮吸收。

5. 角质层的厚度　由于皮肤各部位角质层的厚度和致密度不同,因此不同部位对有效成分的渗透性不同。一般渗透性大小为:耳后 > 前额 > 头皮 > 腹部 > 手臂 > 腿部 > 足底。角质层厚度的差异与年龄、性别等多种因素有关。从出生到成年,表皮、真皮会逐步增厚,表面积也会逐步扩大。婴儿与其他年龄的人相比,皮肤对化妆品的吸收能力要强,女性皮肤和男性皮肤对化妆品的吸收也不同。

由于人体皮肤的来源非常匮乏,很多研究采用动物皮肤来进行替代,但动物皮肤的厚度与人有所区别(表 4-1)。人们发现大动物和小动物相比,与人类的解剖学和生理学特性更为接近,皮肤结构也是如此。

表 4-1　不同种属 / 不同部位的平均皮肤厚度

种属与部位	角质层 /μm	表皮 /μm	全皮层 /mm
人,前臂	16~17	36	1.5
人,手掌	400	—	—
人,脚掌	600	—	—
人,手肘	15	—	—
人,手背	49	—	—
人,前额	13	—	—
猪,背	26	66	3.4
猪,耳	10	50	1.3
小鼠,背	5	13	0.8
无毛鼠,背	8.9	28.6	0.70
大鼠,背	18	32	2.09

6. 温度和 pH　当皮肤温度升高时血液循环加速、水合度增加,物质渗透性提高。皮肤温度上升 10℃,其渗透性可提高 1.4~3.0 倍。表皮角质层的 pH 为 5.2~5.6,皮肤在偏酸的 pH 情况下才能更好地吸收物质。

7. 皮肤疾病　角质层受损,皮肤屏障功能也相应受到破坏,从而影响功效成分的渗透。

皮肤有明显炎症时,尤其是急性渗出、糜烂性皮损,促使活性物质经皮吸收。硬皮病、角化过度等皮肤疾病,角质层变得更加致密,减少物质的渗透率。皮肤疾病还可引起皮肤内各种酶活性改变,如黄褐斑皮肤中 TYR 的活性比正常皮肤高得多,可能影响氨基酸类成分的吸收。

三、经皮吸收检测方法

(一)活体检测方法

化妆品成分的经皮吸收可用人、动物在体进行评估,通过测量功效成分不同部位的含量来考察经皮吸收。

1. 定量技术　在皮肤药物学中,胶带剥离、微透析技术、吸疱法等常用于评估局部皮肤药物或辅料水平,这些方法同样适用于化妆品中活性成分的检测。获取足够量的待测功效成分就可以使用定量技术,而活性物定量的选择方法取决于活性物的性质和胶布上的含量。获取的样本再通过以下技术进行检测:紫外可见分光光度法(UV-Vis),色谱法(气相色谱、液相色谱),色谱 - 质谱联用技术(GC-MS、LC-MS 等),闪烁计数法和红外光谱法(FTIR)。

(1)胶带剥离法取样:对于以角质层为靶点的药物或化妆品功效成分,如抗真菌药物、UVA/UVB 防晒剂或防腐剂的局部生物利用度评估,胶带剥离尤其适用。目前,关于如何优化胶带剥离程序正在研究中,以便以最有效的方式从实验中提取最多的信息,关键在于提取过程中药物不降解,并且不受角质层、胶带黏合剂成分的干扰。结合胶带中功效成分的定量使角质层中药物的总量得以确定。

(2)微透析技术取样:皮肤微透析是少数可以直接定量评估真皮中药物浓度的技术,测定靶组织中药物浓度,具有高时间分辨率的药代动力学特征(图 4-3)。在局部应用护肤品后,根据探测深度,评估功效成分在真皮或皮下组织浓度,也可以比较不同配方的药物和生物等效性 / 生物利用度,还能衡量是否达到皮肤的治疗浓度。微透析的重要优点是不需要生物液体,还能在体内同时建立多个采样点并用于确定。这样可以考察药物或功效性成分渗透到皮肤和不同溶剂的影响,皮肤代谢情况,以及屏障破坏的影响。

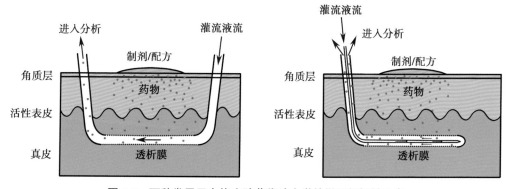

图 4-3　两种常用于人体皮肤药代动力学的微透析探针示意

(3)吸疱法:是对皮肤施加部分负压以破坏表皮 - 真皮交界处,形成一个水疱,逐渐充满间质液和血清。因此,使用过护肤品后便可取样并定量分析。如果提取不同时间点多个水疱的样品,则可获得该功效成分在皮肤中的浓度 - 时间分布。该技术虽可用于功效成分透皮吸收的定量分析,但属于有创的检测方法,不利于推广。

2. 活体成像技术 动物活体实验常用于检测护肤品经皮吸收,目前的活体成像技术仅限于在动物实验中应用(图4-4)。OECD也指出,特殊活性物质皮肤吸收的确认,可采用无毛裸鼠进行体内研究(执行 OECD 427)。该方法的局限性在于功效物质须有外接荧光探针的基团,用于外接异硫氰酸荧光素(FITC)、绿色荧光蛋白(GFP)。胶原蛋白、HA、高分子材料等活性成分适用于该方法,可以考察功效成分滞留时间和相对浓度。

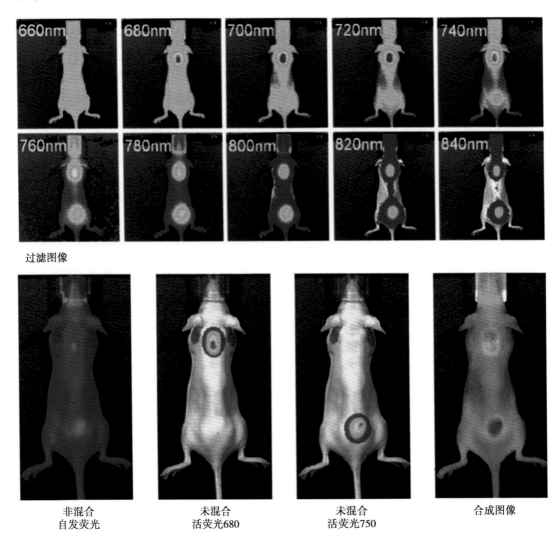

过滤图像

非混合
自发荧光　　未混合
活荧光680　　未混合
活荧光750　　合成图像

图 4-4 IVIS SPECTRUM 小动物活体成像系统成像

(二)体外检测方法

动物经皮实验虽然开展了很多年,但随着欧盟成员国呼吁化妆品禁止使用动物做实验,越来越多国家的化妆品企业响应此号召。因此,经皮吸收的体外实验受到了更多的关注。替代方法学是指在化妆品安全和功效的评价过程中,将化妆品的动物实验用其他方法替代,解决生命伦理学与动物实验的冲突,实现相关研究的实验验证目的。

1. 体外皮肤模型 小鼠、大鼠、豚鼠、猪等动物皮肤常用来评估经皮吸收,最常用的是采用荧光聚合活性物,然后取组织活检切片观察透皮深度和相对荧光量。除动物皮肤外,近年来也新兴了诸多体外重建的皮肤模型,各大化妆品及生物公司都提出了自己的仿生皮肤模型,如欧莱雅集团的 EpiSkin™ 等。也有许多科研单位和化妆品企业自行建立仿生皮肤,通过采用人体来源的角质细胞、黑色素细胞、成纤维细胞等,经过体外气液界面培养,形成与人体皮肤类似的模型用于经皮吸收等实验。

目前,体外重建人类皮肤得到了极大的发展(图 4-5),组织结构逐渐从简单的二维细胞单层培养模型、三维皮肤模型,到更复杂的整合不同类型的细胞模型,用来评估新的活性物质和传递系统的有效性。目前,已经有各种人类体外皮肤模型,生物复杂性不同取决于不同研究目的或技术要求。

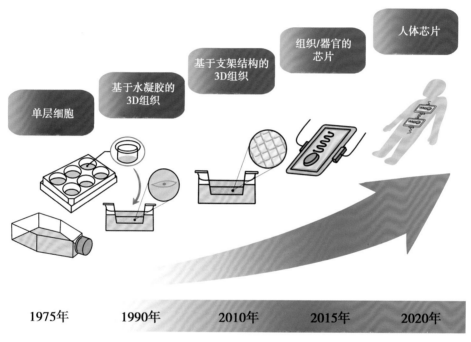

图 4-5　体外重建皮肤模型的发展

2. 取样技术

(1)组织活检:真皮水平(刮除活检)或通过皮下活检(穿孔活检)后定量检测待测物质是否达到特定部位。荧光探针加入待测化妆品中,再涂布于无毛裸鼠的背部,按照实验设计要求时间段处死小鼠,取小鼠背部皮肤。采用冷冻切片,显微镜下观察荧光存在于皮肤的部位,得到化妆品功效物质的经皮吸收深度。因为这两个方法是有创的,通常在局部麻醉下进行,作为常规方法不利于推广。

(2)体外扩散池法:又名 Frans 扩散池法,是评价物质经皮吸收最常用的方法(图 4-6)。主要指利用与体内相似的屏障结构和功能的离体皮肤、去真皮表皮层或重建人体皮肤模型等研究化妆品的经皮吸收功效,常采用动物小鼠的腹部皮肤或仿生膜。常见的仿生膜包括合成纤维素薄膜、生物膜和无孔膜等。将皮肤或仿生膜平整地放置于扩散池和接收池之间,并使角质层面向供给扩散池,用金属夹固定。测试样品停留在膜表面一定时间,暴露时间或移除受试物的时间视实验设计要求决定。向接收池内加入特定缓冲液等,磁力搅拌。

（32±1）℃恒温水浴,试验结束后或在试验过程中定时提取接受液,采用高效液相色谱仪或其他适合仪器检测接收池中透过物质的含量以及角质层中的滞留量,得到化妆品中功效成分的透皮吸收能力。体外扩散池法比体内测试具有一定优越性——操作简单、便于测定,直接测定了化妆品功效成分经皮吸收速率。但是该方法也有其不足之处——体外研究中的微循环是不完善的,依然存在个体差异性。

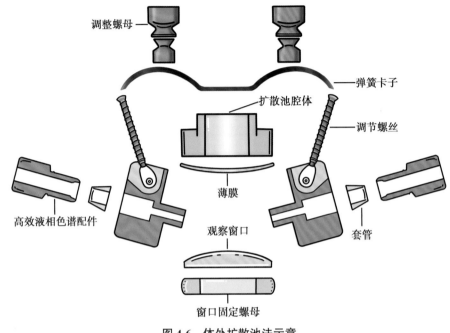

图 4-6　体外扩散池法示意

3. 理论计算法　定量构效关系（quantitative structure-activity relationship, QSAR）模型是大部分理论计算化妆品经皮吸收的基础。该模型通过将化合物的经皮吸收性能和化合物的结构或物理化学参数用统计学的方法联系起来,可以从结构定性、定量预测经皮吸收的情况。Flynn G L 收集到不同个体的皮肤通透系数,提出了一系列半定量的表达式,将人体皮肤的通透性与分子的特定物理化学性质联系起来：分子的亲脂性（用辛醇 - 水分配系数 $\log K_p$ 或 $\log K_{ow}$ 表示）和大小（用分子量 MW 表示）,这就是 QSAR 的基础模型（表 4-2）。

表 4-2　计算渗透系数（K_p）的算法（Flynn G L, 1990）

项目	低分子量化合物（≤150Da）	高分子量化合物（>150Da）
$\log K_{ow} < 0.5$	$\log K_p = -3$	$\log K_p = -5$
$0.5 \leq \log K_{ow} \leq 3.0$	$\log K_p = \log K_{ow} - 3.5$	
$0.5 \leq \log K_{ow} \leq 3.5$		$\log K_p = \log K_{ow} - 5.5$
$\log K_{ow} > 3.0$	$\log K_p = -0.5$	
$\log K_{ow} > 3.5$		$\log K_p = -1.5$

4. 受试物剂量法　受试物剂量与皮肤通透性的关系还存在争议。欧盟香化协会建议液体使用量为5μl/cm²，半固体使用量为2mg/cm²（如与液体比较时使用5mg/cm²）。OECD的TG 428指南建议固体为1~5mg/cm²，液体为10μl/cm²。除了受到剂型影响以外，一些特殊的化妆品透皮吸收扩散实验的用量不一样，如氧化型染发剂通常使用量为20mg/cm²。

四、经皮吸收检测的新仪器、新手段

（一）显微放射性自显影

放射性自显影已被广泛地应用于皮肤吸收研究，虽然放射标记提供了关于功效物在皮肤上移动的数量的信息，但它没有提供关于穿透路径或图像定位的信息。多年来，人们对不同种类和不同类型的化合物，如豚鼠皮肤上应用杀菌剂、兔皮肤涂上油脂等进行体内自显影，在特定的皮肤区域，如表皮、附属物、乳头状真皮、网状真皮定位。目前，具有高灵敏度的亚细胞水平的皮肤成像放射自显影的性能得到了改善，被称为显微放射自显影，可以观测到表皮、皮脂腺、毛发的真皮乳头和成纤维细胞。这种技术用来评估经毛囊、汗腺等滤泡递送的物质十分有效，可将含有放射标记亚油酸的水凝胶涂于经整形手术获得的新鲜头皮上，经典的皮肤分布研究和显微放射自显影像结合表明亚油酸是首选的滤泡途径。但这个方法也有局限性，属于侵入性，需要取活检，还有些功效成分很难用稳定核素或放射性核素来标记。

（二）共聚焦拉曼显微镜法

显微拉曼光谱技术是将拉曼光谱分析技术与显微分析技术结合起来的一种应用技术，在三维空间分析具有化学选择性和非破坏性的样品具有高分辨率，能够更为直观地呈现皮肤组织内部不同的化学成分以及其相对含量差异，更有利于归纳分析经过皮肤组织吸收后滞留组织内部的功效成分的生化组成特性。此外，共聚焦拉曼显微镜还能够实时监测角质层中有效成分的经皮吸收情况。采用共聚焦拉曼光谱法进行的实验研究也说明，共聚焦拉曼技术可无创、快速实现目标成分在皮肤中的检测，且能实现皮肤精准深度测量，为化妆品或药物中有效成分的渗透性研究提供新的检测手段（图4-7）。

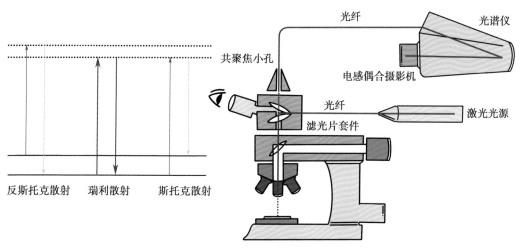

图4-7　共聚焦拉曼显微镜法示意

（三）微流控芯片

该方法指利用微流控技术,开发器官芯片以满足化妆品开发对动物实验替代品日益增长的需求。柏林科技大学生物技术研究所和德雷斯顿研究所共同设计了一种多器官芯片,准确复制了人体复杂的代谢过程,这个芯片的优点是研究人员可以根据需要修改芯片的构造,比如,"器官"的数量、与微通道的连接状态,模拟不同的病理或生理状态。这个技术不仅可以应用在新药活性成分检测,也适用于皮肤对于新型化妆品耐受情况测试。

（四）质谱法

质谱分析是研究皮肤组织成像的方法之一,能够提供功效成分结构信息,质谱能够成像成千上万的分子,如代谢物、脂类、肽和相关化合物等。重要的是,这些方法不需要特定的标签。质谱分析方法包括基质辅助激光解吸电离(matrix-assisted laser desorption ionization,MALDI)、静态和动态二次离子质谱(secondary ion mass spectroscopy,SIMS)等。

技术的进步可以更好地评估功效成分在特定皮肤结构上的定位、潜在积累、动态变化等,检测是为了更好地解决问题。无论何种技术、何种设备考察化妆品中的活性成分,都有其局限性。推荐多种方法联合应用,以相互印证。

（熊丽丹　唐洁　刘苓　张楠　李利）

第三节　修复皮肤屏障功效评价

本节主要介绍活性成分对角质层机械屏障、化学屏障及微生物屏障的修复功效评价。

一、修复皮肤屏障的功效评价

（一）基于机械屏障功能的检测方法

人们最早认识的皮肤屏障功能就是其机械防护能力,各种细胞、细胞骨架和细胞连接蛋白的紧密连接,能够防止水分从生物体流失,并提供额外的细胞间凝聚力。化妆品的功效成分对皮肤机械屏障的影响较小,主要是通过对中间丝蛋白、钙黏蛋白等连接蛋白影响皮肤屏障。

1. 皮肤力学测试　细胞骨架和细胞连接都表现特异性组织和组成,反映出皮肤特异性的屏障功能和机械要求。针对皮肤的拉升力,部分仪器内置带有内置力学传感器的高性能执行器,可以测试皮肤的力学特征,更精密的仪器可以测微尺度拉伸、压缩、弯曲和纳米压痕。

在测试前,对皮肤样本进行成像,并使用图像分析软件计算横断面积。水合样品以1%/s的恒应变率进行变形,直至使用0.5N的测压元件失效,同时记录载荷和位移值,最后从载荷和延伸率数据生成相应的每个皮肤样本机械应力与应变曲线。

2. 皮肤模型机械应力测试　体外检测方法基于机械应力皮肤模型的构建(如FlexerCell® system)来检测皮肤屏障抗机械性能大小。模型包括一个含有角质细胞、成纤维细胞、内皮细胞的仿生皮肤模型,在该仿生皮肤模型两端固定两块可以施力的"薄板"(Glasbox®),连接计算机,测定在仿生皮肤保持正常结构的前提下,能够施加的最大外力和外力持续的时长(图4-8)。

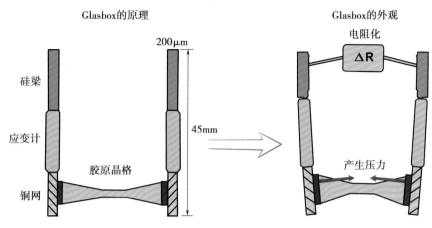

图 4-8 皮肤模型机械应力测试示意

ΔR：电阻变化。

（二）基于化学屏障功能的检测方法

皮肤屏障发挥抵御外界有害物质的功效,是由于其动态的表皮增殖和分化过程建立的健康皮肤屏障,屏障建立过程中的一个重要部分是由固定组合的、成比例的脂质构成的渗透屏障。

1. 人体测试

（1）TEWL：反映的是水从皮肤表面的蒸发量,是评价皮肤屏障功能的重要指标。TEWL 值越高,表明皮肤散失的水分越多,屏障功能越差(详见本章第六节)。

（2）角质层含水量：完整的皮肤屏障能够保证角质层水分的稳定,是衡量皮肤屏障的相关指标,评价方法详见本章第三节。

（3）皮肤油脂分泌量：皮肤脂质是皮肤重要组成成分之一,侧面反映皮肤保水能力。目前采用测定方法是基于光度计原理,一种 0.1mm 厚的特殊消光胶带吸收人体皮肤上的油脂后,变成一种透明的胶带,它的透光量就会发生变化,吸收的油脂越多,透光量就会越大。以使用 SEBUMETER SM 810 为例,测试前尽量保证测量环境一致,将 0.1mm 厚、$64mm^2$ 大小的胶带于测量部位按压 30 秒后读数。

2. 动物、细胞屏障模型的构建

（1）动物或三维皮肤模型：通过机械刺激(胶带剥离、剃毛刀)、化学刺激(十二烷基硫酸钠、辣椒碱或丙酮等)、紫外线、红外线、蓝光等或新陈代谢(基本脂肪酸缺乏饮食)诱导皮肤屏障功能障碍。

（2）细胞模型：化学刺激为主,如十二烷基硫酸钠、辣椒碱或丙酮等诱导。

3. 表皮钙离子测试 表皮钙离子浓度的变化参与了屏障内环境平衡和角质形成细胞分化的调控。因此,可以通过测量细胞内钙水平来评估增殖和分化的人角质形成细胞对机械应力的反应。在单细胞水平上展示一种实时测量人体表皮点刺激时钙离子的动态变化,双光子显微镜发射激光刺激颗粒层细胞后,用双光子显微镜观察人角质形成细胞的钙在体外的横断面样品中的变化情况。

4. 屏障相关蛋白检测 基于分子生物学原理测定屏障相关特定成分,如承受最大机械载荷和应变能力的 FLG、提供紧密的黏附和机械阻力的桥粒蛋白、水分保湿相关的 AQP3、与皮肤敏感度相关的 TPRV 家族蛋白受到外界环境影响后 ROS 的改变量等指标都可以间接表明皮肤屏障的健康程度。

（1）皮肤或细胞中的桥粒：适用于皮肤模型、动物或人体皮肤，建立胶带剥离屏障损伤模型，免疫染色法检测桥粒芯蛋白（desmoglein，Dsg）。使用或不使用凡士林或乳化液处理皮肤表面时，通过胶带剥离获得的最外层角质细胞。经乳剂处理的皮肤中 Dsg 的点数量显著减少。

（2）皮肤或细胞中的 FLG：适用于细胞、动物或人体皮肤，建立紫外线损伤模型，免疫印迹法、免疫染色法等检测 FLG。使用或不使用 Gel A 处理损伤皮肤表面时，紫外线损伤FLG，经凝胶 A 处理的皮肤中 FLG 显著增加（图 4-9）。

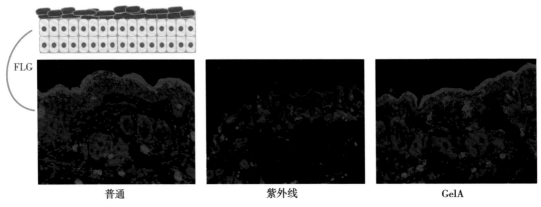

图 4-9 皮肤组织中的聚丝蛋白（图片由四川大学华西医院化妆品评价中心提供）

（3）皮肤或细胞中的 AQP3：适用于细胞、动物或人体皮肤，免疫印迹法、免疫染色法等检测 AQP3。

（三）基于微生物屏障功能的检测方法

作为与外界接触的最大屏障系统，皮肤也是一个微生态系统，聚集了各种微生物群落，其中以细菌为主，还包括少量真菌、螨虫等，有益生菌也有致病菌。部分皮肤屏障表面的细菌，在完整的健康皮肤表面不会造成感染，与皮肤表面长期共生，主要包括葡萄球菌、棒状杆菌、丙酸杆菌和马拉色菌等菌种。而部分菌群，依靠它们独特的致病潜力可以造成严重的皮肤感染，常见的如革兰氏阴性菌、克雷伯菌和肠杆菌等。

化妆品是影响皮肤微生态重要因素之一，测试活性成分对皮肤微生态的影响，对防腐剂、中药提取物的使用有正确的筛选意义。

1. 分离培养 皮肤微生物研究主要采用分离培养方法来识别和描述微生物群落的组成，但传统方法的局限性使研究者难以正确全面阐明皮肤微生物的群落结构和多样性特点。

2. 高通量测序 可以系统地分析和认识皮肤微生物的群落及其功能。基于 16S rRNA/18S rRNA/ITS 基因测序优化实验方法，增加对痕量微生物的研究，利用不同测序技术来分析皮肤微生物的多样性，全面了解皮肤微生物群落的结构特点及其与皮肤组织、化妆品的相互关系。皮肤采样具体步骤在人类微生物组计划（human microbiome project，CTGA 2016 NIH NHGRI）有详细介绍。简单描述为：操作者戴上无菌手套，用棉拭子蘸取无菌生理盐水,在标记好的区域,行 30~40 次擦拭,其间注意旋转棉拭子,取样后的棉拭子用消毒剪刀剪下,保存在无菌离心管 2 小时内转至放置于 −80℃保存,以便做进一步的分析。

二、皮肤屏障检测新技术

（一）结合多光子显微镜和机械分析的装置

为了提供多尺度的生物力学数据,力学与多光子显微镜观察相结合,可以提供可视化的数据。简单地说,这个装置结合了多光子纤维和力学测试元件的特性,皮肤样本被切成狗骨头的形状,附着在牵引装置上,两边各有一个电机和一个力传感器。皮肤被夹在两个金属板之间,一个小的橡胶接头在较低的金属板上部分突出。再将牵引装置置入多光子显微镜台中,真皮乳头侧对物镜。使用浸泡凝胶保证镜片的光学接触,防止皮肤脱水,同时定期向样品喷洒水来保证皮肤的水合。拉伸试验在缓慢应变速率下,以 0.05 应变阶数递增加载,直至试样破裂。在进行力学测试的时候,也会借助微米螺钉对整个牵引装置的横向和轴向位置进行微调（图 4-10）。

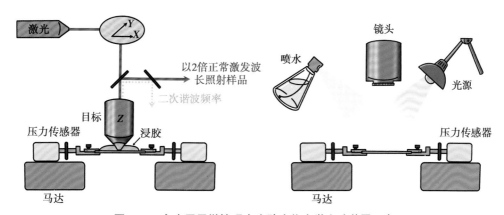

图 4-10　多光子显微镜观察皮肤生物力学实验装置示意

（二）原子力显微镜（AFM）测细胞力学性质

原子力显微镜作为研究细胞力学性质的有力工具,目前被广泛地用来研究细胞的力学性质。小鼠或人类皮肤基底层的刚性还没有检测数据,但是通过原子力显微镜检测了鸡和小鼠视网膜基底层的硬度为 $1\sim1\,000\text{kPa}$,而真皮在 1kPa 内,基底层是目前已知表皮中最坚硬的结构。原子力显微镜力成像对细胞的形貌变化和刚度变化进行实时定量检测,反映内部骨架、表面粗糙度、杨氏模量、细胞刚度和细胞黏附特性的改变。

（三）脂质组学

检测与皮肤屏障相关的脂质组学的含量、结构或比例的变化,为维持和修复皮肤屏障功能的护肤产品提供理论依据。通过胶带法、吸取间液的微针等取样技术的选择取决于感兴趣的脂质的位置。脂质组学可以通过不同的质谱方法进行,包括不同的色谱和电离技术。靶向质谱是一种测量低丰度信号类脂质,如二十烷类、内源性大麻素和神经酰胺的灵敏方法。非靶向质谱分析揭示了全局性的变化,质谱联合成像,包括基质辅助激光解吸电离质谱和解吸电喷雾电离质谱,可以揭示一个皮肤样本中脂肪的丰度和解剖分布信息。

（熊丽丹　唐洁　刘苓　张楠　李利）

第四节　舒缓功效评价

化妆品皮炎、痤疮、黄褐斑、玫瑰痤疮、AD、PLE 等多种面部皮肤病都会存在炎症反应，除了系统药物抗炎治疗外，需辅助外搽舒缓类化妆品，以达到修复皮肤屏障功能、舒缓抑制炎症、保湿等作用。因此，对舒缓类化妆品功效评价应从这几方面着手。其中，修复皮肤屏障功效评价参见本章第三节、保湿功效评价参见本章第六节，本节着重介绍舒缓抑制炎症功效的评价，可分为体外及体内检测两种方法。

一、体外检测

（一）细胞活力实验

细胞活力实验是评估抑制炎症及舒缓类活性成分对人角质形成细胞或成纤维细胞等的细胞活力、细胞毒性作用的检测。可采用 MTT 或 CCK8 检测方法进行检测，细胞活性计算公式为：细胞活性 =（受试物孔 OD 值 – 空白对照孔 OD 值）/（阴性对照孔 OD 值 – 空白对照孔 OD 值）。

（二）炎性细胞因子检测

当受到脂多糖（lipopolysaccharide，LPS）刺激时，巨噬细胞被激活并释放许多炎症介质，如 IL-6、TNF-α、NO、前列腺素等，引起皮肤炎症反应。因此，可采用 LPS 诱导 RAW 264.7 细胞模型测定舒缓类化妆品中的活性成分的抑制炎症功效。首先进行细胞培养，并将细胞接种到 24 孔板，加入经细胞活力筛选后的受试品最佳使用浓度（用完全培养基稀释），并平行设置空白对照组、阴性对照组（LPS 对照组）及阳性对照组（地塞米松等），每组设置 3 个复孔，除空白对照组外每组加入最终浓度为 1μg/ml 的 LPS，于 CO_2 培养箱中孵育 24 小时后，低温离心收集上清液，按 ELISA 试剂盒的说明操作，分别测定 TNF-α、IL-6 及 IL-1β 等含量，通过数据处理软件分析实验结果。

（三）体外重建人表皮抗炎功效性试验

可参照本章第一节构建表皮模型，然后在表皮模型上加入十二烷基磺酸钠，培养一段时间后用 PBS 缓冲液彻底冲洗以去除表皮模型表面的刺激物，吸干表皮模型表面残留液体后，将 150μl 待测样品、阳性对照和阴性对照，均匀涂抹在表皮模型表面。再培养一段时间后，收集培养液，用 ELISA 试剂盒进行 IL-1α、IL-8、前列腺素 E_2 等的含量检测及分析。

二、体内检测

（一）鼠耳肿胀抗炎测试

选用雄性小鼠或雌性 SD 大鼠，致炎剂可选用二甲苯或巴豆油混合致炎液。小鼠二甲苯的浓度为 100%，巴豆油混合致炎液内含有 1% 巴豆油、10% 乙醇、20% 吡啶和 69% 乙醚，大鼠巴豆油混合致炎液内含有 4% 巴豆油、10% 乙醇、20% 吡啶和 66% 乙醚。将实验对照药物溶解于致炎剂中，小鼠的药物浓度为 0.03~1.00mg/ml，大鼠的药物浓度是小鼠的 3~10

倍。然后麻醉实验动物,在右耳的前后两面涂布致炎剂(对照组)或含有药物的致炎剂(实验组),致炎剂的体积为二甲苯 0.02mg/ 只,巴豆油致炎剂小鼠为 0.01ml/ 只,大鼠为 0.02ml/ 只,左耳用相应溶媒处理。4 小时后,将动物麻醉处死,剪下双耳用 8mm(小鼠)或 9mm(大鼠)直径打孔器分别在同一部位打下圆耳片称重,每鼠右耳片重量减去左耳片重即为肿胀度,将对照组和实验组的肿胀程度进行统计学处理。

(二)皮肤敏感度改善情况

1. 乳酸刺痛试验 皮肤敏感人群,在接触一定浓度乳酸时,会出现比常人更明显的刺痛感或灼热感。可通过乳酸刺痛测试皮肤敏感情况,特别是以刺痛、瘙痒为主观症状的敏感性皮肤,比较外搽舒缓类化妆品前后患者皮肤敏感度的变化。选取一侧鼻唇沟或面颊为测试部位,另一侧为对照部位,受试部位涂抹 10% 乳酸,另一侧涂抹生理盐水。分别在第 2.5 分钟及第 5 分钟对患者受试部位的刺痛进行评分,0 分为无刺痛、1 分为轻微刺痛、2 分为中度刺痛、3 分为重度刺痛。分别将两个时间点的刺痛评分相加,然后进行评估分析。

2. 辣椒碱试验 是评估敏感性皮肤的一种常用方法。由于辣椒碱是 TRPV1 的天然激活剂,TRPV1 通道激活可促进神经源性血管增生扩张,并引发炎症反应,导致敏感性皮肤临床症状。因此,适宜浓度的辣椒碱可用于皮肤神经敏感性测试和敏感性皮肤的判定。将浓度为 1×10^{-5} 的辣椒碱溶液通过滤纸或棉棒涂抹在鼻唇沟处,询问受试者的灼痛感,根据受试者的主观感觉程度进行评分,1 分为勉强可以察觉灼痛感、2 分为轻度可以察觉灼痛感、3 分为中度可以察觉灼痛感、4 分为重度可以察觉灼痛感、5 分为疼痛。如受试者灼痛感持续时间大于 30 秒,且程度≥3 分时,记为辣椒碱刺激试验阳性。研究发现,辣椒碱检测阈值高和阈值低的两组人群在自我感知敏感的程度上有显著差异。同时,相比于白种人,亚洲人对辣椒碱的刺激更敏感。因此,评估皮肤敏感状态应选用多个指标。

3. 皮肤神经敏感性 感觉神经定量检测仪检测电流感觉阈值(current perception threshold,CPT)以反映皮肤神经的敏感性。分别测定 2 000Hz、250Hz、5Hz 时的 CPT,采用 NEUVAL 软件分析 CPT 结果。测试室温(24±1)℃,CPT 值为 1~25:1~5 为感觉过敏;6~13 为正常范围;14~25 提示感觉减退。

4. 红斑检测 可参考微循环检测方法。

(何 黎 涂 颖 赖 维)

第五节 祛痘控油功效评价

痤疮的发病与雄激素升高引起的皮脂分泌增加、毛囊口过度角化、痤疮丙酸杆菌等微生物感染和炎症反应等四大原因相关。祛痘控油类化妆品主要以这四个环节为靶点。常见的活性成分包括具有抑制皮脂分泌和抗炎作用的烟酰胺,可调节异常角化的 AHA、水杨酸、维生素 A 和亚油酸,具有抗菌作用的月桂酸,以及发挥抗炎活性的 α- 亚麻酸和锌盐等。祛痘控油类化妆品的功效检测也应从这四方面入手,本节将简单介绍常用的功效评价手段。

一、抑制皮脂分泌功效评价

（一）无创性皮肤测试

大部分祛痘控油类化妆品中含有控油成分，通过人体试验采用无创性皮肤生理检测技术对比应用护肤品前后皮脂分泌情况的变化，可对其抑制皮脂分泌的效果进行评估。此方式安全、简单、快速，易于应用。目前常用的检测方法有以下两种。

1. 皮脂仪测量法 皮脂测试仪 Sebumeter® 是基于光度计原理，利用一种 0.1mm 厚的特殊胶带吸附人皮肤上的皮脂，胶带沾有皮脂时会变成半透明状态，其透光量随所吸附皮脂的增多而增大，从而检测出皮肤皮脂的含量，单位为 $\mu g/cm^2$。

2. 皮脂胶带测量法 Sebutape 皮脂胶带与皮脂测试仪不同之处在于测量前需除去待测区域的皮脂。测量时，将一种不利于皮脂弥散的微孔膜黏附于皮肤，1 小时后可观察到一些对应着皮脂腺开口的透光斑。然后将 Sebutape 皮脂胶带标本扫描输入计算机，再用计算机图像分析学统计分析，根据透光斑的数量计算有分泌活性的皮脂腺数量，根据透光斑的大小计算皮脂量。

（二）细胞内皮脂含量测定

对于体外培养的人皮脂腺细胞采用油红 O 染色法定量分析细胞内皮脂含量，该方法可以高通量地评估护肤品成分对人皮脂腺细胞分泌功能的抑制作用。具体方法如下：用含 10%FBS、1%PS 的 DMEM 培养基培养 SZ95 细胞（人皮脂腺细胞），至指数增长期后接种于 96 孔板中，浓度为 3×10^4/孔，孵育过夜后加入一定浓度的待测产品，以基质或溶剂为对照，37℃继续孵育 24 小时，弃去 DMEM 培养基，PBS 洗涤细胞，加入 4% 的多聚甲醛溶液，室温固定 30 分钟后，弃去多余溶液，再加入 0.5% 的油红 O 溶液（异丙醇溶解），在室温下染色 15 分钟，弃掉多余染色液，PBS 轻洗 2 次，显微镜观察分析其脂质含量及细胞形态。

二、抑制过度角化功效评价

（一）临床粉刺计数

痤疮患者由于毛囊皮脂腺开口过度角化导致皮脂排出受阻，淤积在毛囊口形成粉刺。因此，临床上粉刺数量一定程度上可以反映毛囊口角化情况。随着角化情况的改善，粉刺数量将减少。因此，可以通过计数患者在使用待测产品前、后开放性和闭合性粉刺的数量，评估待测产品对毛囊口过度角化的改善作用。

（二）动物模型

目前，可模拟粉刺生成的动物模型包括兔耳模型（rabbit ear assay，REA）、墨西哥无毛犬模型（mexican hairless dog）和犀鼠模型（rhino mouse）。

1. 兔耳模型 是最常用的抗角化实验模型，可靠性高、重复性好。造模时于家兔内侧面耳管开口处 2cm×2cm 皮肤，每天涂煤焦油 1 次，每次 0.25ml，连续 14 天。造模第 14 天出现皮肤增厚、毛孔变粗大，组织病理见毛囊口扩张、毛囊角栓。造模成功后可用于抗角化药物的疗效评估。

2. 墨西哥无毛犬模型 墨西哥无毛犬常染色体发生半致死突变导致其出现多方面的缺陷，其中包括无毛和多发性粉刺，且几乎都是开放性粉刺，大部分直径小于数毫米，位置表浅。在面、颈、大腿散在位置较深，难以清除的黑头粉刺，这些粉刺在组织学上和人类粉刺极为相似,是评估外用抗痤疮药物溶解粉刺作用的理想模型。墨西哥无毛犬模型的优点是粉刺数量多、范围大,可同时进行多种药物或产品的疗效评估,而且无毛犬的寿命长,可重复使用。但是由于费用高,目前应用较少。

3. 犀鼠模型　犀鼠是携带有 *rh* 基因的无毛突变小鼠。新生小鼠的毛发在 4 周时出现永久性脱落,同时在原毛囊单位上部出现小囊(utricles)和假粉刺。7~8 周时,毛囊进一步被过多的角质填充膨大,形成类似人类痤疮中的微粉刺样皮损。维 A 酸在犀鼠模型上能产生类似在人类皮肤上的粉刺溶解作用,应用后角质减少,小囊样结构直径减小。犀鼠模型已经被应用于评估药物的抗角化、溶解粉刺作用。

这三种动物模型的局限性是粉刺形成过程中缺少细菌和炎症反应的参与,因此在自然病程中不会继发丘疹、脓疱等炎症性皮损,与人类痤疮的发生机制不完全相同,故主要应用于角质溶解和抑制过度角化的产品筛选。

(三)细胞实验

毛囊皮脂腺导管的过度角化和微粉刺形成过程中有许多蛋白和信号转导通路的参与,如 Ki67 增殖指数升高,漏斗部特异性角蛋白 K6、K16 表达增加等。培养人角质形成细胞或皮脂腺细胞,加入一定浓度的待测产品,通过 Western blot、qPCR 等分子生物学技术检测待测产品对上述过度角化中相关蛋白表达和基因转录的影响,可以在细胞水平评估护肤品成分的抗角化作用。

三、抗菌功效评价

以参与痤疮发病的痤疮丙酸杆菌为例,对于宣称有抗菌活性的祛痘控油类化妆品可采用以下方法检测其抗菌效果。

(一)直接检测

可采用琼脂扩散法(agar diffusion method)直接检测护肤品成分对于特定细菌的抑菌作用,并可以定量计算最低抑菌浓度(minimum inhibitory concentration, MIC)。

琼脂扩散法常用于测定活性成分体外抑菌效力,是操作最简易、使用最广泛的抗菌物质敏感性试验。被检测产品中的抑菌活性物质在琼脂中扩散,形成递减的浓度梯度,抑制其周围细菌的生长和繁殖,从而形成无菌生长的透明圈即抑菌圈。根据抑菌圈的大小判定测试菌对测定产品的敏感性。

纸片琼脂扩散法的操作方法:选择专用药敏纸片,将待测产品、阳性对照(如 5mg/ml 的三氯生)、阴性对照(基质或溶剂)用加样或浸泡的方法浸润滤纸片并达到规定量。将测试菌痤疮丙酸杆菌(ATCC 6919)、表皮葡萄球菌(ATCC 12228)、金黄色葡萄球菌(ATCC 25913)配制成 0.5 麦氏比浊标准的菌液浓度,均匀地接种于琼脂平板。用纸片分配器或无菌镊子将药敏纸片贴于平板表面,在一定条件下培养 24 小时,测量抑菌圈直径,可参照 CLSI/NCCLS 标准判读结果。

(二)间接检测

VISIA 是皮肤科应用最为广泛的图像分析系统,采用标准白光、紫外线、偏振光光源,在数秒内拍摄出高分辨率图像,能够定量分析皮肤斑点、皱纹、纹理、紫外线色斑、毛孔、棕色斑、红色区、紫质等 8 个指标。其中紫质可以反映皮肤表面卟啉的数量,痤疮丙酸杆菌的主要代谢产物有粪卟啉Ⅲ。粪卟啉在紫外线照射下可发出荧光,表现为 VISIA 成像中紫质增多,可以通过 VISIA 来间接推测皮肤中痤疮丙酸杆菌的数量。有研究显示,粪卟啉Ⅲ的荧光强度与患者临床粉刺样皮损计数有强相关性。因此,可以在临床研究中引入 VISIA 成像,通过分析痤疮患者使用护肤品前后紫质图像中卟啉的数量,间接推测护肤品对于皮肤中痤疮丙酸杆菌的抑制作用,来评价产品的抗菌效果。

四、抑制炎症功效评价

(一)临床炎性皮损计数

痤疮丙酸杆菌分解脂质产生游离脂肪酸,刺激毛囊引起炎症反应,后期毛囊壁损伤破裂,内容物溢出可致炎症加重。临床上痤疮炎性皮损包括丘疹、脓疱、结节和囊肿。可以在临床研究中通过计数患者在使用待测产品前后炎症性皮损数量变化,以评估其抑制炎症功效。

(二)间接检测

皮肤无创性检测可以通过测定炎性皮损局部的血流增加及皮肤红斑情况,间接评估炎症程度。

1. VISIA 面部图像分析 VISIA 血管相的照片可以反映血管扩张、局部的血流增加,皮肤颜色泛红的情况,这些表现与痤疮炎症正相关,可直观地比较患者使用产品前后炎症变化情况。

2. 红斑指数检测(erythema index,EI) Maxemeter MX-18 是一种窄谱反射分光光度计,通过一个光电探测器测量皮肤的反射光用来检测皮肤黑色素和血红素,有两个测量参数,黑色素指数(melanin index,MI)和 EI,其中 EI 反映皮肤中血红素含量,数值越高,血红素含量越多。

3. Lab 数值检测 Chromameter 是 CIE 推荐的用于测量颜色的反射三色刺激比色计仪器,输出结果以 L*a*b* 颜色空间系统表示。L* 代表亮度,a* 和 b* 是两个颜色通道。L* 从白(0)到黑(100);a* 为红绿轴,代表红绿颜色的饱和度(-a* 代表绿,+a* 代表红),a* 值与血红素含量高度相关。MX-18 中的红斑指数与 Chromameter 中的 a* 值有很好的相关性,均可用于监测痤疮患者治疗前后的炎症变化。局限性是探头的测量面积比较小,只能针对单一皮损进行评估。

(三)细胞实验

在细胞培养水平检测护肤品成分的体外抗炎活性。培养人角质形成细胞(HaCaT 细胞)或单核细胞,与 1×10^6 cfu 的痤疮丙酸杆菌(ATCC6919)共同孵育 1 小时后加入一定浓度的待测产品。48 小时后收集上清液,以 ELISA 法检测上清液中炎性细胞因子水平(如 IL-8、IL-1β、TNF-α 等)。

(四)动物模型

既往的一些痤疮动物模型(如兔耳模型、墨西哥犬模型、犀鼠模型等)由于免疫缺陷或缺乏细菌定植,很难模拟人痤疮的炎症反应过程。近年来,研究者尝试以皮内注射痤疮丙酸杆菌的方式诱导小鼠产生痤疮样炎症反应,并成功应用于痤疮发病机制和药物抗炎活性研究。Anna 等从痤疮患者炎性皮损中分离出痤疮丙酸杆菌,并皮内注射至 8~12 周大的 CBA/J 雌性小鼠耳部内侧面,观察 3~4 周,发现注射局部出现炎性改变,皮肤明显增厚。痤疮丙酸杆菌刺激小鼠产生前炎症因子(TNF-α、IL-12 等),进而激活巨噬细胞,诱发慢性炎症反应,在此模型基础上可观察评估抗痤疮治疗对皮肤炎症的改善作用。但耳部皮肤相对脆弱,不易观察。因此,Jang 等发现皮内注射痤疮丙酸杆菌可诱导 HR-1 小鼠背部产生类似痤疮的急性炎症反应,研究人员在 6 周大的 HR-1 雌性小鼠背部注射痤疮丙酸杆菌,2 周后观察注射局部皮肤改变并取皮损行 HE 染色和免疫组织化学染色观察组织学变化,可见小鼠背部出现炎性结节、表皮增生、微粉刺样囊肿形成、T 细胞结节样浸润及 IL-1β、LL-37、TLR2、IL-8、IL-6 表达增加,这一系列变化提示 HR-1 小鼠可成为痤疮研究中的新型急性炎症模型。利用这些动物模型可以更好地模拟人类痤疮中炎症性皮损,可以用于评价抗炎活性的护肤品。

(吴艳　何黎　赖维)

第六节　保湿功效评价

健康的皮肤表面光滑柔软,被适当水合的极薄、柔软的角质层所覆盖,这就是保湿的功效。保湿化妆品的作用机制通常可分为两种:在皮肤表面形成一层封闭性的油膜保护层,减少或阻止水分从皮肤表面蒸发,使皮肤下层扩散至角质层的水分与角质层适当水合;从大气中吸收水分使皮肤保持湿润是较简单的物理过程。保湿是皮肤屏障的基本功能,对于正常人而言可延缓皮肤衰老,减少和预防皮肤疾病的发生,对于干燥、乏脂性或瘙痒性等皮肤病患者,也有利于症状的缓解。

一、保湿生理学基础

(一)角质层含水量

角质层除了防止机体水分过多丢失外,另一个重要功能就是滞留适当的水分,以维持皮肤弹性、角质层中酶的活性,使皮肤质地和表面纹理处于良好的状态。角质层的含水量除受到天气、季节、空气湿度、紫外线诸多外界因素的影响外,还与自身年龄、遗传、营养等一系列因素相关。正常角质层的含水量主要取决于其干重占比 20%~30% 的多种 NMF、甘油、HA、神经酰胺脂质及部分保湿相关蛋白。当角质层含水量大于 20% 时,皮肤呈现出柔软、光滑、细嫩和富有弹性的状态;小于 10% 时,皮肤粗糙、干燥、颜色暗淡,甚至有细小皱纹。

(二)皮肤带电荷

皮肤中至少有三种类型的带电物质参与角质层的电荷流动,包括电子、质子及离子。一般认为电子的流动主要在极度干燥的情况下进行,而离子的流动则在电场强度受到大于兆赫刺激时活跃。由于角质层的含水量通常在 10% 以上,水分子中的质子流动占据主要的地位,这就使皮肤表面的电学参数(角质层含水量的电学法测量)与其含水量紧密相关。但是皮肤中游离水较少,大部分与角蛋白结合的紧密程度不同表现出不同的电学特性。因此,皮肤的导电能力与其含水量又并不是简单的正比关系。

(三)经皮水分丢失

TEWL 是评估皮肤角质层水分持续扩散的一个物理参数,它不能直接反映角质层的含水量,反映的是经角质层水分散失的量。化妆品中添加的封闭性保湿剂是一类脂类物质,可对皮肤角质层脂类物质进行补充,并在皮肤表面形成一层封闭薄膜,通过封闭作用阻挡经角质层的水分流失,使角质层保持一定的含水量,降低 TEWL。

二、保湿功效评价

(一)体外称量法

根据不同的保湿剂分子对水分子的作用力不同,吸收水分和保持水分的能力也不同的原理,在仿角质层、表皮等生物材料上模拟人涂抹化妆品的过程,称量样品失重或吸湿的量,即可评价化妆品的保湿效果。虽然此方法操作简单,可以在一定程度上观察功效原料的吸湿和保湿功效,但容易受到环境湿度、温度及日光条件的影响,所以并未得到大力推广。

$$吸湿率 = (m_1 - m_0)/m_0 \times 100\%$$

其中,m_1 为试验后功效成分的质量;m_0 为试验前功效成分的质量。

(二)体外细胞评价法

细胞生物法是通过体外培养的皮肤细胞建立模型来进行测试的方法。通过观察细胞接触保湿功效原料前后细胞培养状态的改变,结合各类生物学技术,测定相关保湿蛋白的基因及蛋白表达情况,确定原料的保湿功效。目前,可以通过测定体外培养的皮肤角质形成细胞中 NMF(如 PCA 和尿苷酸)的含量、水通道蛋白、TJ 相关蛋白、FLG 的表达水平和 HA 的含量及其合成酶的表达水平等,测试化妆品原料的保湿功效。鉴于人体皮肤组织的复杂性及经皮吸收等问题,简单的体外细胞保湿模型很难反映真实的情况。

近年来,随着生物工程技术的进步,越来越多的体外 3D 皮肤模型出现,这类仿生皮肤组织可根据功效需求量身制作,常用于保湿功效测定的组织主要含有角质形成细胞、成纤维细胞及细胞基质。3D 皮肤模型相对于单独的细胞模型,具有更多的皮肤微环境,更能反映原料的功效性。

(三)人体评价法

1. 电容测试法 电容法的原理是基于水的介电常数变化相对于其他物质更大,按照含水量的不同,皮肤电容量会相应地变化,而皮肤的电容量又是在可测量的范围内,这样就可以测量出皮肤的水分含量。常用仪器有 Corneometer CM820 PC、Corneometer CM825。结果用湿度测量值(moisture measurement value, MMV)来表示,其值范围 0~150。值得注意的是,MMV 的测量过程会受到环境温度和湿度的影响,因此在评估同一个功效原料配制的产品时,一定要保持相同的温度和湿度,一般建议为 20℃和 50% 的相对湿度。测试探头与皮肤接触后电容值的变化间接反映皮肤角质层的含水量,角质层含水量越高,其电容量也越高。

不同仪器厂家对于仪器的使用要求不一样,总的原则为每次测量的皮肤区域和面积要保持一致,试验样品量一致且适量,测试的流程一致。根据不同时段测定得到的 MMV 值的变化,计算水合增长率,计算公式如下:

$$水合增长率 = (MMV_t - MMV_0)/MMV_0 \times 100\%$$

其中,MMV_t 为涂抹后某个时间段内皮肤 MMV 皮肤水含量;MMV_0 为涂抹前皮肤 MMV 皮肤含水量。

2. 电导测试法 电导测试的原理是由于角质层含有大量电解质,存在于水中的电解质具有导电性,通过测试探头与皮肤接触后,呈现出与水含量相应的电导,电导的变化可非常灵敏地测定角质层的水含量,用于评价化妆品保湿原料的功效性。与电容测试法类似,但电导测试法更适合检测水含量的升高。

3. TEWL 测试法　TEWL 的测试原理是根据 A. Fick 于 1885 年发现的漫射原理来测量邻近皮肤表面水分蒸汽压的变化,对使用化妆品前后皮肤角质层的 TEWL 值进行测试,通过这个指标变化来反映化妆品的保湿功效。使用特殊设计两端开放的圆柱形腔体测量探头在皮肤表面形成相对稳定的测试小环境,通过两组温度、湿度传感器测定近表皮(1cm 以内),由角质层水分散失而形成的在不同两点的水蒸气压梯度,直接测出经表皮蒸发的水分量,以此来衡量皮肤表面水分的流失情况,从而评价化妆品功能性原料在皮肤表面的保湿功效。常用实验仪器为 Tewameter TM300。TEWL 是评价皮肤屏障好坏的一个重要标志,皮肤的 TEWL 越低,说明皮肤的屏障功能越好,反之则越差。

总之,Tewameter 通过皮肤表面水分流失率来评价皮肤对水分的保湿功能,进而评价化妆品的保湿效果,结合上述的 Corneometer 或 Skicon 测得的皮肤水分含量,能够全面综合地评价保湿化妆品的保湿效果。另外,Tewameter 也是检测和评价外来刺激对于皮肤屏障影响和破坏的一种快速而准确的方法。

近年来,伴随无创评价技术在皮肤科和化妆品领域的快速发展,化妆品研发人员及皮肤科医师也在思考是否可将越来越多的检测仪器应用于皮肤检测中。也有一些间接测试化妆品保湿功效的仪器被研发出来,它们的主要原理是皮肤水分含量变化会通过这些检测仪器中的某个参数变化来表达,如水特征吸收峰强度变化等,从而间接反映化妆品对皮肤的保湿功效。而利用磁共振光谱仪、衰减全反射 - 傅里叶变换红外光谱法或近红外光谱仪等可直接对水分子进行检测。活体拉曼共聚焦显微镜则能对角质层水分在不同深度的分布状态进行精确分析,但由于其测量要求高,仪器设备价格高,未得到广泛运用。

(熊丽丹　唐　洁　刘　苓　舒晓红　张　楠　李　利)

第七节　改善微循环功效评价

改善面部皮肤泛红类化妆品主要通过抑制炎症、抗氧化、改善微循环等作用达到改善皮肤泛红的情况。本节着重介绍改善面部皮肤泛红类化妆品中的活性成分改善微循环的功效检测方法。舒缓抑制炎症功效评价请见本章第三节,抗氧化功效评价请见本章第十节。

一、皮肤微循环检测

(一)检测组织切片中血管内皮细胞的特异性抗原

1. VEGF　是一种特异性作用于内皮细胞的有丝分裂原,可促进真皮血管内皮细胞分裂增生,增加血管通透性。因此,检测 VEGF 表达的变化,可评估皮肤微血管异常及血管通透性情况。

可外搽改善面部皮肤泛红类化妆品中的活性成分或化妆品成品于动物模型上,干预一段时间后,取皮损通过免疫组织化学观察皮肤中 VEGF 表达的变化,也可采用免疫印迹检测技术及实时荧光定量分析方法分析其蛋白及 mRNA 表达量的变化;还可通过酶联免疫法检测实验动物血清中 VEGF 的表达。

2. CD31 又称为血小板 - 内皮细胞黏附分子（platelet endothelial cell adhesion molecule-1，PECAM-1/CD31），属于免疫球蛋白超家族成员，存在于血小板、中性粒细胞、单核细胞和某些 T 细胞表面，在清除体内老化的中性粒细胞过程中发挥重要作用，并参与白细胞的迁移、血管生成和整合素的激活。由于其在内皮细胞持续表达，可作为评估血管生成的主要指标之一。

3. CD34 属于钙黏蛋白家族，作为一种黏附分子，CD34 分子选择性地表达于人类及其他哺乳动物造血干 / 祖细胞表面，并随细胞的成熟逐渐减弱至消失。主要介导了细胞间黏附作用，参与体内免疫应答、炎症发生、凝血、肿瘤转移以及创伤愈合等一系列重要生理病理过程。因此，可用于区分新生血管和正常组织血管，并评估炎症反应，特别是慢性炎症反应的情况。

（二）吲哚菁绿微血管造影

吲哚菁绿（indocyanine green，ICG）又称靛氰绿或福氏绿，是一种水溶性三碳吲哚染料，当注入体内后，其中 98% 迅速与血浆蛋白结合而不易渗漏到血管外，并能迅速从肝脏中清除。ICG 的吸收光谱和激发光谱均属近红外光谱，穿透能力强，通过近红外荧光成像仪可以观察 ICG 荧光强度变化，从而了解血管分布及血液循环。1992 年，Green 等开始将 ICG 技术用于预测大鼠皮肤烫伤深度，近年还成功用于临床烧伤创面深度判断和移植皮瓣的微循环观察。

（三）血流灌注检测

皮肤某一部位的颜色（红色）依赖于这个区域的血流程度，皮肤血流和皮肤颜色之间存在间接的、非恒定的关系。因此，测量皮肤血流可反映局部皮肤的红斑反应。

皮肤血流灌注量反映了测试周期内测试区域血流速度随时间变化的规律，可以用于评估皮肤微循环速度快慢。血流灌注量越大，说明皮肤血流速度快，当皮肤出现明显的泛红，甚至红斑反应时，由于血管功能出现了异常，血流灌注量会减少。可以选择激光多普勒血流灌注成像仪进行检测。激光多普勒血流灌注成像仪是由氦氖激光管发出的激光束经偶联照射至被测组织，被测组织中运动红细胞反射出的光在频率上产生频移，频移大小与运动速度成正比，仪器捕获到散射光进行分析，散射光强度与运动的红细胞数量成正比。血液灌流量电压信号与激光束照射到皮肤表层的面积、光束照射深度以及该体积内的血管数、血流速度、红细胞数量成正比。因此，电压高低反映了单位体积内血液灌流量的大小。测量时，选取面颊 $16cm^2$ 的正方形区域，用双面胶带将测量探头固定于测量部位，探头发射出激光至皮肤表面，部分光线被皮肤组织以及运动的红细胞反射回来，由探头表面的接收感应器接收，信号经软件处理，得到微循环血流的各种信息。激光多普勒血流灌注成像仪只能测量出皮肤血流的相对变化。

（四）皮肤温度检测

皮肤温度检测可反映测试周期内受试部位的温度随时间的变化规律，而这种温度的变化是皮肤微循环最直观的一种表现形式。研究表明，当皮肤出现泛红以及红斑反应时，局部皮肤温度会升高，皮肤温度与红斑的颜色深浅成正比。皮肤温度检测有接触和非接触两种方法。接触测量是将液晶制成测量探头放在皮肤表面，直接读出皮肤的温度。非接触测量也称红外线测温，利用红外热成像仪器进行评分温度检测。根据红外测温原理，物体发射的红外辐射能量与物体的表面温度存在一定函数关系，红外线测温仪接收皮肤发射的红外辐射能量,通过仪器内部的转换、计算,即可显示出皮肤表面温度。可选取面颊约 0.7cm 为半径的圆形受试区域进行扫描,然后分析结果。

（五）毛细血管的密度和形态

毛细血管镜可以检测毛细血管的密度和形态、血管口径和红细胞速率。测量前,先在皮肤表面滴一滴油,以减少皮肤表面对光的反射;然后,将要测量的毛细血管置于显微镜下放大（10~100 倍）并观察其变化,这些变化可以通过图像分析来定量分析。目前,常采用各种软件包来测量毛细血管的直径和红细胞平均转运速率。

（六）氧合血红蛋白及还原血红蛋白检测

皮肤的颜色主要由黑色素、血红蛋白和类胡萝卜素决定。氧合血红蛋白呈鲜红色,血红蛋白呈蓝红色。微循环将血红蛋白运输至皮肤,微循环速度加快,在单位时间内通过皮肤的红细胞数量增多,血红蛋白量也增多,从而使皮肤的红色成分增多,皮肤颜色红润。可以利用皮肤敏感度检测仪摄取受试区域皮下约 0.5mm 深度局部红细胞的聚集图像,并进行定量分析,同时还可对受试部位血液中的氧合血红蛋白及还原血红蛋白的变化趋势进行分析。

（七）血液流变相关指标检测

血液流变学指标检测是研究血液流动性、黏滞性以及血管壁弹性等的检测方法。可通过构建动物模型,外搽改善面部皮肤泛红类化妆品,然后利用血液流变分析仪分析外搽护肤品前后全血黏度、血浆黏度、纤维蛋白原等血液流变学指标的变化,评估其对血液流变的影响。

二、红斑颜色深浅评估

皮肤局部微循环障碍时皮肤会出现泛红或红斑反应,可以直接检测红斑颜色深浅的变化以评估微循环情况。

（一）VISIA 面部图像分析

使用标准白光、365nm 紫外线以及交叉极化光三种光源拍摄正面、左侧及右侧三组影像,可获得肉眼所见的面部皮肤图像,表皮层黑色素斑点以及皮肤深层部位的血红素与黑色素。可以利用该仪器中的 RBX 偏光技术检测皮肤深层的血管或血红素,从获得的图像中评估皮肤红斑的变化,评估方法可运用图像分割技术和颜色空间原理,将图片中的红斑分割出来,然后统计红斑区域的像素总数,以代表红斑的面积。

（二）色卡

使用放置在两片有机玻璃片之间的饱和的红色柯达明胶薄膜（CCR 系列）,范围为 10 个等级,按 10% 增加,以评估红斑变化。将这些薄膜依次放置在受损部位,从最浅的颜色开始,第一个使受试部位的红斑无法观察到的等级就作为受试部位的红斑等级评分。

（三）比色法

可用国际标委会规定的 Lab 模式进行检测,具体见本章第五节中的"Lab 数值检测",其中参数 a* 增大则表示红斑增加。

（四）红斑指数检测

采用数字化的皮肤颜色参数,能对皮肤颜色变化规律进行更加科学地测量。皮肤颜色测量的基本原理是基于光谱吸收的原理（RGB）,通过测定特定波长的光照在人体皮肤上的反射量来确定皮肤中血红素的含量。仪器探头的发射器发出波长分别为 568nm、660nm 和 880nm 的光照射在皮肤表面,接收器测得皮肤反射的光,由于发射光的量是一定的,因此就可以测出被皮肤吸收的光的量,也就是血红素的含量,即红斑指数。

（五）皮肤敏感度检测

红细胞中的血红蛋白负责将氧气输送到组织,血红蛋白的光吸收特性依赖于氧饱和度,通过检测特定区域内扩散的背散射光可以评估氧饱和程度。选择测试区域,再定义一个参考区域,分析两块区域中组织对红色和绿色波长的光吸收度,可计算出测试区域的氧合状态及脱氧状态血红蛋白的相对浓度。同时,如对测试区域增加压力,检测压力增大时以及压力减少时的氧合及脱氧血红蛋白的相对浓度,也可间接评估血流灌注情况。

（涂颖 何黎）

第八节 祛斑美白功效评价

根据黄褐斑的发病机制,目前常用的祛斑美白类化妆品的主要作用靶点是抑制黑色素合成、修复皮肤屏障、舒缓抑制炎症反应及改善微循环。修护皮肤屏障功效评价详见本章第三节;舒缓抑制炎症功效评价见本章第四节;改善微循环功效评价见本章第七节。本节着重介绍抑制黑色素合成功效评价方法。祛斑美白化妆品的功效评价方法很多,一般根据试验对象分为体外测试方法和人体测试方法。

一、体外检测方法

美白类化妆品能够作用于皮肤黑色素合成、转运、代谢的各个阶段,从而减少色素沉着。因此,有的化妆品针对黑色素的合成、转运以及代谢不同阶段发生作用,达到美白的功效。对于原料或者潜在活性物的筛选,通常使用体外检测的方法进行,常用的体外检测方法有以下几种。

（一）酪氨酸酶活性抑制试验

TYR 是参与人体内黑色素合成中最重要的初期速度决定环节的酶,是黑色素形成的重要启动者。通常使用体外实验评价美白类化妆品抑制酪氨酸酶活性的程度。将待测活性物溶解后,稀释为一定的梯度,然后检测不同浓度活性物对酪氨酸酶活性的抑制程度。

（二）二羟基苯丙氨酸氧化活性抑制试验

酪氨酸酶 DOPA 氧化激活是黑色素合成过程的速度决定环节,抑制 DOPA 氧化活性可以延缓黑色素的形成。体外测试方法与 TYR 活性抑制试验类似。

（三）黑色素形成抑制试验

黑色素是皮肤色素沉着或色斑最直接的产生因素,因此对黑色素形成的抑制能直接体现活性物或产品的祛斑美白功效。该体外试验通常使用皮肤模型进行测试,将待测物添加到具有黑色素形成能力的皮肤模型上共同培养,然后检测黑色素的含量变化。

二、人体测试方法

人体测试方法是最为直接的祛斑美白化妆品功效评价方法,根据我国国家药品监督管理局 2021 年 3 月最新的通告,《化妆品祛斑美白功效测试方法》人体试验作为《化妆品安全技术规范》(2015年版)的补充检测方法,已经纳入最新的安全技术规范中。其中祛斑美白化妆品的人体测试方法有两种,企业根据自身产品情况选择方法。

(一)紫外线诱导人体皮肤黑化模型祛斑美白功效测试法

该方法主要通过紫外线诱导人体皮肤黑化模型对化妆品祛斑美白功效进行测试。试验首先按照要求招募入组志愿受试者,签署书面知情同意书。入组前根据入选和排除标准等询问受试者一系列关于疾病史、健康状况等问题。

符合筛选要求的受试者进入建立人体皮肤黑化模型阶段。首先,应确定每位受试者试验部位的最小红斑量(minimal erythema dose,MED)。然后,在试验部位选定各测试区,用日光模拟仪在相同照射点按0.75倍的MED剂量每天照射1次,连续照射4天。照射结束后的4天为皮肤黑化期,不做任何处理。照射结束后第5天,对各测试区皮肤颜色进行视觉评估和肤色仪器检测,应剔除一致性差的测试区。当天开始在各黑化测试区根据随机表涂抹待测产品并连续涂抹受试物至少4周,在涂抹后的第1周、第2周、第3周和第4周对皮肤颜色进行视觉评估和仪器检测(皮肤色度和MI)。

(二)人体开放使用祛斑美白功效测试法

该方法规定了对化妆品祛斑美白功效的人体开放使用试验的测试方法。试验首先按照要求招募入组志愿受试者,签署书面知情同意书。入组前根据入选和排除标准等询问受试者一系列关于疾病史、健康状况等问题,同时对试验部位色斑等皮肤状况进行符合性评估和肤色测试筛选。符合筛选要求的受试者进行产品使用前皮肤基础值评估和测试,包括视觉评估、仪器测试(皮肤色度和MI)和标准图像拍摄,并记录;产品使用后第2周、第4周、第8周再次进行相同的评估和测试。

(三)人体测试试验术语

1. 最小红斑量 引起皮肤清晰可见的红斑,其范围达到照射点大部分区域所需要的紫外线照射最低剂量(J/m²)或最短时间(秒)。

2. 个体类型角(individual typology angle,ITA°) 通过皮肤色度计或反射分光光度计测量皮肤 L*、a*、b* 颜色空间数据来表征人体皮肤颜色的参数,计算公式如下:

$$ITA° = \left\{ \arctan \frac{(L*-50)}{b*} \right\} \frac{180}{\pi}$$

3. 黑色素指数 通过测定皮肤表面对特定波长光谱的吸收来表征皮肤中黑色素含量的参数。

4. 人体测试试验评价方法

(1)临床评分:由皮肤科医师借助由浅至深肤色的色卡对各测试区肤色进行评估。

(2)皮肤色度仪测量:用皮肤色度仪分别测量各测试区域的 L*、a*、b* 值,每个区域测试三次,记录并计算ITA°值,ITA°值越大,肤色越浅,反之肤色越深。

(3)皮肤黑色素检测仪测量:用皮肤黑色素检测仪分别测量各测试区域的MI值,每个测试区测试三次,并记录;MI值越小,表示皮肤黑色素含量越低,反之皮肤黑色素含量越高。

三、成分分类检测

(一)汞

汞是化妆品中禁止使用的美白成分,可参考现行《化妆品安全技术规范》(2015年版）中氢化物原子荧光光度法、汞分析仪法以及冷原子吸收法三个方法测定化妆品中的汞。

（二）氢醌

氢醌是护肤类化妆品中禁止使用的美白成分。可参考现行《化妆品安全技术规范》（2015年版）中高效液相色谱 - 二极管阵列检测器法、气相色谱法以及高效液相色谱 - 紫外检测器法三个方法进行检测。

（三）熊果苷

熊果苷的检测手段主要有薄层扫描法、毛细管电泳法、伏安法、红外光谱法、紫外可见吸收光谱法、荧光光谱法、气相色谱法、高效液相色谱法、气相色谱 - 质谱法、液相色谱 - 质谱法等。目前，熊果苷的检测主要采用高效液相色谱法。

（四）曲酸及其衍生物

目前，曲酸的检测手段有分光光度法、薄层色谱法、毛细管电泳法、电化学方法、气相色谱法、高效液相色谱法及比色法等。

（五）其他成分的测定

其他活性成分，如维生素 C 磷酸酯镁、维生素 C 葡萄糖苷、烟酰胺、甘草酸二钾、4- 丁基间苯二酚等都可以采用高效液相色谱方法进行检测。

（顾 华　谈益妹　樊国彪　何 黎）

第九节　抗老化功效评价

抗衰老是科学研究经久不衰的课题，抗衰老护肤品更是爱美人士趋之若鹜的明星产品。随着年龄的增长，皮肤失去弹性，变得干燥、松弛，出现细小皱纹，斑点状色素增加，这些症状肉眼可见，除了早期轻微的老化现象，大部分老化都较易检测。

一、皮肤老化的生理学基础

皮肤老化过程中表皮细胞的新陈代谢变缓慢，细胞自身的活力下降。真皮中的胶原蛋白及弹性蛋白的质量下降，数量也变少，皮肤对环境的耐受性降低，出现老年弹性减弱、皱纹增多、色素增加等临床表现。

（一）影响老化的内外因素

皮肤老化是受两类因素共同作用：一种为内源性老化（intrinsic aging），指受遗传、内分泌、免疫等不可抗拒的机体内在生理因素影响，是年龄增长的必然结果；另一种为外源性老化（extrinsic aging），指受到紫外辐射、环境污染、季节变化、不良生活习惯等外部环境因素影响造成的皮肤老化，通过努力可以减少其对机体的危害。

生理老化是一个极其复杂的过程。皮肤老化的表现有：角质层含水量值降低，脂质合成减少，表皮 pH 升高导致表皮通透屏障修复功能减弱；血管扩张增粗、扭曲、排列不规则和皮肤附属器萎缩；机体免疫功能失常，导致皮肤感染性疾病的产生及皮肤对外界损伤因素的抵抗力下降。

（二）皮肤老化的细胞生物学标志物

老化的皮肤成纤维细胞因增生减少而萎缩，呈现异常的色素沉着、炎症增加和胶原纤维分解。衰老细胞的特点是扩大和扁平细胞形态学，β- 半乳糖苷的增加，p16 的降低，核纤层蛋白 B1 表达减少，核高迁移率族蛋白 B1 易位到细胞质和细胞外空间，衰老相关的分泌表型（senescence-associated secretory phenotype, SASP）因素，包括炎性细胞因子和金属蛋白酶（图 4-11）。

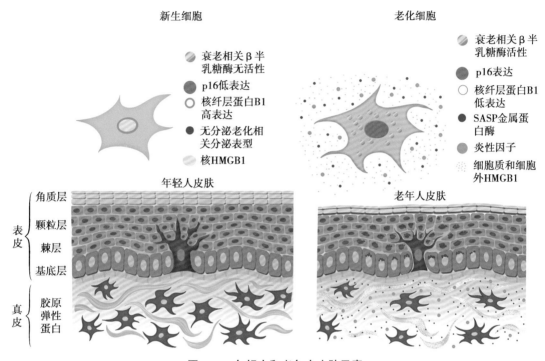

图 4-11　年轻人和老年人皮肤示意

二、抗老化功效评价方法

（一）抗氧化

抗氧化功效评价具体内容在本章第十节阐述。

（二）体外细胞实验

成纤维细胞是皮肤中最重要的细胞之一，主要存在于真皮层中，能合成和生产支撑皮肤的弹性蛋白和胶原蛋白，可测定化妆品功效成分作用后的成纤维细胞中与衰老相关的 MMP、细胞外基质、胶原蛋白等的变化判定其抗衰老功效。可采用免疫组织化学方法检测 MMP、胶原蛋白的表达；通过活性氧自由基（reactive oxygen species, ROS）的电子自旋共振（electron spin resonance, ESR）和自由基反应性荧光染料的测定方法检测 ROS。

（三）人体评价

1. 皮肤黏弹性测定　从化妆品使用前后皮肤的黏弹性变化来衡量皮肤的不同老化程度，从而评价防衰老抗皱化妆品对皮肤的作用。皮肤弹性测试仪 MPA580 等是常使用的仪器，测试原理是基于吸力和拉伸原理，在被测皮肤表面产生（2×10^3）~（5×10^4）Pa

（20~500mbar）负压,将皮肤吸进一个特定的测试探头内,皮肤被吸进测试探头内的深度通过一个非接触式的光学测试系统测得。测试探头内包括光的发射器和接收器,发射光和接收光的比例与被吸入皮肤的深度成正比,这样就得到了一条皮肤被拉伸的长度和时间的关系曲线,通过此曲线可以确定皮肤的弹性性能。施加负压推荐使用 $4.5 \times 10^4 Pa$（450mbar）。恒定负压的时间、取消负压的时间、连续测量中的重复次数等参数都可以根据需要自己设定。探头测试孔直径可有 2mm、4mm、6mm 和 8mm 等不同选择。

测试时需要注意,仪器使用前应将测试探头、数据传输线和电源线接好。开机后计算机软件自动检测仪器工作是否正常,如果有问题,将给出相应的提示。开始测试前请通过软件设置好测试模式和相应的参数,测试时只需将探头轻轻压在被测皮肤表面,探头内部的弹簧可以使探头对被测皮肤的压力保持恒定。计算机控制测试过程开始,数据曲线同时显示在计算机屏幕上,通过计算可得到皮肤的弹性结果。测试完成后可将结果进行保存和打印输出。

2. 皮肤皱纹（皮肤粗糙度）测定

（1）皱纹测试仪 Visiometer SV600:皮肤皱纹是人体外貌老化最为直观的变化。使用皱纹测试仪 Visiometer SV600 进行测试,其测试原理是将一块从皮肤上取下的硅胶皱纹膜片放于主机的平台上,一束特定波长的光线照在硅胶皱纹膜片上,凹陷部位透光量大,根据透光量的多少判断和量化皱纹的程度。由 CCD 摄像头收集硅胶膜片上不同部位的光信号,通过光电以及数字化处理可以得到一个皮肤的三维图像,通过专用软件分析皮肤皱纹的变化,最终用于抗皱化妆品的检测。

操作步骤如下:试验前,受试者需要用统一的温和清洁剂清洗试验部位,并在受试部位划出 3cm×3cm 大小的位置对称的正方形实验区域,将各实验区域编号。随机划分出测试区域和空白对照。用硅氧烷液体制作硅氧烷膜片,得到检测被测者皮肤上测试区和空白对照区域的皮肤皱纹的反相复制品。利用图像分析测定仪采用一束特定波长的光线照到该膜片。CCD 摄像镜头收集膜片不同部位的光信号,通过光电及数字化处理可得到皮肤的三维图像,然后通过专用的软件进行分析,即可得到被测者皮肤上测试区和空白对照区域的皮肤粗糙度参数。

根据被测者皮肤上测试区和空白对照区域的皮肤粗糙度、最大粗糙度、平均粗糙度、平滑深度和算术平均粗糙度的变化情况,评价抗衰老功效成分对皮肤老化的影响。

（2）VISIA 面部图像分析仪:大部分老化现象肉眼可见,因此图像也是最适合的检测方法。美国 VISIA 皮肤检测仪是最常见的检测仪器。在使用抗衰产品之前后,采用图像科学地分析面部状况,用以评价活性成分的功效。其原理是应用标准白光、紫外线、偏振光成像,运用光学成像和软件科技进行图像分析。同时,能透过皮肤表面将隐藏在面部深层的问题直观地反映出来,如毛孔、皱纹、斑点、卟啉、色斑、光老化情况、皮下血管和色素性等情况。

操作步骤如下:受试者卸妆、清洗、擦干脸部;静坐 20~30 分钟;输入受试者的个人信息;让受试者将下颌安放在杯状的位置,并将前额顶在上方支架,使其面部居于镜头的中心位置;当位置调试妥当后,点击 TAKEPICTURE（拍照）。

3. 3D 皮肤检测（人体快速三维成像系统） 基于数字显微条纹投影的原理,测试时具有正弦曲线密度的条纹光被投影到皮肤表面,由于皮肤表面高度的凹凸不平,条纹光就会发生弯曲变形,在一个特定角度放置的 CCD 摄像机将同时记录下这一变化,通过测试条纹光的位置变化和所有图像点的灰度值,可以得到整个测试皮肤表面的数字三维图像。3D 皮肤检测可快速、准确、直接地评估皮肤形貌,在成像失真时能重建皮肤的 3D 结构,通过分析条纹图案的变形,检测化妆品使用前后全脸和身体局部的变化。Luebberding 等采用 3D 皮肤检测对 150 名男性志愿者进行了皱纹评估及研究,该方法得到的结果与日本抗衰老功能评估专责委员会建议使用的测定参数数据基本一致。

4. 反射共聚焦显微镜　即皮肤 CT,具有实时、动态、无创性、成像迅速、数据易于存储和输出的特点。检测原理是利用不同层面不同组织细胞结构(如黑色素、角质及细胞器等)对光的反射和折射系数不同,呈现明暗程度不等,从而获得皮肤组织的灰度图像,其分辨率可与组织病理学相媲美。以 830nm 激光二极管作为光源,光学切片厚度 3~5μm,横向分辨率 0.5~1.0μm,轴向分辨率 4~5μm,观察面积 500μm×500μm,深度 200μm,并且在任何选定的深度,可通过软件将获取到的小区域图像整合,增加后视野可高达 8mm×8mm。虽然在化妆品功效评价领域目前还处于初级阶段,但大量的前期预实验显示,皮肤 CT 在美白类、抗衰老类、控油祛痘类等产品的功效评价中具有广阔的应用前景。

(舒晓红　熊丽丹　唐洁　刘苓　张楠　李利)

第十节　抗氧化功效评价

人体正常生理代谢以及某些环境因素,如紫外线照射、环境污染等都会产生 ROS。如果 ROS 含量超过人体正常的清除能力,打破了氧化与抗氧化的平衡,就会引起氧化应激,造成氧化损伤,可引起皮肤老化、炎症反应、色素沉着等一系列皮肤问题。因此,抗氧化类活性成分常被添加到抗老化、美白、舒缓等系列化妆品中,抗氧化功效的评价也越来越受到研究者的重视。

依据抗氧化剂作用机制,常用的抗氧化功效评价包括抑制脂质氧化、清除氧自由基、抑制自由基的氧化活性以及抗氧化剂的还原能力检测四个方面。

一、抑制脂质氧化

可采用丙二醛(malondialdehyde, MDA)法进行检测,MDA 是机体内脂质过氧化反应的重要代谢产物,其含量变化可在一定程度上反映机体内脂质氧化的情况,通过检测其变化,可反映活性成分的抗氧化能力。

二、清除自由基能力测定

自由基是人体必需的物质,神经传递冲动、激素合成、正常的免疫功能、肌肉的收缩都需要自由基的存在,但如果体内自由基过多,可导致细胞和组织器官损伤、诱发各种疾病、加速机体衰老。因此,清除自由基的能力是抗氧化功效评价的主要指标之一。通常以加入氧化物与易氧化底物发生反应形成氧化产物,然后加入抗氧化剂检测其自由基清除能力作为判定依据。

（一）DPPH 法

DPPH 法为经典的抗氧化剂筛选模型。DPPH（分子式为 $C_{18}H_{12}N_5O_6$）是一种以氮为中心的自由基，性质很稳定，在 515~520nm 处有最大吸收峰。DPPH 结构上有一个单一电子，可接受一个电子或氢离子，当有抗氧化剂存在时，单一电子被配对，DPPH 颜色变浅，在最大光吸收波长处的吸光值下降，且下降程度呈线性关系，利用这一性质可以测定活性成分的抗氧化功效。若受试的活性成分使 DPPH 的吸光度下降，则表示其清除 DPPH 能力强，具有降低羟自由基、烷自由基或过氧自由基等自由基的功效，可阻断脂质过氧化链反应。由于 DPPH 是亲脂性的，因此会限制一些亲水性抗氧化剂的活性检测。

DPPH 自由基的清除率可用下式计算：

$$\eta = \left(1 - \frac{A_1 - A_2}{A_3} \right) \times 100\%$$

其中，η 为受试物对 DPPH 自由基的清除率；A_1 为加抗氧化剂反应后 DPPH 溶液的吸光度；A_2 为不加 DPPH，只加抗氧化剂及水的溶液的吸光度；A_3 为不加抗氧化剂，只加 DPPH 及水的溶液的吸光度。

（二）ABTS 法

ABTS 二铵盐与过硫酸铵反应生成蓝绿色 $ABTS^+$，在 405nm 可测定 ABTS 的吸光度。当加入自由基清除剂时，溶液颜色变浅，在最大光吸收波长处的吸收减弱，从而检测活性成分的抗氧化能力。

（三）邻苯三酚自氧化法

邻苯三酚自氧化法也称为清除超氧阴离子检测法。邻苯三酚在碱性条件下自氧化产生高能活性超氧阴离子 O_2^-，O_2^- 作为单电子使其进一步被氧化，生成一系列复杂的激发态氧化产物。当这些产物从激发态返回基态时，会发出化学冷光。抗氧化成分能使 O_2^- 发生歧化反应，从而消除 O_2^- 而抑制发光。抗氧化力越强，抑制发光的百分数就越高。借此可以对抗衰老能力进行评价。以空白对照的发光强度值为 100%，可计算出加入抗氧化剂后抑制发光的程度，对超氧阴离子的清除率可用下式计算：

$$\eta_2 = \frac{(B_0 - A_0) - (B_{30} - A_{30})}{(B_0 - A_0)} \times 100\%$$

其中，η_2 为受试物对超氧阴离子的清除率；B_0、A_0 为空白溶液和受试物溶液的初始吸光度；B_{30}、A_{30} 为空白溶液和受试物溶液在第 30 分钟的吸光度。

（四）清除羟自由基检测法

H_2O_2 和 Fe^{2+} 发生 Fenton 反应产生羟自由基，羟自由基可与水杨酸钠反应，生成有色物质二羟基苯甲酸钠，其在 510nm 处有强烈的光吸收。当加入抗氧化剂时，可清除羟基自由基，阻止二羟基苯甲酸钠的生成，吸光度降低，通过测定吸光度变化可间接测定羟自由基变化，建立抗氧化剂的筛选方法。对羟自由基的清除率可用下式计算：

$$\eta_3 = \frac{A_0 - (A_x - A_{x0})}{A_0} \times 100\%$$

其中，η 为受试物对羟自由基的清除率；A_0 为空白对照的吸光值；A_x 为加样品的吸光值；A_{x0} 为不加显色剂 H_2O_2。

（五）化学发光法

发光物质在一定条件下被自由基攻击使其氧化而发光,随后立即用记录仪对每秒发光强度进行积分,记录化学发光动力学曲线。当有抗氧化剂存在时,发光强度下降,通过计算抗氧化剂抑制发光的强度可以评价其抗氧化能力。目前常用的方法为过氧化氢检测法,由于过氧化氢是一种活性氧自由基,可以采用 Fe^{2+}-H_2O_2-鲁米诺发光体系进行测定。碱性条件下,过氧化氢可以氧化鲁米诺使之发光,发光强度与过氧化氢含量成正比。当加入抗氧化剂时,再次检测其发光强度,发光强度的下降可以体现样品清除过氧化氢的能力。

（六）氧自由基吸收能力法

氧自由基吸收能力（oxygen radical absorbance capacity,ORAC）法可评价活性成分的总抗氧化能力。ORAC 法是利用从紫球藻提取物中分离的 β-藻红蛋白在自由基攻击下荧光特性消失的特性进行检测。在测定过程中,以偶氮类化合物 AAPH［2,2′-偶氮二（2-脒基丙烷）二盐酸盐］提供自由基,选取荧光素钠盐作为指示剂,维生素 E 水溶类似物 6-羟基-2,5,7,8-四甲基色烷-2-羧酸（trolox）作为标准抗氧化物质,采用抗氧化剂作用下的荧光衰退曲线下面积（area under the curve,AUC）与荧光自然衰退曲线下面积的差,作为衡量抗氧化剂的抗氧化能力指标,将结果以抗氧化物质 trolox 作为标准进行比较,一般以 μmol TE/g 被测物质作为计量单位。

三、抗氧化酶活性检测

通过检测抗氧化酶活性变化,可间接反映活性成分抑制自由基的氧化活性。

（一）超氧化物歧化酶

SOD 反映细胞清除 ROS 的能力,当细胞内 ROS 水平升高后,SOD 的水平也相应升高,以清除超量的 ROS,因此可检测活性成分对 SOD 表达的影响,如表达升高,则间接证实其具有抗氧化能力。

（二）过氧化物酶

过氧化物酶（catalase,CAT）是生物体内重要的自由基清除剂,可分解过氧化氢产生水。通过测定活性成分对 CAT 含量的影响,可评价样品的抗氧化活性。

（三）谷胱甘肽过氧化物酶

GSH-Px 是细胞内最重要的清除低分子自由基、过氧化氢和脂质过氧化物的内源性物质。通过测定活性成分对 GSH-Px 含量的影响,可评价样品的抗氧化活性。

四、总还原能力检测

（一）FRAP 法

Fe^{3+} 在抗氧化剂作用下生成 Fe^{2+},抗氧化物质的活性、含量与 Fe^{2+} 的生成量成正比。在 pH 3.6、温度 37℃ 条件下,抗氧化剂可以将 Fe^{3+}-TPTZ 复合物还原为 Fe^{2+}-TPTZ,呈深蓝色,在 593nm 处有最大吸收,以有色物质 Fe^{2+}-TPTZ 的形成量来计量样品的总还原力。

（二）铁氰化钾还原法

依据铁氰化钾能被还原剂还原成亚铁氰化钾,亚铁氰化钾同三氯化铁反应生成普鲁士蓝,在波长 700nm 处比色,吸光度值越大说明还原能力越强这一特性。抗氧化剂所提供的

电子可以使 Fe^{3+} 还原为 Fe^{2+},使溶液颜色改变,反映抗氧化剂的还原能力,溶液吸光度值越大,则表示被测物还原力越强,抗氧化效果越佳。

五、其他

此外,还可通过检测 DNA、线粒体、蛋白质氧化损伤以评估活性成分抗氧化能力。

(一)DNA 氧化损伤检测

目前,对 DNA 氧化损伤的检测方法主要有单细胞凝胶电泳(single-cell gel electrophoresis,SCGE)法。

SCGE 法是一种广泛地用于检测和分析个体细胞 DNA 损伤的技术。由于 DNA 以超螺旋结构附着在核基质上,如果细胞未受损伤,在电泳条件下,DNA 仍停留在核基质上,经荧光染色后呈现圆形的荧光团,无拖尾现象;当细胞受到损伤后,DNA 链断裂,电泳时,DNA 断片从核中溢出,向阳极方向移动,经荧光染色后产生拖尾现象,呈彗星状,彗星尾越长、越大,荧光强度越高,表明 DNA 的断裂损伤越严重。

(二)线粒体氧化损伤检测

氧自由基可攻击线粒体膜磷脂引起脂质过氧化作用,并形成脂氢过氧化物。因此,可针对线粒体氧化损伤形成的脂质过氧化物进行检测。

(三)蛋白质氧化损伤检测

几乎所有的蛋白质都可被自由基氧化损伤,蛋白质的氧化类型可分为断裂肽键和侧链修饰的氧化反应,根据氧化产物的不同又可将其分为特殊和普通的氧化反应。特殊的氧化反应是由氨基酸残基的多样性导致氧化产物的多样性;普通的氧化反应则是生成羰基。蛋白质的羰基化水平是评价蛋白质总的氧化程度的常用方法,研究蛋白质的特殊氧化反应可全面评价其氧化程度。

值得注意的是,由于不同的检测方法针对氧化应激反应的不同方面,因此具有一定的局限性。如需全面评估活性成分的抗氧化水平,还需多种方法联合评价,同时,不同的检测方法得到的分析结果之间不具有可比性。

(涂颖　何黎　赖维　李利)

参 考 文 献

[1] 宋艳青,盘瑶,赵华. 化妆品透皮吸收试验方法概述[J]. 日用化学工业,2019,49(12):824-829.

[2] 谢恒,李利,熊丽丹,等. 面部皮炎类疾病皮肤屏障状况及 CE、KLK5 含量比较[J]. 四川大学学报(医学版),2013,44(6):940-944.

[3] 华薇,李利. 皮肤角质层含水量的电学法测量[J]. 中国皮肤性病学杂志,2015,29(3):314-317.

[4] 高青,李全民,唐枫燕,等. 感觉神经定量检测仪对糖尿病患者检测的临床意义初步观察[J]. 中国糖尿病杂志,2014,22(2):132-134.

［5］栾梅,李利.皮肤屏障功能的无创检测技术［J］.中国医学文摘(皮肤科学),2017,34(4):443-446.

［6］王春晓,赵华.化妆品功效评价(Ⅱ)——保湿功效宣称的科学支持［J］.日用化学工业,2018,48(2):67-72.

［7］吴文海,易帆,孟宏.敏感性皮肤评价方法［J］.中华皮肤科杂志,2019,52(4):275-278.

［8］李潇,张晓娥,卢永波,等.化妆品功效评价(Ⅷ)——3D皮肤模型在化妆品功效评价中的应用［J］.日用化学工业,2018,48(9):489-494.

［9］DING D M, TU Y, MAN M Q, et al. Association between lactic acid sting test scores, self-assessed sensitive skin scores and biophysical properties in Chinese females［J］. Int J Cosmet Sci, 2019, 41(4): 398-404.

［10］GOTO H, TADA A, IBE A, et al. Basket-weave structure in the stratum corneum is an important factor for maintaining the physiological properties of human skin as studied using reconstructed human epidermis and tape stripping of human cheek skin［J］. Br J Dermatol, 2020, 182(2): 364-372.

［11］FULTON J E, PAY S R, FULTON J E 3rd. Comedogenicity of current therapeutic products, cosmetics, and ingredients in the rabbit ear［J］. J Am Acad Dermatol, 1984, 10(1): 96-105.

［12］SCHWARTZMAN R M, KLIGMAN A M, DUCLOS D D. The Mexican hairless dog as a model for assessing the comedolytic and morphogenic activity of retinoids［J］. Br J Dermatol, 1996, 134(1): 64-70.

［13］SOUGRAT R, MORAND M, GONDRAN C, et al. Functional expression of AQP3in human skin epidermis and reconstructed epidermis［J］. J Invest Dermatol, 2002, 118(4): 678-685.

［14］ALANEN E, NUUTINEN J, NICKLÉN K, et al. Measurement of hydration in the stratum corneum with the MoistureMeter and comparison with the Corneometer［J］. Skin Res Technol, 2004, 10(1): 32-37.

［15］MIRSHAHPANAH P, MAIBACH H I. Models in acnegenesis［J］. Cutan Ocul Toxicol, 2007, 26(3): 195-202.

［16］SCHNEIDER R K, NEUSS S, STAINFORTH R, et al. Three-dimensional epidermis-like growth of human mesenchymal stem cells on dermal equivalents: contribution to tissue organization by adaptation of myofibroblastic phenotype and function［J］. Differentiation, 2008, 76(2): 156-167.

［17］HERKENNE C, ALBERTI I, NAIK A, et al. In vivo methods for the assessment of topical drug bioavailability［J］. Pharm Res, 2008, 25(1): 87-103.

［18］GUENOU H, NISSAN X, LARCHER F, et al. Human embryonic stem-cell derivatives for full reconstruction of the pluristratified epidermis: a preclinical study［J］. Lancet, 2009, 374(9703): 1745-1753.

［19］HEWITT K J, SHAMIS Y, CARLSON M W, et al. Three-dimensional epithelial tissues generated from human embryonic stem cells［J］. Tissue Eng Part A, 2009, 15(11):

3417-3426.

[20] VAN GELE M, GEUSENS B, BROCHEZ L, et al. Three-dimensional skin models as tools for transdermal drug delivery：challenges and limitations[J]. Expert Opin Drug Deliv, 2011, 8 (6)：705-720.

[21] BROWN S J, MCLEAN W H. One remarkable molecule：filaggrin[J]. J Invest Dermatol, 2012, 132(3Pt 2)：751-762.

[22] ELIAS P M, GRUBER R, CRUMRINE D, et al. Formation and functions of the corneocyte lipid envelope(CLE)[J]. Biochim Biophys Acta, 2014, 1841(3)：314-318.

[23] VAN SMEDEN J, JANSSENS M, GOORIS G S, et al. The important role of stratum corneum lipids for the cutaneous barrier function[J]. Biochim Biophys Acta, 2014, 1841(3)：295-313.

[24] LUEBBERDING S, KRUEGER N, KERSCHER M. Comparison of validated assessment scales and 3D digital fringe projection method to assess lifetime development of wrinkles in men[J]. Skin Res Technol, 2014, 20(1)：30-36.

[25] FRANZEN L, WINDBERGS M. Applications of raman spectroscopy in skin research--From skin physiology and diagnosis up to risk assessment and dermal drug delivery[J]. Adv Drug Deliv Rev, 2015, 89：91-104.

[26] JUNG E C, MAIBACH H I. Animal models for percutaneous absorption[J]. J Appl Toxicol, 2015, 35(1)：1-10.

[27] JANG Y H, LEE K C, LEE S J, et al. HR-1mice：a new inflammatory acne mouse model[J]. Ann Dermatol, 2015, 27(3)：257-264.

[28] DIEKMANN J, ALILI L, SCHOLZ O, et al. A three-dimensional skin equivalent reflecting some aspects of in vivo aged skin[J]. Exp Dermatol, 2016, 25(1)：56-61.

[29] HERSANT B, ABBOU R, SIDAHMED-MEZI M, et al. Assessment tools for facial rejuvenation treatment：a review[J]. Aesthetic Plast Surg, 2016, 40(4)：556-565.

[30] JEON J S, KIM H T, KIM M G, et al. Simultaneous determination of water-soluble whitening ingredients and adenosine in different cosmetic formulations by high-performance liquid chromatography coupled with photodiode array detection[J]. Int J Cosmet Sci, 2016, 38 (3)：286-293.

[31] PATWARDHAN S V, RICHTER C, VOGT A, et al. Measuring acne using Coproporphyrin Ⅲ, Protoporphyrin Ⅸ, and lesion-specific inflammation：an exploratory study[J]. Arch Dermatol Res, 2017, 309(3)：159-167.

[32] LEVINE A, MARKOWITZ O. In vivo reflectance confocal microscopy[J]. Cutis, 2017, 99 (6)：399-402.

[33] YASIN Z A M, IBRAHIM F, RASHID N N, et al. The importance of some plant extracts as skin anti-aging resources：a review[J]. Curr Pharm Biotechnol, 2017, 18(11)：864-876.

[34] JOODAKI H, PANZER M B. Skin mechanical properties and modeling：A review[J]. Proc Inst Mech Eng H, 2018, 232(4)：323-343.

[35] Wang A S, DREESEN O. Biomarkers of cellular senescence and skin aging[J]. Front

Genet, 2018, 9: 247.

[36] WANG X, SHU X, LI Z, et al. Comparison of two kinds of skin imaging analysis software: VISIA® from Canfield and IPP® from Media Cybernetics [J]. Skin Res Technol, 2018, 24 (3): 379-385.

[37] LI X, ZHENG Y, YE C, et al. Minimal erythema dose, minimal persistent pigment dose which model for whitening products evaluation is better? [J]. Skin Res Technol, 2019, 25 (2): 204-210.

化妆品配方及生产工艺

第一节　化妆品配方设计

近年来,随着生活水平的不断提高,人们对皮肤护理的精细化要求越来越重视,化妆品行业面临极大的挑战和机遇。特别是对于皮肤敏感、泛红、干燥、脱屑等皮肤问题,人们逐渐认识到单纯依靠药物或普通化妆品已不能完全解决上述皮肤问题,需要辅助应用具有一定功效性,且安全性高的护肤品。功效性护肤品应运而生,需求量逐年增多,其配方设计中应注意以下几个问题:精简配方,最大限度地减少配方所用原料的数量;选择香精、色素、防腐剂及表面活性剂时,应坚持有效基础上尽量少用、不用的原则,同时应关注其可能产生的不良反应;应选用经过试验及实践确定有一定安全性的原料,不鼓励使用未经试验及市场检验的原料;增强美学特性,让功效性护肤品具备良好的使用体验。同时,配方研发人员还需及时掌握配方所使用原料的来源、组成、工艺、杂质、理化性质、适用范围、安全用量等技术信息。

总之,配方作为整个功效性护肤品输送系统的基础,在设计过程中需要考虑产品的安全性、载体、理化性质、可以感知的功效性、良好的产品使用体验。

一、安全性

功效性护肤品是每天都可以使用的辅助防治皮肤问题的产品,并长时间停留在皮肤、毛发等部位上,因此其安全性居首要地位。与外用药物不同,外用药物即使具有某些不良反应,但为了治疗,也可以允许在医师指导下短时间内使用。而功效性护肤品,一旦存在不良反应,将不会被消费者接受。

(一)风险物质

功效性护肤品中存在的风险性物质主要由原料引入,如重金属元素汞、铅、砷、镉等。如果这些重金属元素通过皮肤进入体内,长期积累不仅造成色素沉积,而且还可能引起重金属中毒。丙烯酰胺可经皮肤和呼吸道吸收,在体内有蓄积作用,主要影响神经系统,引起四肢乏力、刺痛、麻木、共济失调,甚至肌肉萎缩等症状。体内丙烯酰胺需积累到一定剂量才引起疾病,故急性中毒罕见,主要表现为迟发性中毒,引起亚急性和慢性中毒。丙烯酰胺对眼和皮肤也有一定的刺激作用。为控制风险物质对人体带来的危害,《化妆品安全技术规范》(2015年版)规定了化妆品中有害物质汞≤1mg/kg、铅≤10mg/kg、砷≤2mg/kg、镉≤5mg/kg、甲醇≤2 000mg/kg、二噁烷≤30mg/kg、石棉不得检出、丙烯酰胺≤0.1mg/kg。由此可见,功效性护肤品应严格控制风险物质限量。

（二）微生物

功效性护肤品的原料包括水、油脂、维生素、蛋白质、糖类等,这些具有营养作用的原料为微生物的生长与繁殖提供了物质条件和营养环境。虽然通过添加防腐剂可以防止微生物污染变质,但在生产和使用过程中仍然容易受到微生物的污染。同时,出于安全性考虑,功效性护肤品还经常添加温和性高的防腐剂,这类防腐剂往往防腐性能不够强。微生物污染后,将致使产品腐败变质,色、香、味及状态发生变化,若涂布于人体皮肤、面部、毛发上,一些致病菌可通过皮肤的损伤部位或口腔而侵入体内。如铜绿假单胞菌常引起人的眼、耳、鼻、咽喉和皮肤等处感染,严重时能引起败血症;金黄色葡萄球菌能引起人体局部化脓,严重时也可导致败血症;链球菌易引起毛囊炎和疖肿;某些真菌可能引起面部、头部等部位的癣症,将会对使用者的健康造成危害。《化妆品安全技术规范》（2015年版）规定了化妆品中菌落总数≤1 000cfu/g、真菌和酵母菌总数≤100cfu/g、耐热大肠菌群不得检出、金黄色葡萄球菌不得检出、铜绿假单胞菌不得检出。

（三）接触性皮炎

化妆品常含有酸、碱、盐、表面活性剂、香精、防腐剂等化学性限用成分。这些化学性物质作用于皮肤、黏膜后经常引起刺激,称为刺激性接触性皮炎,是化妆品引起的最为常见的一种皮肤疾病。因此,限用物质允许作为化妆品的组成成分,但不允许超过规定的最大浓度,必须在允许的使用范围和使用条件下应用,并且规定了在产品标签上必须加以说明。功效性护肤品使用的原料必须符合上述化妆品原料基本要求。同时,还必须进行安全性验证,不得对使用部位产生明显刺激和损伤。

化妆品通过变态反应引起的接触性皮炎也称为变应性接触性皮炎,是化妆品引起的常见不良反应之一。化妆品致敏原主要来源于香精、色素、防腐剂等,而功效性护肤品致敏原主要来源于高浓度活性原料。《化妆品安全技术规范》（2015年版）收载了16个毒理学试验方法和2个人体安全性检验方法。毒理学试验方法规定了化妆品原料及其产品安全性评价的毒理学检测要求,适用于对化妆品原料及其产品的安全性评价,包括急性经口毒性试验、急性皮肤毒性试验、皮肤刺激性/腐蚀性试验、急性眼刺激性/腐蚀性试验、皮肤变态反应试验、皮肤光毒性试验、鼠伤寒沙门菌/回复突变、体外哺乳动物细胞染色体畸变试验、体外哺乳动物细胞基因突变试验、哺乳动物骨髓细胞染色体畸变试验、体内哺乳动物细胞微核试验、睾丸生殖细胞染色体畸变试验、亚慢性经口毒性试验、亚慢性经皮毒性试验、致畸试验、慢性毒性/致癌性结合试验。人体安全性检验方法规定了化妆品安全性人体检验项目和要求,适用于化妆品产品的人体安全性评价,包括人体皮肤斑贴试验和人体试用试验安全性评价。对于活性成分的安全性问题,主要通过皮肤刺激性/腐蚀性试验、急性眼刺激性/腐蚀性试验、皮肤变态反应试验、皮肤光毒性试验,以及人体皮肤斑贴试验和人体试用试验安全性评价来评估。此外,目前还有多种体外评估方法,如《化妆品急性毒性的角质细胞试验》（SN/T 2328—2009）、《化妆品眼刺激性/腐蚀性的鸡胚绒毛尿囊膜试验》（SN/T 2329—2009）、《体外皮肤刺激人体皮肤模型试验》（OECD 439）等可供参考。

二、载体

功效性护肤品的功效有即时效果及长期功效,持续使用可以使其功效最大化。如何让功效性护肤品为消费者带来功效和愉悦的体验感,载体非常关键,这些载体都需要确保配方是安全的,且要有效地抑制潜在的微生物污染。

(一)乳化体

最常见的载体是乳化体,由两种不相混合的液体组成,通常是水和油组成的两相体系,即由一种液体以球状微粒分散于另一种液体中所组成的体系,分散成小球状的液体称为分散相(dispersed phase)或内相;包围在外面的液体称为连续相(continuous phase)或外相。当油是分散相、水是连续相时,称为水包油乳状液(oil-in-water emulsion, O/W);当水是分散相、油是连续相时,称为油包水乳状液(water-in-oil emulsion, W/O)。此外,还有水包硅乳状液(silicone-in-water emulsion, Si/W)、硅包水乳状液(water-in-silicone emulsion, W/Si)、液晶乳状液等。

随着制剂技术的发展,非传统型乳化剂(更加天然的乳化剂,不含 EO、PEG 基团的乳化剂)、聚硅氧烷及其聚合物乳化剂的引入,使得 O/W、W/O、W/Si 能够提供更加丰富的肤感。

功效性护肤品倾向使用"对皮肤更加友好"(skin friendly)的乳化剂,从而降低其对皮肤屏障的干扰作用。例如:液晶乳状液的液晶结构层与人体皮肤角质层结构类似,具有缓释性、锁水、抑制水分蒸发、保护皮肤屏障的作用(图 5-1)。

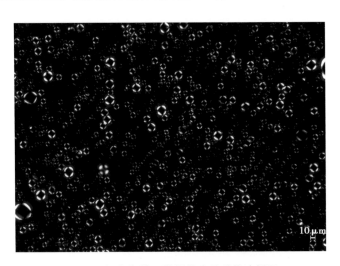

图 5-1　偏光条件下拍摄的液晶乳状液样品

(二)精华

精华的形态一般是透明、半透明或不透明的稀薄的液体。精华的配方体系可以为单相或者多相配方,与乳液一样含有两相或者更多相。

最初的精华配方是为了将生物活性的成分输送到眼部,护理黑眼圈、眼袋、细纹和皱纹的,其配方设计是为了能够快速吸收,因此能用于彩妆或者保湿产品之前。新型的功效性护肤品精华往往用来承载高浓度活性成分,针对各种类型的问题肌肤。系列产品叠加使用,可以增强功效性护肤品的生物活性,使其更为有效。但由于精华含油量少,眼睑皮肤薄,渗透性强,其安全性要重点考虑。

（三）冻干粉

冻干粉是在无菌环境下,将功效活性物液体冻成固态,抽真空将水分升华干燥而成的无菌粉剂。冻干技术应用在功效性护肤品中有其独特的优势,可以有效地防止活性成分的理化性质及生物特性的改变,减慢有效成分的活性衰减,帮助功效性护肤品解决活性成分添加的局限性。因是无菌操作,且水分含量低,可不加防腐剂,极大地提高了产品的安全性。

三、配方的理化性质

功效性护肤品配方中原料比一般的普通护肤品更为精简,由于安全性因素,原料选用更为局限,活性成分添加量更高,对配方理化性质的挑战更大,因此需要考虑以下因素。

（一）酸碱值

产品配方的 pH 对产品的功效性、外观、稳定性影响很大。针对不同人群和使用目的,产品 pH 也有相应的要求。例如:含有 AHA 或者酶的角质剥脱配方,pH 对其功效和稳定性至关重要。AHA 的配方安全起效的 pH 为 3.5~4.5,如果产品的 pH 超过这个范围,功效则会降低,而低于这个范围则会有安全性和刺激性的问题。针对儿童(婴儿期除外)的功效性护肤品将配方设计成弱酸性,将会更好地帮助儿童皮肤健康。

（二）温度

在生产工艺上,大多数化妆品都经过高温(75~85℃)处理过程,能起到溶解、乳化和一定灭菌的作用。功效性护肤品在设计生产工艺时,要确切考虑功效性成分的热稳定性。很多功效性成分是具有生物活性结构的糖类、酚类和多肽类,高温会使其变性、变色、失活,所以活性物往往是在生产过程的最后阶段,当体系温度低于 45℃时才加入。而部分原料由于其结构特性,需要在 55~60℃加入。

（三）溶解性

功效性护肤品中的活性成分在生产过程中,会随其所加入的相的不同,对功效和稳定性产生重要影响。很多植物提取的活性成分,需要溶解在多元醇中。高熔点的神经酰胺,需要特殊的溶剂溶解或 90℃以上高温溶解,功效性护肤品也会借助包裹体将其应用于配方中。因此,在设计配方时,熟知功效成分的溶解性非常重要。

（四）配伍性

功效性护肤品在配方设计时,不仅要考虑功效成分的相容性问题,也要从整体上对配方体系进行把握。功效性护肤品通常会使用多种功效成分的复合物(cocktails)来实现预期的护肤作用,这些活性物可能会与某些带电荷的大分子成分缔合成絮凝物,可能会让聚合物类的增稠体系变稀。在很多情况下,需要进行加速稳定性试验后,才能发现这些兼容性的问题。各种原料在配方中混合时必须考虑它们之间的相容性,并从整体感受配方的使用效果,才能形成一个完整的产品。

（五）防腐剂

要保持功效性护肤品配方的安全性、功效性、稳定性,非常具有挑战。绝大多数配方都含有水分,在生产和消费者使用过程中,容易受到微生物的污染,因此必须确保配方有足够的防腐能力。

由于功效性护肤品对安全性的要求,很多高效的传统防腐剂都不会被选用。在防腐体系的选择上,往往倾向无致敏防腐剂的使用,如1,2-戊二醇、辛甘醇、1,2-己二醇、对羟基苯乙酮、乙基己基甘油、单甘油辛酸酯及乙二胺四乙酸二钠(EDTA 2Na)等。在功效性护肤品的包装选择上,往往考虑真空包装或包装内充惰性气体,以防止外界空气进入,形成密闭环境,使产品既保持活性又不被微生物污染。

(六)稳定性

功效性护肤品的保质期要求一般为3年。为了满足这一要求,可以参照《中国药典》2015年版第四部中原料药与药物制剂稳定性试验指导原则及美国FDA加速稳定性测试,若通过稳定性测试,产品在很大程度上能够满足货架期要求。稳定性试验方法可因产品储存的温度高低而变化,使之在尽可能短的时间内判断产品的长期稳定性。通常建议将产品在40℃条件下保存90天,观察其外观、理化性质(pH、电导率、黏度等)、活性含量等变化,借此判断产品在货架上摆放2年及以上的稳定性。

由于很难预测长期的稳定性,行业中形成了一些判断保质期稳定性的方法,这里列举出经典的化妆品稳定性检测储存条件(表5-1)。

表 5-1   化妆品稳定性检测储存条件

储存条件	稳定时间
20℃	3年
37℃	120天
45℃	90天
40℃,70%相对湿度	90天(药品稳定性测试的条件)
50℃	30天
4℃	3年
冻融测试 -10~20℃	3个周期(每24小时变化1次温度)
暴露于日光下	3个月

所有的稳定性测试都必须同时在透明容器和成品包材中进行考察。另外,为了监测物理不稳定性,还需注意以下指标:外观/气味/颜色(与4℃冰箱中的样品进行对比),pH,黏度(viscosity),乳化粒径的变化(针对乳化体系),活性成分的含量,防腐剂的含量。

稳定性测试的其他常见方法有以下几种。

1. 高速离心法   在较高转速下,离心一段时间观察乳液是否分层以此判断乳液的稳定性。通常情况下,是将样品在38℃保温1小时后迅速移入离心机中,在室温2 000r/min条件下离心30分钟后观测体系有无析油或出水等分层现象,以此评价乳化体的相对稳定性。

2. 显微镜分析法   观察样品内部的微观形态,通过液滴粒径尺寸以及粒径分布均匀度快速判断体系的稳定性,通过放置不同时间后的液滴粒径大小和分布的变化来判断体系的长期稳定性。

3. 粒度分析法   包括激光光散射粒度分析仪、超声测谱仪和脉冲计数仪等;通过光强度的变化来反映样品微观粒子的变化,推测产品内部微观粒子出现沉淀、上浮、絮凝、聚结等现象,来判断产品的稳定性。

4. 光散射与透射法 通过光散射和透射的强度随时间的变化来表征产品粒子的微观变化和规律,推测产品出现沉淀、上浮、聚集和絮凝等,判断产品的稳定性和货架期。将离心法与光的散射与透射结合起来,收集数据库建立稳定性分析模型,也是测试产品的稳定性的新开发方法。

在实际研究中,常将高速离心法、粒度分析法、显微镜分析法、光的散射与透射法等其他方法联用,从动力学的角度进行分析与预测,并建立一套能相对准确预测产品长期稳定性的方法。

功效性护肤品配方研发变得越来越专业,需要更多的基础研究工作,研发科学家们也因此面临多重挑战。他们不仅需要掌握制剂学知识,还需要掌握皮肤学知识,药物分析,吸收代谢、工艺设计等领域。筛选优质的原料,精心开发配方,并根据消费者反馈不断进行技术改进,以满足消费者的需求。只有选择合适的载体,弄清原料间的相互作用,熟知不同载体最适合的包装材料,进行严格的产品评估,才能开发出理想的功效性护肤品配方,这需要有一个体系化的研发流程。

(王飞飞)

第二节 化妆品生产工艺

本节主要论述清洁类化妆品、乳状液化妆品以及其他制剂包括冻干制剂和巴布剂的基本原理及生产工艺,以及功效性护肤品中的传输体系及工艺。

一、清洁类化妆品生产工艺

(一)表面活性剂分类

表面活性剂是指在很低浓度时能够显著降低溶剂(通常是水)的表(界)面张力的物质,它由两部分组成,一部分是长链的疏水性的亲油基团,另一部分是疏油性的亲水基团(图5-2),两者中间由化学键连接,故表面活性剂通常又称两亲物质。这种性质使表面活性剂具有许多应用性能,如润湿、乳化、增溶、起泡、抗静电、分散、絮凝、破乳、消泡等。

根据表面活性剂在水溶液中的状态和离子类型,可以将其分为阴离子表面活性剂、阳离子表面活性剂、两性表面活性剂、非离子表面活性剂以及特殊类型表面活性剂(具体可见第三章第一节)。

亲水基团　　亲油基团

图5-2　表面活性剂示意

(二)表面活性剂胶束及临界胶束浓度

英国胶体化学家McBain和他的学生在研究离子型表面活性剂时,根据这类物质的反常现象,提出胶束假说,即此类物质在溶液中当浓度超过一定值时会从单体自动缔合形成胶体大小的聚集体。McBain 给这种聚集体定名为 Micelle,即胶束,带有胶束的液体称为胶束溶液,形成胶束的过程称为胶化过程。溶液性质发生突变时的浓度,称为临界胶束浓度。

典型的胶束含 30~100 个表面活性剂分子,直径为 3~6nm,胶束内核为液态烃的性质。常见的胶束类型主要包括球形、棒状、层状和囊泡(图 5-3)。

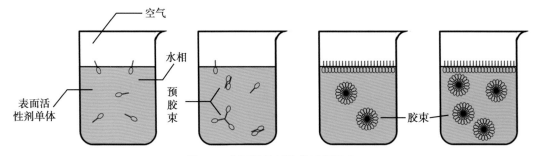

图 5-3 表面活性剂胶化过程示意

临界胶束浓度是表面活性剂的重要特性参数,它可以作为表面活性强弱的一种量度。表面活性剂的增溶作用、洗涤作用、起泡作用、润湿作用等都只有在临界胶束浓度以上才能发生,故临界胶束浓度越低的表面活性剂应用效率越高。

(三)清洁类产品生产工艺

清洁类产品按照配方体系分为三类,分别为皂基体系、皂基与表面活性剂复配体系和非皂基类表面活性剂体系。

1. 皂基体系 起泡迅速、泡沫丰富、洗涤力强,但因呈一定的弱碱性,脱脂力强,洗后皮肤干燥。

2. 皂基与表面活性剂复配体系 搭配合理可以既具备良好的冲洗感,也可以带来洗后的滋润感。非皂基类表面活性剂体系温和,脱脂力弱、刺激性低,但是搭配不当可能会引起不易冲洗的问题。

3. 非皂基类表面活性剂体系 "具有功效宣称"化妆品的清洁产品,特别是针对敏感皮肤的洁面产品,首选非皂基表面活性剂。非皂基表面活性剂的选择有以下方面。

(1)主表面活性剂选择:应用于洁肤产品的主表面活性剂,主要有脂肪醇聚氧乙烯醚硫酸酯(AES)、C_8~C_{14} 烷基糖苷(APG)、脂肪酰氨基酸盐、椰油酰羟乙基磺酸酯钠、烷基磷酸酯盐、羧基甜菜碱、脂肪酰基牛磺酸盐等。主表面活性剂的选择基本确定了体系的性质,包括清洁型、温和性、体系的增稠方式、产品性价比等。

(2)辅助表面活性剂选择:辅助表面活性剂在清洁产品中主要起到稳泡、降低刺激性、提升黏度等作用。主要为阴离子、非离子及两性表面活性剂,通过与主表面活性剂形成混合胶束,可改变主表面活性剂单一胶束的性质,进而改变主表面活性剂的脱脂性和刺激性。混合胶束增强了表面活性剂在水中的溶解性,减少了在冲洗过程中残留吸附在皮肤上的表面活性剂单体,因此也降低了主表面活性剂的刺激性(表 5-2~ 表 5-4)。

表 5-2 洁面乳配方

组分	原料名称	配比
A1	水	添加至 100%
A1	EDTA 二钠	0.10%
A1	甘油	5.00%
A1	羟丙基淀粉磷酸酯	3.00%
A2	KMT-30	30.00%
A2	椰油基羟乙基磺酸钠	10.00%
A2	椰油酰胺丙基甜菜碱	5.00%
A2	月桂酰谷氨酸钠	10.00%
B	乙二醇二硬脂酸酯	2.00%
B	霍霍巴蜡 PEG-120 酯类	2.00%
B	PEG-120 甲基葡萄糖二油酸酯	0.40%
B	枸橼酸	适量
C	苯氧乙醇	0.60%
C	马齿苋提取物	1.00%

注：添加至 100% 是指加入以下成分后再添加水直至 100%。

洁面乳制备工艺：室温下将 A1 混合均匀后将 A2 各相依次加入。慢速搅拌条件下将 A 升温至 85℃，保温搅拌完全溶解后，依次将 B 加入搅拌溶解完全。降温至 50℃加入 C，继续慢速搅拌降温至 40℃出料。

表 5-3 洁面泡沫配方

组分	原料名称	添加量
A1	辛酰 / 癸酰氨丙基甜菜碱	2.00%
A1	椰油酰胺丙基甜菜碱	4.00%
A1	月桂酰燕麦氨基酸钠	12.00%
A2	水	77.55%
A2	甘油	2.00%
A2	EDTA 二钠	0.05%
B	1, 2- 己二醇	0.20%
B	辛酸甘油酯	0.20%
B	马齿苋提取物	1.00%
B	白柳树皮提取物	1.00%

洁面泡沫制备工艺：室温下将 A1 混合均匀后将 A2 各相依次加入。慢速搅拌条件下将 A 升温至 85℃，保温搅拌完全溶解后，依次将 B 加入搅拌溶解完全。降温至 50℃加入 C，继续慢速搅拌降温至 40℃出料。

表 5-4　保湿卸妆水配方

组分	原料名称	添加量
A	辛酰 / 癸酰氨丙基甜菜碱	1.00%
A	甘油 -6 辛酸酯 / 聚甘油 -4 癸酸酯	1.50%
A	泊洛沙姆 184	1.00%
B	水	95.27%
B	西曲溴铵	0.08%
B	氯化钠	0.15%
B	马齿苋提取物	1.00%

保湿卸妆水制备工艺：将 A 相预先混合后，依次加入 B 相各成分，搅拌均匀即可。

二、乳状液产品生产工艺

乳状液（emulsion）是由两种互不相容的液相组成的分散体系，其中一相以极小的液滴形式分散在另一相中，分散相粒子直径一般在 0.1~10μm。通常把乳液中以小液滴形式存在的液体称为内相，又称为分散相或者不连续相；另一种液体称为外相，又称为分散介质或连续相。

（一）乳化剂

在乳状液产品中，乳化剂是连接水相和油相的桥梁，下面对乳化剂进行介绍。

1. 乳化剂的分类

（1）根据形成的乳状液性质：可分为水包油（O/W）乳化剂和油包水（W/O）乳化剂。

（2）根据分子结构：可分为阴离子型乳化剂、阳离子型乳化剂、非离子型乳化剂。

（3）根据来源和状态

1）高聚物乳化剂：天然的动植物胶、合成的聚乙烯醇等可看作高聚物乳化剂。这些化合物的分子量大，在界面上不能整齐排列，虽然降低界面张力不多，但它们能被吸附在油 - 水界面上，既可以改进界面膜的力学性质，又能增加分散相和分散介质的亲和力，从而提高了乳化体的稳定性。其中有些高聚物乳化剂分子量很大，能提高 O/W 水相的黏度，增加乳化体的稳定性。

2）天然产物：磷脂类（如卵磷脂）、植物胶（如阿拉伯胶）、动物胶（如明胶）。纤维素、木质素、海藻胶类（如藻朊酸钠）等可作为 O/W 乳化剂。羊毛脂和固醇类（如脂固醇）等可作为 W/O 乳化剂。

3）固体颗粒乳化剂：20 世纪初，Ramsden 发现胶体尺寸的固体颗粒也可以稳定乳液。Pickering 对这种乳液体系展开了系统的研究工作，因此，此类乳液又被称为 Pickering 乳状液,用来稳定乳液的颗粒就称为 Pickering 乳化剂,其优势在于在较低乳化剂用量下即可形成稳定的乳液。Pickering 乳化剂主要包括无机颗粒和生物来源的有机颗粒,无机颗粒主要有二氧化钛、黏土、二氧化硅等,有机颗粒有淀粉颗粒、淀粉纳米晶、改性淀粉颗粒、蛋白颗粒、海藻酸钠等。Rayner 等发现大米淀粉纳米粒子有较好的乳化能力,而后通过辛烯基琥珀酸酐(OSA)改性淀粉粒子,增强其表面疏水性,获得了液滴粒径较小、稳定性更好的 Pickering 乳液。

2. 乳化剂的 HLB 值　为了建立溶液中表面活性剂亲水性与官能团之间的定量关系,Griffin 提出表面活性剂的亲水疏水平衡(hydrophilicity-lipophilic-balance, HLB)值概念。HLB 值就是用以表示表面活性剂分子内部平衡后整个分子的综合倾向是亲油还是亲水,简单地说,HLB 表示亲水亲油的平衡。

1949 年 Griffin 提出了 HLB 值的概念,以石蜡的 HLB=0、油酸的 HLB=1、油酸钾的 HLB=20、十二烷基硫酸钠的 HLB=40 作为标准。HLB 越小,表示分子的亲油性越强;HLB 值越大,则亲水性越强,不同 HLB 值的功能见表 5-5。

表 5-5　不同亲水 - 疏水平衡值的表面活性剂的功能

HLB 值	功能
1~3	消泡剂
3~6	W/O 乳化剂
7~9	润湿剂
8~18	O/W 乳化剂
13~15	洗涤剂
15~18	增溶剂

3. 功效性护肤品中常用的乳化剂　护肤品中常用的乳化剂很多,特别是随着科技不断进步,新的乳化剂不断涌现。功效性护肤品产品中以非离子乳化剂为主,目前市面上非离子乳化剂主要有糖苷类、蔗糖酯类、甘油酯类、聚甘油类、聚醚类、卵磷脂类。此外,一些植物乳化剂,如橄榄类、燕麦类、发酵类等都有比较突出的特点。目前市场上功效性护肤品中常用的 O/W 乳化剂见表 5-6。

表 5-6　功效性护肤品中常用的水包油乳化剂

分类	商品名	中文名称
糖苷类	MONTANOV 68	鲸蜡硬脂醇(和)鲸蜡硬脂基葡萄糖苷
	MONTANOV L	C14-22 醇(和)C12-20 烷基葡萄糖苷
	TEGO Care CG 90	鲸蜡硬脂基葡萄糖苷
	Emulgade PL 68/50	鲸蜡硬脂基葡萄糖苷 / 鲸蜡硬脂醇
蔗糖酯	TEGOSOFT PSE 141G	蔗糖硬脂酸酯
	Emulgade Sucro	蔗糖多硬脂酸酯 / 氢化聚异丁烯

分类	商品名	中文名称
聚甘油	TEGO Care 450	聚甘油 -3- 甲基葡萄糖二硬脂酸酯
	Plurol™ Stearique	聚甘油 -6 二硬脂酸酯
甘油酯	AXOL C 62PELLETS	甘油硬脂酸酯枸橼酸酯
	TEGIN® Pellets	甘油硬脂酸酯 SE
	Dermofeel® easymuls plus	甘油油酸酯枸橼酸酯
聚醚	Eumulgin® BA	山嵛醇聚醚 -25
卵磷脂	PHOSPHOLIPON 80H	氢化卵磷脂
	Phytocompo-PP	氢化卵磷脂 / 野大豆甾醇类
其他	U-ferment® FE	假丝酵母 / 葡萄糖 / 油菜籽油酸甲酯发酵产物（和）稻胚芽油（和）椰子油
	Olivem 1000	鲸蜡硬脂醇橄榄油酸酯,山梨坦橄榄油酸酯

（二）乳状液的分类及工艺

不同体系乳状液中分散相液滴的大小差异性很大,不同大小的液滴对于入射光的吸收、散射也不同,从而表现出不同的外观,不同液滴的乳状液的外观见表 5-7。

表 5-7　乳状液的液滴大小和外观

液滴大小 /μm	外观
≥1	可以分辨出两相
>1	乳白色
0.1~1.0	蓝白色
0.05~1.00	灰色半透明
<0.05	透明

按照分散相粒子的微观结构,可以将乳状液分为普通结构乳状液与特殊结构乳状液。普通结构乳状液包括 O/W 与 W/O;而特殊结构乳状液包括纳米乳液、微乳状液、多重结构乳状液、液晶结构乳状液等。

1. 普通乳状液及制备工艺　普通结构乳状液包括 O/W 与 W/O,属于热力学稳定、动力学具有一定稳定性的体系,大部分乳状液体系分散相粒子在几微米或几十微米(图 5-4)。护肤品中常见的乳霜体系大多数属于普通结构乳液。

普通结构乳液制备过程一般采用自然乳化法,是指在乳状液制备过程中,在一定温度范围内,搅拌外相的过程中将内相加入外相中,通过搅拌、均质等剪切形成分散相,从而形成乳状液的方法。

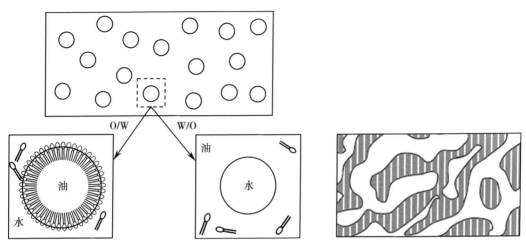

图 5-4 水包油乳状液（O/W）与油包水乳状液（W/O）示意

2. 纳米乳液及制备工艺

（1）纳米乳液的特点：纳米乳液是一类液相以液滴形式分散于第二相的胶体分散体系，呈透明或半透明状，粒径在 50~400nm，也被称为细乳液、超细乳液、不稳定的微乳液和亚微米乳液等。

纳米乳液由于其分散相粒子的粒径小于普通乳状液，是动力学稳定体系，其性质稳定主要依赖于配方组成、制备方法、原料的加入顺序和乳化过程中产生的相态变化。由于粒径小，通过布朗运动可克服重力作用，在储存过程中不容易出现分层，也阻止了絮凝状物质的产生，使体系均一。但由于纳米乳液在热力学上不稳定，且液滴粒径越小，所具有的界面能越高，越有利于奥斯特瓦尔德熟化的发生，小液滴中的流体越容易转移到大液滴中，最终导致乳液的质地粗糙。

纳米乳液应用于"具有功效宣称"化妆品，主要有两个方面：纳米乳液体系直接形成产品，即将乳状液中的乳化粒子控制在 50~400nm，这类乳化体系如果是 O/W，其肤感更清爽，由于内相粒子较小，减少了内相的肤感；另一方面，作为活性成分的一种载体，即将油溶性或油水不溶性的活性成分事先做成纳米乳液，可以很好地分散于水体系中。

（2）纳米乳液的制备：通常有两种制备方法：高能（high-energy）法和低能（low-energy）法。

1）高能法：需要高压均质机、微射流机或者超声射流均质器等特殊设备以提供足够高的能量来产生细小粒径的纳米乳液，然而只有极少的能量（约 0.1%）被用于乳化过程，大部分都以热能的形式损耗。

2）低能法：是利用体系自身的化学能，只需提供简单的搅拌便可形成纳米乳液，可以大大地降低成本与投入，具有很好的生产与应用价值。低能制备方法又可分为恒温法（isothermal methods）、变温法（thermal methods）及 D 相乳化法（D-phase emulsification，DPE）。

①恒温法：常见的方法为自发性乳化（SE）法和突变转相（PIC）法，SE 法制备纳米乳液的过程是将油相（油脂及亲水性的表面活性剂）逐步加入水相（水、助溶剂等）中，其机制为：在油相与水相接触的边界处，水相被油相中的反胶束增溶，在某一特定条件下形成双连续微乳液，当双连续相被破坏后自发形成纳米乳液。PIC 法是将水相逐步

加入混合均匀的油相中的方法(图 5-5),其形成机制与 SE 法类似,开始滴加水相时形成 W/O 的微乳液,继续滴加水相会逐渐形成具有一定黏度的液晶相或双连续微乳液,继续添加水相,形成 O/W/O 多重乳液且黏度降低,最后发生突变转相,形成 O/W 纳米乳液。

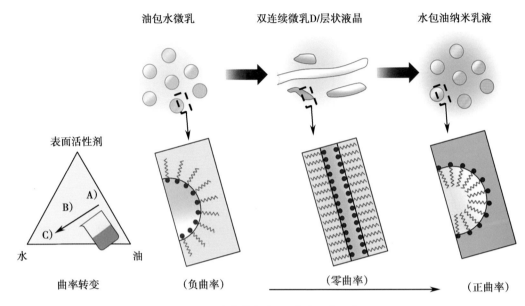

图 5-5　突变转相(PIC)法工艺示意

②变温法:是通过温度变化来形成纳米乳液的方法,最常使用的是相转变温度(phase inversion temperature, PIT)法(图 5-6)。其制备方法可分为 3 步:将表面活性剂、油相以及水相在常温下搅拌形成初乳液;将初乳液逐渐加热至 PIT 附近或高于 PIT;将加热好的体系迅速降温或稀释于冷水中,即可形成 O/W 纳米乳液。

③D 相乳化法:是一种新型的低能法,采用 1, 3- 丁二醇或甘油溶解分散表面活性剂形成 D 相,将 D 相里边加入油容易形成 O/D 乳液,最后加入水相,在均质条件下得到 O/W。与传统的低能法相比,DPE 法具有以下优势:对油脂的选择范围更广,甚至包括成分复杂的植物油脂;可以大大地降低表面活性剂的浓度;不需要严格调整体系的 HLB 值即可制备具有优异稳定性的纳米乳液。D 相乳化是一种高效的乳化技术,但 D 相乳化对于工艺的要求较高,且随着油相的添加产品黏度增大明显,给实际的生产带来很大挑战。

3. 微乳状液及制备工艺　微乳状液是由水、油、表面活性剂和助表面活性剂等四个组分以适当的比例自发形成的透明或半透明的稳定体系,简称微乳液或微乳。经大量研究发现,微乳状液的分散相颗粒很小,常在 10~100nm。

实际上,由于微乳状液在形成过程中要求的乳 / 油比(即乳化剂 / 油相)很高,而过多的乳化剂的存在可能会带来一定的刺激性,因此,微乳状液在化妆品中的应用并不广泛。

4. 多重结构乳状液及制备工艺　多重结构乳状液是指一种 O/W 和 W/O 共存的复合体系,目前研究较多的是双重结构乳状液,即 W/O/W 或 O/W/O。

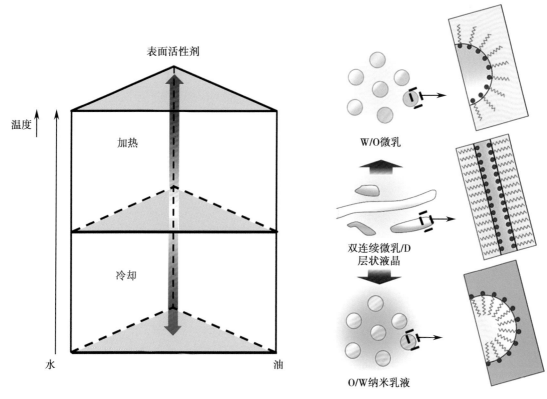

图 5-6　相转变温度（PIT）法工艺示意

（1）制备工艺：多重结构乳状液最常见的制备工艺是两步乳化法。先用亲油性乳化剂制备 W/O，然后，将该乳液滴加至有亲水性乳化剂的水相中，即可制得 W/O/W。两步乳化法的优点是完全可控；缺点是由于第二步乳化为关键步骤，对搅拌速度、添加速度较敏感，生产控制较困难。

（2）优势：多重结构乳状液应用于化妆品中主要的优势为，W/O/W（O/W/O）可以将水相（油相）分为内水相（内油相）与外水相（外油相），可将亲水性（亲油性）活性物分别置于内水相（内油相）与外水相（外油相），以提升活性物的稳定性。另外，添加在内相的活性成分要通过两相界面才能释放出来，达到控制释放的作用。W/O/W 集 W/O 与 O/W 的良好肤感于一体，既有 W/O 的滋润性，也具备 O/W 的清爽性。

5. 液晶结构乳状液及制备工艺　液晶结构乳状液是近年来备受护肤品领域关注的乳化体系，通过选择适合的乳化剂形成具有液晶结构的乳状液，用于护肤品。含有液晶结构的乳状液具有很好的稳定性；可以延长水合作用和封闭作用，具有优异的保湿性能；可以使添加于分散相的活性成分更为缓慢地释放并促进渗透。因此，能有助于"具有功效宣称"化妆品发挥更大的作用。

液晶乳化法首先是将所选的表面活性剂与少量水混合加热搅拌至溶解，先形成表面活性剂的液晶相，也就是溶致液晶相。随后将油相加入表面活性剂液晶相中，使得油与表面活性剂形成油 / 层状液晶胶乳状液。此时的胶状乳液中，表面活性剂在油相分子介质中形成定向排列结构，因此在向此胶状乳液中加水时，随着油水比例的变化，会形成具有液晶的 O/W

稳定乳状液。

综上所述,在上述的乳状液类型中,普通结构乳状液是目前护肤品中最常见的乳状液。液晶乳状液由于其优异的保湿性能,也受到广泛青睐,市面上有大量的液晶乳状液可供使用,并且制备工艺相对也比较成熟。纳米乳液与多重结构乳状液配方优势突出,但是目前仍存在生产工艺不够成熟的缺点,市面上宣称纳米乳液的产品,也均使用了具有纳米结构活性物或者是纳米乳液的半成品。

三、冻干制剂及制备工艺

冻干技术是一种将有效成分与辅料全过程低温处理,通过冷冻干燥而赋形的速释制剂制备技术,目前市面上出现了冻干粉、冻干喷雾、冻干面膜、冻干洁面球等形式的产品,将冻干工艺应用到护肤品中。

1. 特点及优势 冻干制剂在低温下完成,制成的产品含水量低,这种形式的产品最大限度地保存了活性物的活性,特别是对水分、氧气敏感的物质,如维生素C、白藜芦醇等。冻干制剂不需要添加防腐剂,在使用过程中,现配现用或者冷藏短期保存,不容易产生微生物的问题,不添加防腐剂大大地降低了产品潜在的刺激性。冻干制剂一般为小规格包装,方便携带。

2. 制备方法 冻干制剂由辅料、活性物、水组成,避免加入高沸点的多元醇、溶剂等,常用的辅料有甘露糖醇、海藻糖、普鲁兰多糖等,将冻干制剂组分进行预混合,配制成澄清溶液,通过冷冻干燥成形。常见的冻干制剂制备方法包括以下工序。

(1)将灌装至瓶内和半加塞的冻干液放入冻干机内,启动冻干机,设置60分钟内从室温预冷至-50℃,并维持240分钟,真空度为0mbar,将冻干液冻实。

(2)分五个阶段将冻实的冻干液从-50℃升温至-25℃,每一阶段升温5℃,升温速率为0.17℃/min,每个阶段均维持240分钟,每个阶段的真空度为0.05mbar。

(3)再分四个阶段将经过工序2处理的冻干液从-25℃升温至-5℃,每一阶段升温5℃,升温速率为0.5℃/min,所述四个阶段一一对应地维持240分钟、180分钟、180分钟和90分钟,每个阶段的真空度均为0.10mbar。

(4)最后分五个阶段将经过工序3处理的冻干液从-5℃升温至20℃即得到冻干制剂,每一阶段升温5℃,升温速率为0.17℃/min,所述五个阶段一一对应地维持180分钟、120分钟、120分钟、90分钟、90分钟,每个阶段的真空度均为0.15mbar。

四、巴布剂及制备工艺

巴布剂也称为水凝胶贴剂,它实质上是一种以亲水性聚合物为基质的贴膏剂,由背衬层、黏附基质和防黏层组成。由于含水量高,为了防止活性物及水分挥发,必须使用密封良好的外包装,以保证适宜的有效期。

巴布剂的制备工艺为:先将有效成分溶解或均匀地分散在配制好的基质中,然后涂布到防黏层上,再覆盖无纺布背衬(或者直接涂布在无纺布上,然后覆盖防黏层),裁切、包装即得成品。

五、功效性护肤品中的传输体系及工艺

在护肤品配方中,常将活性物与各种各样其他化合物复配,制成不同剂型产品,并且可控制活性物组分的输送。

在功效性护肤品的开发中,活性物起到至关重要的作用,决定活性物组分的功效取决于活性物的功效和它的可输送性。为了提高产品的功效,减少刺激性,常常要利用传输体系对活性物进行处理,控制活性物的释放速度和吸收速度。此外,还可以降低组分在表皮和真皮内的浓度,从而降低可能的刺激作用。护肤品中的传输体系主要有脂质体(liposome)、传递体(transfersomes)、非离子表面活性剂囊泡(niosome)、固体脂质纳米粒(solid lipid nanoparticles,SLN)、纳米结构脂质载体(nanostructured lipid carrier,NLC)。

(一)脂质体

1965年剑桥大学教授Bargham和他的同事发现磷脂在水溶液中可以形成一种脂质双分子膜的封闭囊泡,将其称为磷脂胞囊或脂质体(liposome)。1986年推出了第一个脂质体化妆品。现今,脂质体(图5-7)已广泛地用于护肤品。脂质体可使活性物的生物利用度提高,提升其稳定性,或将这些物质输送至较深的皮层。

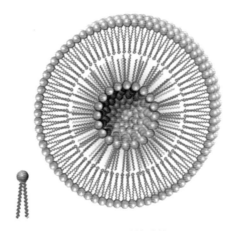

图 5-7　脂质体结构

1. 脂质体主要类型

(1)多室脂质体(multilamellar vesicles,MLV):是制备方面最简单的脂质体,一般将干磷脂在水中摇动形成,直径为500nm至几微米。其特征是有多层同心结构,每层由水相隔开。MLV成层性取决于脂质组成,一般在5~20层变化。MLV分散液呈奶状,或混浊,并且可能经历一段时间后会沉降。

(2)大单室脂质体(large unilamellar vesicles,LUV):单层囊泡由单一双层组成。典型大单室脂质体大小可在0.1~1μm变化。

(3)小单室脂质体(small ultilamellar vesicles,SUV):是由一个单一的双层形成的囊泡,直径小,为20~80nm。一般由两性分子制备,其中包括磷脂(卵磷脂或大豆磷脂)、(神经)鞘脂类、皮肤脂质[脑(糖)苷、胆固醇、脂肪酸、胆固醇脂肪酸酯]或非离子脂质。

2. 脂质体的制备工艺

(1)干膜超滤法:是一种常用方法。先将类脂溶解在有机溶剂中,然后通过真空蒸馏法除去溶剂,剩余物在器壁上形成一层薄膜,加入含有电解质和/或亲水性生物活性物质的水溶液进行混合,这时产生大量的多层脂质体,再用不同大小孔径滤器按梯度顺序过滤,可制得大小不同的多层脂质体。

(2)超声波与离心法相结合的技术:该法通常制备单层脂质体。将含有被包封物质的类脂水溶液和一种与水不相容的溶媒混合,将混合液经超声处理,形成脂质体前身(即指水性小球被单分子层类脂所包封),再将其与含有两亲性组分的水性介质混合制得类脂小球,混合物经过离心机处理,把小球压入单分子类脂层。

(3)注入法:将类脂的乙醇或乙醚溶液迅速注入缓冲液中,使其自发形成单层脂质体。

这种方法简便、迅速,不需要激烈的作用,但形成的产品较稀,而且包封率较低。

（4）表面活性剂除去法:将类脂和表面活性剂通过搅拌或声波处理,增溶形成胶团,表面活性剂再用透析法除去可形成单层脂质体。

（5）高压均质乳化法:其基本操作是将油相溶液和水相溶液振荡直至形成初乳,然后加压使其通过精确的微细通道,利用高压流产生的巨大剪切力、冲击力及空穴作用使流体被快速加速,最后得到粒度小、分布均匀的脂质体悬液(图5-8)。该法可避免使用大量的有机溶剂,所制得的脂质体平均粒度小、分布均匀、稳定性好,可应用于工业中进行大规模生产。

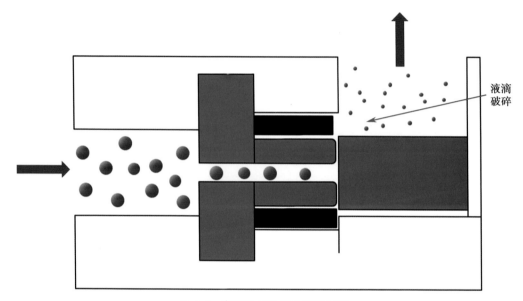

图 5-8　高压均质乳化法流程示意

（6）加压挤出法:把多层脂质体在一定的压力下经挤压机,通过小孔的挤压可把脂质体的体积变小,层数也减少,这种挤压机系在低温下以 138MPa 压力挤压而成,该法简单,重现性好,无破坏性,包封率较高,但需要以多层脂质体作为前身。

（7）反向蒸发法:这种技术是把类脂溶解在有机溶媒中形成 W/O,另把包封物质溶解在缓冲液中,减压除去有机溶媒,再经搅拌分散在水性介质中,最后转化成单层脂质体。

三种脂质体类型的制备方法比较见表5-8。

表 5-8　三种脂质体类型的制备方法比较

分类	制备方式	优点	缺点
多室脂质体	干膜超滤法	包封容量比较大,效率高,稳定性好	大小不均匀,形态不规则;不易包封的物质难以有效地送入细胞中
大单室脂质体	注入法、表面活性剂除去法、反向蒸发法、加压挤出法	单位脂质包封容量大,包封率高	尺寸不均一
小单室脂质体	超声波、注入法、高压均质乳化法	大小、形态均匀	包封率低、容量小,不易包封高分子,脂质体间容易发生融合

（二）传递体

传递体是指具有高度变形能力,并能以皮肤水化压差为动力,高效穿透比其自身小很多的孔道的类脂聚集体,传递体也称为柔性纳米脂质体。

传递体是由常规脂质体经处方改进而来,即在脂质体的磷脂成分中不加或者少加胆固醇,同时加入膜软化剂,主要是表面活性剂如胆酸钠、吐温、司盘,使其类脂具有高度的变形能力,这是它和普通脂质体最大的区别(图5-9)。传递体的制备工艺同脂质体。

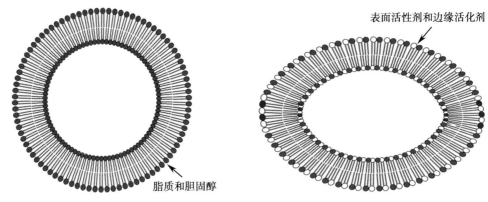

图5-9 脂质体和传递体的区别示意

（三）非离子表面活性剂囊泡

20世纪70年代Vanlerberghe等首先开发了非离子表面活性剂囊泡并将之应用在护肤品中。非离子表面活性剂囊泡(图5-10)就是用非离子表面活性剂构成与脂质体类似的单室或多室双分子层囊泡,可包裹亲水或亲脂活性物。粒径一般为0.05~20.00μm。这种囊泡用非离子表面活性剂代替脂质体中的两性表面活性剂磷脂,不仅具有脂质体的许多优点,而且克服了磷脂不稳定、来源不一、成本较高等问题。非离子表面活性剂囊泡的制备方法与脂质体的制备方法相同,主要有薄膜分散法、注入法、超声波法、逆相蒸发法等。

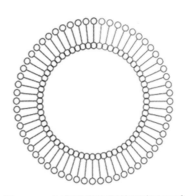

图5-10 非离子表面活性剂囊泡示意

（四）固体脂质纳米粒

从20世纪90年代起,固体脂质纳米粒(solid lipid nanoparticles,SLN)(图5-11)作为药物载体得到了研究和应用。SLN以多种固态的、天然或合成的、生理耐受性良好的类脂材料作为骨架。这些类脂材料有四种类型:甘油酯类,如棕榈酸甘油酯、肉豆蔻酸甘油酯等;类固醇类,主要是胆固醇;饱和脂肪酸类,如硬脂酸、月桂酸等;蜡质类,如鲸蜡醇十六酸酯。这四种类型的类脂材料为骨架形成的固体颗粒,粒径为50~1 000nm,能将亲脂性活性物包封于脂核中或吸附在颗粒表面。

SLN的制备工艺有高压均质乳化法、微乳技术、淀粉脂质粒子技术、热融分散技术、改良的高剪切乳化超声法、注射法和复乳法等。高压均质乳化法是制备SLN最常用的方法,

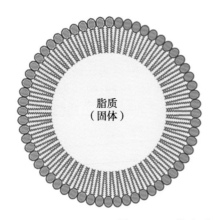

图 5-11　固体脂质纳米粒（SLN）示意

主要过程是首先将亲脂性活性物溶解、增溶或者分散在熔融（5~10℃高于脂质的熔点）的脂质中，再将此体系于搅拌下分散到含有表面活性剂的水溶液中形成乳剂。在高于脂质溶点的温度下使该乳剂经过均质乳化机高压乳化，冷却后即得纳米粒混悬液。

　　与一般的脂质体相比，SLN 传输载体具有更好的性能，其优点为较高的载药量、缓释效果更佳、在皮肤上的成膜性更强、起到更好的保湿作用、粒径更小、有利于活性物吸收。通常 SLN 由单一固体脂质制备，存在一些潜在的问题：SLN 乳液含有大量水，形成分子排列紧密的晶格结构，限制了 SLN 的载药能力；有一部分颗粒晶体以较高能量形式存在，在加热或储存过程中会发生晶型转变，通常是由亚稳态的 α 型经过 β′ 型变为 β 型；随着晶格的有序性提高，导致活性成分排挤渗漏，在存储过程中，活性成分释放机制可能发生变化，颗粒变大，出现凝胶化现象。

（五）纳米结构脂质体

　　纳米结构脂质体（nanostructured lipid carriers，NLC）是第二代脂质载体（图 5-12），它的引入克服了 SLN 的缺点。与 SLN 相比，NLC 是由固态油脂和液态油脂的混合油脂制备，抑制了结晶化过程，破坏了 SLN 原有的脂质排列状态，所得结晶不完全，活性成分可以负载在脂肪酸链之间或是脂质层间及晶格空隙中，负载量增大的同时减小了储存过程中活性成分的排挤。

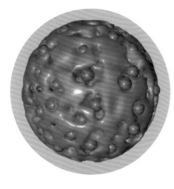

　　NLC 的制备方法常用的有高压匀质法、乳化 - 溶剂蒸发法、微乳液法、多重乳液法。

　　NLC 作为赋形剂使用，可直接将 SLN 和 NLC 加入现有产品中得到新型产品，如在面霜或洗涤剂中添加 SLN 或 NLC。这种产品的生产一般是一部分水用浓缩的 NLC 或 SLN 悬浮液代替，将原面霜或洗涤剂冷却到 30℃，边搅拌边加入脂质纳米颗粒的悬浮液。还可以在 SLN 和 NLC 的水相中添加黏度增强剂获得凝胶。

　　综上所述，传输体系有助于提高功效性护肤品的功能，是一种很有价值和应用前景的研究方向，目前市面上出现了

图 5-12　纳米结构脂质体示意

许多含有脂质体的护肤品,它们在保湿、美白、抗衰老等方面展现出良好的功效。非离子表面活性剂囊泡和 NLC 在护肤品中还未普及,需要更多的研究。

（王飞飞）

第三节　婴幼儿及老年人化妆品配方设计

一、婴幼儿化妆品配方设计

婴幼儿是一个特殊群体,他们的皮肤与成年人相比有许多不同之处,所以婴幼儿护肤品需要根据婴幼儿皮肤进行设计。为确保产品质量安全,我国《儿童化妆品申报与审评指南》规定儿童用化妆品是指年龄在 12 岁以下（含 12 岁）儿童使用的化妆品。而婴幼儿化妆品,针对 0~3 岁问题皮肤设计产品,要求更为严苛,需要对原料筛选、配方设计、工艺设计、产品安全性、功效性评估等研发过程层层把关。

（一）婴幼儿化妆品配方设计原则

我国《儿童化妆品申报与审评指南》提出了儿童化妆品的配方原则。儿童化妆品的配方设计要以安全性为第一要素,还强调了儿童化妆品主要在其功能,而不是装饰和美容,以此区别于成年人化妆品,其目的是保持儿童皮肤的清洁、健康和舒适。而婴幼儿化妆品主要针对婴幼儿问题皮肤进行护理,儿童皮肤面积仅有成年人的 1/10,表皮较薄,皮脂腺、汗腺未发育成熟,皮肤屏障功能不健全,对配方设计提出了更高的要求。所以需要在《儿童化妆品申报与审评指南》基础上,更进一步关注配方的安全性、功效性,对婴幼儿问题皮肤进行针对性护理。

1. 配方精简、安全　对于婴幼儿护肤品,其安全性是首先要考虑的,而配方精简是保证配方安全性的前提。婴幼儿护肤品由各种原料组成,原料的安全性与产品的安全性息息相关,所以在保证产品使用体验及功效性基础上,应最大限度地减少配方所用原料。选择原料时,应尽量采用纯度高、杂质少、无刺激或低刺激性原料,了解原料的基本性质、适用范围、安全用量及注意事项等信息。不添加香精、色素、致敏防腐剂等原料。

2. 配方功效性　婴幼儿护肤品主要用于婴幼儿皮肤的清洁和护理。清洁对于婴幼儿的卫生来说至关重要,基于婴幼儿皮肤的特点,设计清洁类配方时要考虑到配方的温和性和洗脱能力的平衡。对婴幼儿皮肤的护理,主要针对干燥、炎症、过敏和防晒等问题,需要有良好的修复屏障和抑制炎症的效果,较高的滋润性和保湿性。

3. 配方稳定性　配方稳定性决定了产品的品质,在一定的货架期内要保证产品具有良好的稳定性也是配方设计考虑的主要问题。配方结构基本模块除了功效体系外,还包括乳化体系、增稠体系、抗氧化体系、防腐体系及保湿体系。对于乳化体系来说（图 5-13）,乳化剂、增稠剂决定了配方体系框架的稳定性,配方研发过程可以借助显微镜观察其分散粒径情况,有助于判定乳化体的乳化效果及产品的稳定性。抗氧化体系和防腐体系在配方中也是很有必要的。抗氧化体系可以防止产品中易氧化的原料变质、酸败,防腐体系防止微生物滋生和产品二次污染等现象,而功效体系由于含有大量离子成分,往往会对配方体系的稳定性提出挑战。

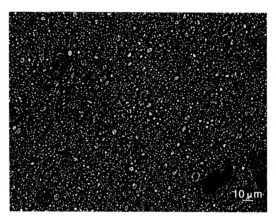

图 5-13　乳化体的显微镜下表现

（二）婴幼儿常用化妆品的配方设计

1. 清洁类　婴幼儿的眼睛和皮肤对刺激比较敏感,所以清洁类产品配方要比成年人的产品更温和安全。常用表面活性剂按类型可分为阴离子、阳离子、两性离子、非离子。不同于成年人清洁产品,婴幼儿清洁类产品对清洁能力要求较低,不需要太强的脱脂能力,所以主要选择温和的两性表面活性剂和非离子型表面活性剂复配,这样可以使体系形成的胶团增大,降低刺激性。考虑到发泡能力和洗涤作用,阴离子表面活性剂可以适当加入,但需控制用量。特别提醒,配方整体的表面活性剂用量需低于成年人的产品;不建议添加香精、色素和致敏防腐剂（表 5-9、表 5-10）。

表 5-9　沐浴类配方方案

组分	作用	原料实例
非离子表面活性剂	改善温和性,增溶疏水性成分	PEG-80 失水山梨醇月桂酸酯、聚山梨醇酯 -60、聚山梨醇酯 -20 等
两性表面活性剂	改善温和性、发泡及清洁能力	辛酰 / 癸酰氨丙基甜菜碱、椰油酰两性基乙酸钠等
阴离子表面活性剂	改善发泡和清洁能力	椰油酰羟乙磺酸酯钠、月桂醇聚醚硫酸酯钠等
防腐剂	抑制或杀灭微生物	苯氧乙醇、苯甲酸钠、山梨酸钾等
增稠剂	增加黏度,调节流变性	丙烯酸（酯）类 /C10-30 烷醇丙烯酸酯交联聚合物、PEG-150 二硬脂酸酯、PEG-120 甲基葡萄糖二油酸酯等
pH 调节剂	调节 pH,形成缓冲对	枸橼酸、枸橼酸三钠等
调理剂	调理皮肤 / 头发	聚季铵盐类
保湿剂	保湿作用	甘油、HA 钠、泛醇等
遮光剂	改善产品外观	乙二醇二硬脂酸酯等
皮肤调理剂	抑制炎症、缓解皮肤不适	马齿苋提取物、金盏花提取物、尿囊素等

表 5-10　沐浴乳配方实例

相	组分	质量分数 /%
B	椰油酰两性基乙酸钠、氯化钠、水	5.00
B	辛酰 / 癸酰氨丙基甜菜碱、氯化钠、水	8.00
B	PEG-80 失水山梨醇月桂酸酯、水	6.00
B	椰油酰羟乙磺酸酯钠、椰油酸、羟乙磺酸钠	5.00
A	丙烯酸（酯）类 /C10-30 烷醇丙烯酸酯交联聚合物	0.50
B	鲸蜡硬脂醇聚醚 -60 肉豆蔻基甘醇	2.50
B	乙二醇二硬脂酸酯	0.20
A	甘油	3.00
B	尿囊素	0.20
C	泛醇	0.10
D	枸橼酸	0.02
C	金盏花提取物	0.10
C	防腐剂	适量
A	纯化水	添加至 100

制备方法：将 A 相加入主配罐，搅拌混合均匀，确保聚合物溶胀完全。将 B 相加入主配罐中，混合均匀，加热至 80~85℃，确保溶解混合完全后，开启降温，冷却至 45℃，加入 C 相物料，混合均匀，用 D 相进行 pH 调节，最终 pH 调节至 5.0~6.5。当达到所要求出料温度时，停止冷却，进行质量检测合格后出料。

2. 润肤乳液 / 膏霜　在婴幼儿化妆品中，润肤的乳液和膏霜是重要的品类，主要起到滋润皮肤和保湿作用。根据产品的外观、黏度、肤感等指标结合季节性护理，可选择润肤乳液和润肤膏霜。润肤乳液黏度较低，肤感偏清爽，可以选择轻质油脂，如角鲨烷、低黏硅油、异构烷烃。可添加较少固态、封闭性油脂，如矿油、矿脂、牛油果树果脂等。而润肤膏霜黏度较大，整个体系偏滋润，所以膏霜中油脂的选择正好与乳液相反，可以增加固态油脂及封闭性油脂，降低轻质油脂的加入，同时适当提升配方体系油脂总量。

水溶性保湿剂可以选择大分子多糖类，如 HA 钠、葡聚糖、银耳多糖等，多元醇保湿剂，如甘油、丁二醇、1, 2- 戊二醇等。皮肤屏障修复成分神经酰胺在调节皮肤屏障功能和防止皮肤失水方面至关重要。其他原料的选择如乳化剂、增稠剂、肤感调节剂、防腐剂等应遵循配方精简原则，选择应用时间较长，安全性高的原料。O/W 配方方案如表 5-11、表 5-12。

表 5-11 水包油乳状液配方方案

组分	作用	原料实例
非离子型乳化剂	降低界面张力	蔗糖酯类、烷基糖苷类、甘油脂肪酸酯类等
增稠剂	增加制剂黏度	卡波姆类、丙烯酸酯/C10-30 烷基丙烯酸酯交联聚合物等
润肤剂	滋润皮肤	矿脂、矿油、牛油果树果脂、鲸蜡硬脂醇、角鲨烷、辛酸/癸酸甘油三酯等
保湿剂	保湿	甘油、丁二醇、1, 2- 戊二醇等
皮肤调理剂	修复皮肤屏障、抑制炎症、舒缓皮肤	青刺果油、金盏花提取物、马齿苋提取物、向日葵籽油不皂化物、神经酰胺、胆甾醇、HA 钠等
防腐剂	抑制或杀灭微生物	苯氧乙醇、苯甲酸钠、山梨酸钾等
肤感调节剂	改善产品肤感	小核菌胶、皱波角叉菜提取物、淀粉辛烯基琥珀酸铝等
pH 调节剂	调节产品 pH	三乙醇胺、精氨酸、枸橼酸、枸橼酸三钠等

表 5-12 水包油润肤膏霜配方实例

相	组分	质量分数 /%
A	蔗糖硬脂酸酯	2.00
C	鲸蜡硬脂醇	1.50
A	丙烯酸羟乙酯/丙烯酰二甲基牛磺酸钠共聚物	0.50
C	矿脂	3.00
C	牛油果树果脂	5.00
C	角鲨烷	3.00
C	聚二甲基硅氧烷	3.00
C	青刺果油	1.00
C	维生素 E 醋酸酯	1.00
A	甘油	8.00
A	HA 钠	0.05
B	向日葵籽油不皂化物	0.20
D	金盏花提取物	1.00
A	EDTA-2Na	0.05
D	防腐剂	适量
A	纯化水	添加至 100

润肤膏霜制备方法：将 A 相加入主配罐，搅拌混合均匀，开启加热至 65~75℃。在油相锅中加入 B 相，加热至 70~80℃，溶解完全。将 C 相加入油相锅中，搅拌混合溶解均匀。开启均质，将油相锅中料体抽入主配罐，均质乳化 5 分钟至膏霜完全均匀后，开启降温，冷却至 45℃，加入 D 相物料，混合均匀。当达到所要求出料温度时，停止冷却，进行质量检测合格后出料。

3. 按摩油　婴幼儿皮肤娇嫩，清洁皮肤后，有时可选择按摩油加强皮肤护理，除了滋养保护皮肤，母亲还可以通过抚触婴幼儿皮肤提升亲子关系。

按摩油的配方相对简单，主要由各种油脂组成。在油脂的选择方面，尽量选择天然润肤油脂，如澳洲坚果油、鳄梨油、霍霍巴籽油、甜扁桃油、向日葵籽油、青刺果油等，还要考虑原料的稳定性及气味问题。同时，还需要添加一定的抗氧化剂。配方尽量精简，不添加香精、色素、致敏防腐剂（表 5-13、表 5-14）。按摩油制备方法：将所有组分混合均匀即可。

表 5-13　按摩油配方方案

组分	作用	原料实例
油脂	滋润皮肤，柔滑肤感	聚二甲基硅氧烷、澳洲坚果油、鳄梨油等
抗氧化剂	防止产品酸败，保证产品稳定性	维生素 E、迷迭香提取物等
皮肤调理剂	舒缓肌肤	青刺果油、金盏花提取物、红没药醇等

表 5-14　按摩油配方实例

组分	质量分数 /%
向日葵籽油	70.0
澳洲坚果油	17.5
青刺果油	10.0
向日葵籽油不皂化物	1.00
维生素 E	0.50

4. 爽身粉　婴幼儿皮肤夏季由于出汗和衣物透气性问题，容易产生痱子，爽身粉是夏季婴幼儿皮肤护理不可或缺的产品，主要作用是吸收水分，使皮肤保持干爽。传统的爽身粉是以滑石粉为主的粉剂。因滑石粉来源于矿物类，其天然杂质石棉为致癌物质，所以在设计配方时要考虑滑石粉的来源及纯度，杂质石棉是重点关注指标。另外，还可以选择其他吸湿性原来替代滑石粉，如淀粉类。如果滑感不足，可以通过其他肤感调节剂进行弥补。

粉剂爽身粉的缺点是容易飞尘，易被吸入。所以现在比较流行的爽身粉是乳液状，可以解决飞尘问题。下面是乳液状爽身粉的配方方案（表 5-15、表 5-16）。

乳液状爽身粉制备方法：A 相组分加入主配罐，加热至 65~75℃，搅拌混合均匀，增稠剂溶解完全。B 相加入油锅中，加热至 70~75℃，混合均匀。将 B 相物料加入主配罐，开启均质，乳化 5 分钟至料体均匀，开启降温，当降至 45℃时，加入 C 相物料，快速搅拌混合均匀，当达到所要求出料温度时，停止冷却，进行质量检测合格后出料。

表 5-15   乳液状爽身粉配方方案

组分	作用	原料实例
非离子型乳化剂	降低界面张力	蔗糖脂类、烷基糖苷类、甘油脂肪酸酯类等
增稠剂	增加制剂黏度,提升稳定性	卡波姆类、丙烯酸酯 /C10-30 烷基丙烯酸酯交联聚合物、鲸蜡醇等
润肤剂	滋润皮肤,柔滑肤感	角鲨烷、聚二甲基硅氧烷等
皮肤调理剂	舒缓皮肤,吸湿,保持皮肤干燥	青刺果油、金盏花提取物、尿囊素、马齿苋提取物、玉米淀粉、木薯淀粉等
防腐剂	抑制或杀灭微生物	苯氧乙醇、苯甲酸钠、山梨酸钾等
保湿剂	保湿	甘油、丁二醇、1, 2- 戊二醇等
肤感调节剂	调节肤感	白陶土、云母等
pH 调节剂	调节产品 pH	三乙醇胺、枸橼酸、枸橼酸三钠、精氨酸等

表 5-16   乳液状爽身粉配方实例

相	组分	质量分数 /%
A	蔗糖硬脂酸酯	1.50
B	角鲨烷	3.00
B	聚二甲基硅氧烷	3.00
B	青刺果油	1.00
B	向日葵籽油不皂化物	0.50
A	丙烯酸（酯）类 /C10-30 烷醇丙烯酸酯交联聚合物	0.20
A	聚丙烯酸钠	0.50
A	甘油	5.00
A	尿囊素	0.20
C	玉米淀粉	20.00
A	EDTA-2Na	0.02
C	防腐剂	适量
A	纯化水	添加至 100

5. 护臀霜   新生儿臀部的护理是一个棘手的问题。新生儿皮肤薄嫩,防御能力差,使用尿不湿后会导致臀部皮肤长期处于尿液、粪便的潮湿环境,容易出现红臀和尿布疹等皮肤病。

护臀霜是一种针对新生儿臀部的护理产品。基于红臀和尿布疹产生的原因,配方设计时要考虑既能良好地抑菌,又能隔离尿液不与皮肤接触,即在皮肤表面形成一层保护膜。一般使用到的原料有氧化锌、矿脂、矿油、天然油脂、蜡类等功效成分。氧化锌具有抑菌、收敛作用,还可以使皮肤保持干燥。矿脂以及其他油脂多是对皮肤进行封闭保护,隔离尿液。红没药醇、金盏花提取物、马齿苋提取物等多具有舒缓、抑制炎症的功效。

在配方设计时,既可以设计为纯油膏体系,也可以设计为 O/W 和 W/O。下面是一种 O/W 的护臀霜配方实例(表 5-17、表 5-18)。

表 5-17 水包油乳状液护臀霜配方方案

组分	作用	原料实例
非离子型乳化剂	降低界面张力	蔗糖脂类、烷基糖苷类、甘油脂肪酸酯类等
增稠剂	增加制剂黏度,提升悬浮能力等	羟乙基纤维素、硅酸铝镁等
润肤剂	肌肤表面形成一层油膜	硅油、矿脂、辛酸/癸酸甘油三酯等
皮肤调理剂	舒缓肌肤、抑菌、收敛	青刺果油、金盏花提取物、马齿苋提取物、氧化锌、五倍子提取物等
防腐剂	预防微生物	苯氧乙醇、苯甲酸钠、山梨酸钾等
保湿剂	保湿	甘油、丁二醇、1,2-戊二醇等
pH 调节剂	调节产品 pH	精氨酸、枸橼酸等

表 5-18 水包油乳状液护臀霜配方实例

相	组分	质量分数 /%
C	PEG-100 硬脂酸酯、甘油硬脂酸酯	2.50
A	硅酸铝镁	1.00
A	羟乙基纤维素	0.80
C	聚二甲基硅氧烷	10.0
C	青刺果油	0.50
C	维生素 E 醋酸酯	1.00
B	甘油	20.0
A	氧化锌	10.0
D	马齿苋提取物	5.00
D	金盏花提取物	1.00
D	防腐剂	适量
D	pH 调节剂	适量
A	纯化水	添加至 100

油包水乳状液护臀霜制备方法：强力搅拌下，将 A 相组分加入主配罐，加热至 75~85℃，混合搅拌均匀。在油相锅中加入 B 相，开启加热至 75~85℃。将 C 相进行预配混合均匀，加热至 75~85℃。在快速搅拌下，将预混均匀的 C 相慢慢加入油相锅中随后开启均质，将油相抽入主锅。均质乳化 5 分钟至料体均匀，开始降温，降至 45℃，加入 D 相组分，搅拌混合均匀，当达到所要求出料温度时，停止冷却，进行质量检测合格后出料。

6. 防晒产品　婴幼儿皮肤薄，黑色素含量低，对紫外线抵御能力差，易被阳光中的紫外线灼伤。当今社会，儿童防晒越来越受到重视。不同于成年人防晒产品，儿童防晒产品对安全温和性要求较高，配方设计时要兼顾产品的安全性和功效性，首先考虑安全性，其次是防晒和防水抗汗能力的提升。

防晒产品的配方体系一般由乳化剂、成膜剂、防晒剂、润肤油脂、防晒增效剂等组成。婴幼儿功效性防晒产品所选择原料，均需列于 CIR 目录中。

乳化体系可以选择 O/W 或 W/O。成膜剂可以提升产品的抗水性，尤其是对于 O/W 防晒产品，添加一定量的油溶性的成膜剂可以使得产品在皮肤上形成一层油性薄膜，进而起到抗水作用。防晒剂分为物理防晒剂和化学防晒剂，物理防晒剂包括 TiO_2 和 ZnO，一般都是纳米级原料。设计配方时要考虑原料的晶型、颗粒大小、表面处理和预分散等问题，还要注意纳米级 TiO_2 在剂型方面的使用限制，防晒喷雾制剂中不建议添加存在吸入风险的物质。化学防晒剂种类较多，在选择使用上要考虑原料的安全性、配伍性、光敏感性、渗透性以及稳定性等问题，还要注意法规用量以及广谱性。表 5-19、表 5-20 是以化学防晒剂为例的一个 O/W 配方方案。

表 5-19　水包油乳状液防晒剂（化学防晒剂）配方方案

组分	作用	原料实例
油包水乳状液	降低界面张力	聚山梨醇酯 -60、烷基糖苷类、甘油脂肪酸酯类等
增稠剂	改善体系黏度，提升稳定性	丙烯酸（酯）类 /C10-30 烷醇丙烯酸酯交联聚合物、聚丙烯酸钠、羟乙基纤维素等
成膜剂	成膜，提升抗水性	三十烷基 PVP 等
防晒剂	抵抗 UVA、UVB、紫外线，保护皮肤不受伤害	双 - 乙基己氧苯酚甲氧苯基三嗪、甲氧基肉桂酸乙基己酯、二乙氨羟苯甲酰基苯甲酸己酯、乙基己基三嗪酮等
润肤剂	溶解固体防晒剂、滋润皮肤	新戊二醇二（乙基己酸）酯、己二酸二丁酯、聚二甲基硅氧烷等
皮肤调理剂	舒缓肌肤	红没药醇、马齿苋提取物、苯乙烯 / 丙烯酸（酯）类共聚物等
防腐剂	抑制或杀灭微生物	苯氧乙醇、苯甲酸钠、山梨酸钾等
保湿剂	保湿	甘油、丁二醇、1, 2- 戊二醇等
pH 调节剂	调节产品 pH	三乙醇胺、枸橼酸、枸橼酸三钠、精氨酸等

表 5-20　水包油乳状液防晒剂（化学防晒剂）配方实例

相	组分	质量分数 /%
B	PEG-100 硬脂酸酯、甘油硬脂酸酯	3.50
A	丙烯酰二甲基牛磺酸铵 /VP 共聚物	0.50
B	甲氧基肉桂酸乙基己酯	7.50
B	双 - 乙基己氧苯酚甲氧苯基三嗪	5.00
B	二乙氨羟苯甲酰基苯甲酸己酯	4.50
B	新戊二醇二（乙基己酸）酯	6.00
B	己二酸二丁酯	5.00
B	聚二甲基硅氧烷	2.00
B	三十烷基 PVP	1.00
A	丁二醇	5.00
C	木薯淀粉	5.00
A	EDTA-2Na	0.05
C	红没药醇	0.20
C	金盏花提取物	0.50
C	防腐剂	适量
A	纯化水	添加至 100

油包水乳状液防晒剂制备方法：将 A 相组分加入主配罐，搅拌混合均匀，加热至 75~85℃。将 B 相组分加入油相锅，开启加热至 75~85℃，搅拌混合均匀。开启均质，将油相锅组分抽入主配罐，均质乳化 5 分钟至料体均匀后开始降温，降至 45℃，加入 C 相组分，搅拌混合均匀，当达到所要求出料温度时，停止冷却，进行质量检测合格后出料。

婴幼儿化妆品的配方要根据婴幼儿皮肤特点科学开发，配方设计时，安全性是核心，配方需精简，所使用原料安全性高，进而满足其功效性需求。

二、老年人化妆品配方设计

（一）清洁类

清洁是保持皮肤健康的基本方法，但过度频繁地清洗、过度使用去油脂去角质能力强的清洁产品，均会造成皮肤屏障的损伤，影响 pH 和破坏皮肤微生态平衡。老年人习惯用肥皂清洁皮肤，肥皂中的脂肪酸会和硬水中的 Ca^{2+} 和 Mg^{2+} 形成不可溶解的沉淀物（金属皂），并沉积在皮肤中，这种不可溶解的沉淀物即使用自来水冲洗 3 分钟，仍有约 80% 残留在皮肤表面，给皮肤屏障带来损害，还会加重瘙痒症状。

结合老年人皮肤状态，老年人皮脂腺及汗腺萎缩，脂质和水分不足，皮肤容易干燥、脱屑,诱发湿疹,在开发清洁产品时,除了基本的清洁功效外,最重要的还需补充皮肤的脂质和水分。选用温和的表面活性剂(烷基糖苷类表面活性剂、甜菜碱、磺基琥珀酸酯类或其他非离子表面活性剂),以及一些含有保湿或提供脂质作用的成分(甘油酸酯、聚甘油类、多元醇、β-葡聚糖、木糖醇及甘露醇等)和抑制炎症作用的成分(如马齿苋、红没药醇、甘草提取物等),减少清洁剂对皮肤屏障产生的不利影响,维护皮肤屏障的稳态。

在配方设计过程中,要注意控制体系的 pH 为弱酸性,降低脱脂能力,尽量避免影响皮肤微生态。同时要注意控制洗净后的残留感,避免造成"没洗净"的错觉。配方方案及实例见表 5-21 和表 5-22。

表 5-21　老年人沐浴类配方方案

组分	作用	原料实例
非离子型表面活性剂	改善温和性,增溶疏水性成分	PEG-80 失水山梨醇月桂酸酯、月桂基葡萄糖苷、聚山梨醇酯 -60、聚山梨醇酯 -20 等
两性型表面活性剂	改善温和性、发泡及清洁能力	辛酰 / 癸酰氨丙基甜菜碱、椰油酰两性基乙酸钠等
阴离子型表面活性剂	改善发泡和清洁能力	椰油酰羟乙磺酸酯钠、月桂醇聚醚硫酸酯钠等
防腐剂	抑制或杀灭微生物	苯氧乙醇、苯甲酸钠、山梨酸钾
增稠剂	增加黏度,调节流变性	丙烯酸(酯)类 /C10-30 烷醇丙烯酸酯交联聚合物、PEG-150 二硬脂酸酯、PEG-120 甲基葡萄糖二油酸酯等
pH 调节剂	调节 pH,形成缓冲对	氢氧化钠、柠檬酸钠柠檬酸、柠檬酸三钠
调理剂	调理皮肤 / 头发	聚季铵盐类
保湿剂	增加保湿作用	甘油、HA 钠、泛醇、尿素等
遮光剂	改善产品外观	乙二醇二硬脂酸酯等
皮肤调理剂	抑制炎症、缓解皮肤不适	马齿苋提取物、金盏花提取物、尿囊素等

表 5-22　老年人沐浴泡沫配方实例

相	组分	质量分数 /%
A	纯化水	添加至 100
A	甘油	3.00
B	甘草酸二钾	1.00
A	月桂基葡萄糖苷、甘油酸酯	2.00
A	椰油酰两性基乙酸钠	7.00

相	组分	质量分数 /%
A	椰油酰胺丙基甜菜碱	15.00
C	马齿苋提取物	2.50
C	β- 葡聚糖	2.00
C	苯氧乙醇、乙基己基甘油	0.80

老年人沐浴泡沫制备方法：将 A 相组分加入主配锅，混合加热至 80℃后保温 10 分钟，加入 B 相物料，慢速搅拌 10 分钟后开始降温，降至 45℃，加入 C 相组分，搅拌混合均匀，当达到所要求出料温度时，停止冷却，进行质量检测合格后出料。

（二）保湿修护

保湿剂一般选择甘油、丁二醇、尿素等成分。研究表明，尿素有助于皮肤的水合作用，还可刺激表皮分化和脂质合成，增加表皮中抗菌肽的合成，有助于增强皮肤的免疫系统并改善皮肤的屏障功能（表 5-23、表 5-24）。

润肤剂通常选用矿脂、矿油、牛油果树果脂等封闭性油脂，能在皮肤表面形成一层保护膜，通过减少皮肤与外界有害物质的接触，降低其对皮肤的损害。

制备方法：将 A 相组分加入主配锅，搅拌混合加热至 80℃后保温 10 分钟，加入 B 相，在油锅中加入 C 相升温至 80℃搅拌均匀，将油相物料抽入主锅中，均质 5 分钟混合均匀后开始降温，降至 45℃，加入 D 相组分，搅拌混合均匀，当达到所要求出料温度时，停止冷却，进行质量检测合格后出料。

表 5-23　老年人修复霜配方方案

组分	作用	原料实例
非离子型乳化剂	降低界面张力	蔗糖酯类、烷基糖苷类、甘油脂肪酸酯类等
增稠剂	增加制剂黏度	卡波姆类、丙烯酸酯 /C10-30 烷基丙烯酸酯交联聚合物等
润肤剂	滋润皮肤	矿脂、矿油、牛油果树果脂、鲸蜡硬脂醇、角鲨烷、辛酸 /癸酸甘油三酯等
保湿剂	保湿	甘油、丁二醇、1, 2- 戊二醇、尿素等
皮肤调理剂	修护皮肤屏障	青刺果油、向日葵籽油不皂化物、神经酰胺、胆甾醇、HA 钠等
	抑制炎症、舒缓皮肤	金盏花提取物、马齿苋提取物、HA 钠等
防腐剂	抑制或杀灭微生物	苯氧乙醇、苯甲酸钠、山梨酸钾等
肤感调节剂	改善产品肤感	小核菌胶、皱波角叉菜提取物、淀粉辛烯基琥珀酸铝等
pH 调节剂	调节产品 pH	三乙醇胺、精氨酸、枸橼酸、枸橼酸三钠等

表 5-24   老年人修复霜配方实例

相	组分	质量分数 /%
A	纯化水	添加至 100
A	丙烯酸（酯）类 /C10-30 烷醇丙烯酸酯交联聚合物	0.30
A	黄原胶	0.05
A	甘油	5.00
B	尿素	15.00
C	聚二甲基硅氧烷	3.00
C	棕榈酸乙基己酯	6.00
C	硬脂醇聚醚 -21	0.50
C	甘油硬脂酸酯	2.00
C	矿脂	5.00
C	牛油果树果脂	3.00
C	维生素 E	0.50
D	红没药醇	0.20
D	苯氧乙醇、乙基己基甘油	1.00

　　总之，老年人的功效性护肤品要根据老年人的皮肤生理特性，针对其特殊生理状况及皮肤疾病特点来研制开发。产品的配方剂型设计上要温和安全，成分精简，活性物功效明确。同时，考虑到老年人通常需要大规格的体用护肤品，成本和性价比同样是开发过程中的考虑因素。

（王飞飞）

参 考 文 献

［1］郑俊民 . 经皮给药新剂型［M］. 北京：人民卫生出版社，2006.
［2］裘炳毅 . 功能性护肤品化学与工艺技术大全［M］. 3 版 . 北京：中国轻工业出版社，2006.
［3］秦钰慧 . 功能性护肤品安全性及管理法规［M］. 北京：化学工业出版社，2013.
［4］王培义 . 功能性护肤品 - 原理·配方·生产工艺［M］. 3 版 . 北京：化学工业出版社，2014.
［5］马琳 . 儿童皮肤病学［M］. 北京：人民卫生出版社，2014.

［6］裴炳毅,高志红.现代化妆品科学与技术［M］.北京:中国轻工业出版社,2016.

［7］ZONE D D.功能性化妆品［M］.王学民,译.北京:人民军医出版社,2017.

［8］张婉萍,董银卯.化妆品配方科学与工艺技术［M］.北京:化学工业出版社,2018.

［9］WALTERS R M, KHANNA P, CHU M, et al. Developmental changes in skin barrier and structure during the first 5years of life［J］. Skin Pharmacol Physiol, 2016, 29（3）: 111-118.

［10］RAHROVAN S, FANIAN F, MEHRYAN P, et al. Male versus female skin: What dermatologists and cosmeticians should know［J］. Int J Womens Dermatol, 2018, 4（3）: 122-130.

［11］李丽,徐子刚,马琳. 116例健康儿童部分皮肤屏障参数检测［J］.中华皮肤科杂志, 2013, 46（6）: 419-421.

［12］刘静伟,刘红芹,赵莉,等.表面活性剂的性能与应用（Ⅰ）- 表面活性剂的胶束及其应用［J］.日用化学工业, 2014, 44（1）: 10-14.

［13］郑志忠,李利,刘玮,等.正确的皮肤清洁与皮肤屏障保护［J］.临床皮肤科杂志, 2017, 46（11）: 824-826.

［14］甘立强,王华,倪思利,等.高频皮肤超声测量中国儿童皮肤厚度和密度临床研究［J］. 激光杂志, 2017, 38（12）: 159-161.

［15］王成祥,刘辉,段胜林,等.应用快速稳定性分析方法研究增稠剂对燕麦饮料稳定性的影响［J］.食品与发酵工业, 2018, 44（3）: 253-259.

［16］王宏伟,张洁尘.老年皮肤瘙痒症诊断与治疗专家共识［J］.中国皮肤性病学杂志, 2018, 32（11）: 1233-1237.

［17］SARAH L, CHAML I N, JACK K, et al. Ceramide-dominant barrier repair lipids alleviate childhood atopic dermatitis: Changes in barrier function provide a sensitive indicator of disease activity［J］. J Am Acad Dermatol, 2002, 47（2）: 198-208.

［18］HOEGER P H, ENZMANN C C. Skin physiology of the neonate and young infant: a prospective study of functional skin parameters during early infancy［J］. Pediatr Dermatol, 2002, 19（3）: 256-262.

［19］BENSON H A. Transfersomes for transdermal drug delivery［J］. Expert Opin Drug Deliv, 2006, 3（6）: 727-737.

［20］NIKOLOVSKI J, STAMATAS G N, KOLLIAS N, et al. Barrier function and water-holding and transport properties of infant stratum corneum are different from adult and continue to develop through the first year of life［J］. J Invest Dermatol, 2008, 128（7）: 1728-1736.

［21］KIM I Y, NAKAGAWA S, RI K, et al. Liquid crystal O/W emulsions to mimic lipids and strength skin barrier function［J］. Cosmetics Toiletries, 2009, 124（6）: 64-72.

［22］STAMATAS G N, NIKOLOVSKI J, LUEDTKE M A, et al. Infant skin microstructure assessed in vivo differs from adult skin in organization and at the cellular level［J］. Pediatr Dermatol, 2010, 27（2）: 125-131.

［23］TSAI C, LIN L H, KWAN C C. Surface properties and morphologies of pheohydrane / liquid crystal moisturizer product［J］. Int J Cosmet Sci, 2010, 32（4）: 258-265.

［24］RAYNER M, TIMGREN A, SJÖÖ M, et al. Quinoa starch granules: a candidate for stabilising food-grade Pickering emulsions［J］. J Sci Food Agr, 2012, 92（9）: 1841-1847.

［25］MARINI A, KRUTMANN J, GRETHER-BECK S. Treatment of Dry Skin Syndrome［M］. Berlin: Springer, 2012.

第 六 章

化妆品应用

第一节　清 洁 皮 肤

一、清洁的必要性

皮肤被覆于体表,与人体所处的外界环境直接接触,外源性污物通过沉积黏附于皮肤。人体各种代谢产物部分通过皮肤排出体外。各种内源性或外源性污物附着在皮肤或黏膜表面,影响皮肤和腺体以及毛孔的通畅,影响皮肤和黏膜的正常生理功能。因此,正确地进行皮肤清洁非常重要。

通过清水冲洗可以去掉皮肤上大部分水溶性的污垢,但是对于脂溶性污垢,则需要借助皂基或表面活性剂的润湿、渗透、乳化、分散等多种作用使污垢脱离皮肤进入水中,经充分的乳化增溶后,稳定分散于水中,再经清水反复漂洗而去除。

二、皮肤清洁剂种类

按清洁剂的使用部位可分为发用清洁剂、洁面清洁剂、沐浴产品等。按清洁剂作用机制分为皂类清洁剂、合成型清洁剂及混合型清洁剂。

（一）皂类清洁剂

通过形成皂盐乳化皮肤表面污物而发挥清洁作用。由于皂盐成分为碱性,去污力强,皮脂膜容易被清除,但其可增高皮肤 pH,使皮肤的耐受性降低,对皮肤有一定的刺激。添加保湿成分的改良皂类或含甘油的手工皂性质温和,减轻了皂基对皮肤的刺激。

（二）合成型清洁剂

以表面活性剂为主,加上保湿剂、防腐剂等人工合成的清洁剂。根据表面活性剂的化学特性,分为阴离子、阳离子、两性离子、非离子等种类。合成型清洁剂通过表面活性剂的乳化和包裹等作用清洁皮肤;配方中添加的保湿滋润成分具有保湿、润肤、降低皮肤敏感性等作用,减轻由表面活性剂导致的皮肤屏障破坏。与皂类清洁剂相比,合成型清洁剂性质温和,刺激性明显减小,适合皮肤各部位清洁。

（三）混合型清洁剂

为了弥补皂类体系和表面活性剂两类清洁剂的不足并发挥各自优势,目前市面上的清洁产品也有采用皂类和表面活性剂复配,达到取长补短的目的。

三、清洁类护肤品的选择和使用

（一）面部清洁

无论哪一种清洁类护肤品,本质上都有去除污垢及多余皮脂的作用,而皮脂是构成皮脂膜的主要物质,即使清洁后皮肤也可自动恢复皮脂膜,但长期过度清洁将耗损皮肤中的脂质,不仅皮肤表面 pH 难以维持正常水平,也会打破皮肤表面微生态平衡,导致菌群失调。表皮角质层中即将脱落的细胞或细胞碎屑也可维护皮肤屏障,频繁强力去除也会削弱屏障功能。因此,每个人应该根据自身皮肤类型和环境情况,适度使用清洁类护肤品。

1. 依据皮肤类型清洁

（1）中性皮肤:适合选用性质温和低泡的合成型清洁剂,每周使用 3~5 次洗面奶。可用温水进行面部清洁。

（2）油性皮肤:可选用泡沫细腻、丰富的混合型清洁剂,以保证将过多的油脂清洗掉。每天或隔天使用一次洗面奶,可交替使用温水及冷水进行面部清洁。

（3）敏感性皮肤:应选用不刺激皮肤的无泡的合成型清洁剂,配方中最好含有舒缓和保湿成分。每周使用 2~3 次洗面奶,主要施用于皮脂分泌旺盛的额、鼻和口周。可用偏凉的水进行面部清洁。

（4）干性皮肤:应选用无泡沫且含有保湿成分的合成型清洁剂。每周使用 2~3 次洗面奶,主要施用于皮脂分泌旺盛的额、鼻和口周。可用偏凉的水进行面部清洁。

一般每天早晚都应洗脸。若处在气温炎热、工作和生活环境较差、使用高倍数防晒剂或粉质、油脂类护肤品或有其他特殊情况时,可酌情增加使用洗面奶的次数,洗脸后应立即涂上保湿剂促进恢复正常的皮脂膜。

为了在尽量减少使用清洁类护肤品前提下保证皮肤清洁干净,推荐使用棉质毛巾洗脸。相对于手洗、各种纸巾,棉质毛巾吸水性好,摩擦力足够去掉附着于皮肤的污垢。应将毛巾晾晒于通风透气之处,并经常用香皂清洗,数月更换一次新毛巾。

2. 依据不同类型洁面护肤品清洁　　洁面类护肤品包括各种洗面奶（凝胶剂、乳剂、泡沫剂、膏剂）、洁面皂、清洁面膜、磨面膏及去死皮膏（液）等。

（1）洗面奶:是最常用的清洁类护肤品。洁面时,首先用清水润湿面部,每次取少量产品 1~2g（黄豆至蚕豆大小）,以面部 T 区为重点,均匀地由里向外,由下到上用手指轻轻地画圈涂抹后,再用毛巾蘸取清水擦洗。

（2）卸妆类清洁护肤品:包括各种卸妆油、卸妆水和卸妆乳等。其区别主要在于,油性卸妆产品溶解油脂的作用更强,适合卸除浓妆和过多的皮脂;卸妆水和卸妆乳水油平衡适中,其油性成分可以洗去污垢,而水性成分又可保持皮肤的滋润;磨砂膏、去死皮类洁面产品通过产品中原料对皮肤的物理摩擦和粘贴撕拉作用强行使皮肤表面细胞碎屑或老化细胞去掉,频繁使用有削弱皮肤屏障的风险。

卸妆类护肤品仅用于清洁含油脂成分高的彩妆类化妆品（眼线液、含油高的粉底、舞台油彩妆等）和有抗汗抗水作用的化妆品（抗汗抗水的防晒霜等）。除非宣称是专门为日常生活开发的温和卸妆水（从专业分类的角度已经不属于"卸妆类"护肤品）,一般日常生活无须使用卸妆类护肤品。

（3）去死皮膏和磨砂膏类清洁护肤品：不能同时使用，每次仅选其一。使用磨砂类洁面护肤品取拇指大小，均匀地涂在面部，注意避开眼眶周围皮肤，双手以由内向外画小圈的动作轻揉按摩，鼻窝处改为由外向内画圈，持续数分钟。去死皮类护肤品要避开眼周，一般只用于额头、鼻子和下颏。去死皮产品使用时间不能过长，一般不超过 10 分钟。油性皮肤每 2~3 周使用 1 次，混合性皮肤每 3~4 周使用 1 次，只在较油或者较粗糙的 T 区使用。中性皮肤或老化性皮肤 4~6 周使用 1 次。干性皮肤和敏感性皮肤禁止使用去死皮和磨砂类洁面护肤品。

（二）躯干及四肢清洁

躯干及四肢可选用沐浴液进行清洁。选购沐浴液时应考虑年龄和自身皮肤的特点，选用不同的沐浴类护肤品。婴儿适宜选用无泪配方型，儿童选用儿童专用型。沐浴的次数应根据体力活动的强度，是否出汗和个人习惯适当地调整。一般情况下每 2~3 天沐浴一次，炎热的夏季或喜爱运动者可以每天洗澡。水温以皮肤体温为准，夏季可低于体温，冬天略高于体温。沐浴时间控制在 10 分钟左右。如每天洗澡，每次 5~10 分钟即可完成。洗澡间隔时间长者可适当放宽沐浴时间，但不宜超过 20 分钟。以清洁皮肤为目的，采用流动的水淋浴为佳。以放松或治疗为目的推荐盆浴，一般先行淋浴，去掉污垢后再进入浴缸浸泡全身。

洗澡时用手将沐浴类护肤品涂抹全身，然后用手或柔软的棉质毛巾轻轻擦洗皮肤，再用清水冲洗。注意沐浴产品停留在皮肤上的时间不宜过长，避免用力搓揉或用粗糙的毛巾、尼龙球过度搓洗。

忌空腹、饱食、酒后洗澡，忌较长时间体力或脑力活动后马上洗澡。因为上述情况可能造成大脑供血不足，严重时还可引发低血糖，导致晕倒等意外发生。

（三）手部清洁

沾染于双手的物质为无机物，如尘土等，用清水冲洗即可；如接触到有机物或油腻的污垢，需使用洗手液、香皂等清洁产品。日常生活中不主张使用含抗生素、杀菌剂的产品，仅在可能接触到病原微生物或医院无菌操作时才需使用含有消毒杀菌功效的洗手液。洗手以流动的水为宜，手心、手背、指缝、指尖和手腕都需清洁到位，洗手后应立即使用润手霜。注意避免过度清洁造成乏脂性皮肤。

（四）足部清洁

双足汗腺丰富，又处于封闭状态，利于微生物滋生。从清洁和保健的角度，每晚睡前都应该清洁双足。水温以皮肤舒适为度，时间 3~5 分钟即可。如以保健或解乏为目的，水温可达 40~41℃，时间可延长到 15~20 分钟。需注意水温过高或浸泡时间过长均可破坏皮肤屏障，扩张足部血管，远期可导致静脉曲张，甚至出现皮炎、湿疹等。足跖皮肤无皮脂腺，汗液分泌旺盛，通常用清水清洁即可。在干燥寒冷的季节或皮肤干燥的人群，洗脚后需涂搽含油脂丰富的保湿霜。如有脚臭，可用有抑菌作用的香皂。如有角化过度，可用含水杨酸、尿素等促进角质软化或剥脱的产品。

（刁萍 梅蓉 李利）

第二节　防晒剂应用

一、概述

《化妆品安全技术规范》（2015 年版）第一章概述第二部分术语和释义中明确指出，防晒剂是指利用光的吸收、反射或散射作用，以保护皮肤免受特定紫外线所带来的伤害或保护产品本身而在护肤品中加入的物质。防晒剂可分为无机防晒剂、有机防晒剂。随着对光辐射认识的不断加深，目前还有部分防晒剂具有防蓝光的功效。

二、外搽防晒类护肤品的必要性

地球表面的日光主要由波长 280nm 以上的紫外区到 1mm 以内的红外区组成，其中，紫外线约占 6%，可见光约占 52%，红外线约占 42%。根据波长范围和生物学效应，紫外线可分为三个波段，对皮肤的损伤也有所不同。

（一）短波紫外线

UVC 穿透能力弱，基本被大气臭氧层吸收，可以破坏细胞生物膜，损伤 DNA，是引起皮肤癌的主要波段。

（二）中波紫外线

UVB 可穿透大气层，占达地表紫外线的 5%，易被玻璃阻隔，主要损伤表皮，引起皮肤急性炎症反应，产生日晒红斑。

（三）长波紫外线

UVA 占达地表紫外线的 95%，可再细分为 UVA1（340~400nm）和 UVA2（320~340nm）。UVA 穿透能力强，可透过薄衣物、玻璃等，并可穿过皮肤表皮，到达真皮层，主要引起皮肤黑化及皮肤光老化。

同时，当皮肤受到紫外线照射后，还可引起皮肤光变态反应，导致局部皮肤和全身免疫失衡，可引起光敏性皮肤病发生。UVB 照射导致细胞核碱基结构改变，UVA 诱导细胞产生活性氧簇，引起细胞膜结构异常，DNA 变性，破坏脂质、蛋白质，还可导致光线性角化病、基底细胞癌、鳞状细胞癌、恶性黑色素瘤等皮肤肿瘤发生。

红外线（infrared radiation，IR）辐射也会造成皮肤损伤。

紫外线、可见光等可导致多种皮肤病发生，还可加剧痤疮、黄褐斑、红斑狼疮等皮肤病的皮损，因此，减少日光过度暴露对预防这些皮肤病发生尤为重要，而外搽防晒剂可有效地预防上述皮肤病的发生。

三、防晒类护肤品的选择和使用

在选择和使用防晒类护肤品前，需了解使用者皮肤的类型及年龄、患有哪种皮肤病、工作环境是室内为主还是室外为主以及对防晒的附加需求，如有无一定美白遮盖的需求或者是否希望有保湿不油腻的需求。同时，还需了解防晒类护肤品的剂型、防晒效果评估方法，才能选择合适的防晒类护肤品,然后再合理规范使用才能达到防晒效果。

（一）防晒类护肤品的剂型

防晒类护肤品有以下几种剂型,①乳化型:是最常见的类型,其中 W/O 耐水性能好,而 O/W 使用感更好。②防晒油:皮肤附着性及防水效果好,但使用起来比较黏腻。③凝胶型:使用感好,但较为轻薄,影响其防晒效果。④喷雾型:使用方便,但容易喷洒不均匀,影响防晒效果,且耐水性较差。⑤固体型:主要见于粉饼、气垫 BB 霜等,主要通过添加高比例的 TiO_2、Zn 以及其他粉质原料如滑石粉、云母等也起到物理遮挡作用,防晒效果较差,但由于可改善皮肤颜色,有一定的遮盖效果,也受广大消费者喜爱。

（二）防晒类护肤品的防晒效果评估

1. 日光防护系数（sun protection factor，SPF） 是评价防晒类护肤品防止皮肤发生日晒红斑的能力。按照国家药监局《化妆品安全技术规范》（2015 年版）中防晒类护肤品 SPF 值测定方法,第一天需在受试者未保护皮肤上检测紫外线引起皮肤晒红的最小剂量,即最小红斑量（minimal erythema dose，MED）,光源输出应符合 SPF 测定国际标准的要求,第二天判定受试者未保护皮肤的 MED 值,然后涂抹防晒护肤品后再次检测其 MED。SPF 的计算方式为:

SPF= 使用防晒类护肤品防护皮肤的 MED/ 未防护皮肤的 MED

SPF 值越大,说明产品防日晒红斑效果越好。我国法规要求 SPF 的标识以产品实际测定的 SPF 值为依据,但当产品的实测 SPF 值 >50 时,标识为 SPF50+。

2. UVA 防晒系数（protection factor of UVA，PFA） 是评价防晒类护肤品对皮肤晒黑的防护指标。按照国家药监局《化妆品安全技术规范》（2015 年版）中防晒类护肤品 PFA 值测定方法,首先检测受试者最小持续性黑化量（minimal persistent pigment darkening，MPPD）,一般为辐射后 2~4 小时在照射部位皮肤上轻微黑化所需要的最小紫外线辐照剂量或最短辐照时间。然后,再涂抹防晒类护肤品,再次检测 MPPD,PFA 的计算方式为:

PFA= 使用防晒类护肤品防护皮肤的 MPPD/ 未保护皮肤的 MPPD

PFA 值只取整数部分,UVA 防护产品的表示是根据所测 PFA 值的大小,在产品标签上标识 UVA 防护等级 PA（protection of UA）,以反映产品防护紫外线晒黑的能力,标识方式:当 PFA 值 <2 时,不得标识 UVA 防护效果;当 PFA 值为 2~3 时,标识 PA+;当 PFA 值为 4~7 时,标识 PA++;当 PFA 值为 8~15 时,标识 PA+++;当 PFA 值≥16 时,标识 PA++++。

3. 防水性能测定 户外活动出汗或水下作业时,要求使用具有抗水性能的防晒产品。测试方法是人体皮肤经过 40 分钟或 80 分钟的反复循环水浸泡,即抗水性试验后测定 SPF 值。

（三）合理选择及使用防晒类护肤品

1. 合理选择

（1）依据皮肤类型选择

1）油性皮肤:由于皮肤较为油腻,可选择 O/W 乳化型或凝胶型的防晒类护肤品,较为轻薄,不容易堵塞毛孔,但防晒效果不强,建议多次涂抹。

2）干性皮肤:由于皮肤较为干燥,可选择 O/W 及 W/O 乳化型防晒类护肤品,甚至防晒油及固体型防晒类护肤品进行防晒,但在使用防晒油及固体型防晒类护肤品时需注意。在使用防晒类护肤品前要先做好皮肤保湿护理,以免皮肤变得更为干燥,同时,还需注意回家后卸妆清洁,再涂抹保湿霜。

3)敏感性皮肤:由于皮肤较为敏感,可选择 O/W 及 W/O 乳化型防晒类护肤品。

(2)依据年龄选择

1)婴幼儿及儿童:小于 6 个月的婴儿皮肤娇嫩,体表面积与体重的比值较高,涂抹防晒类护肤品后,不良反应风险较高,因此不建议以外搽防晒类护肤品的形式进行防晒,可采用避免阳光直接照射或用衣物等遮盖的形式防晒。6 个月至 2 岁以衣物遮盖防晒为主,可以配合防晒剂使用,以霜剂为宜。大于 2 岁的儿童则可以正常使用防晒产品,建议以婴童类防晒护肤品为主。

2)老年人:老年人皮肤变薄,吸收能力增加,因此应选用配方更为简单,安全性更高的防晒类护肤品。

(3)根据工作环境选择:室内工作的人群,可选择 SPF<30、PA++ 以内的防晒类护肤品进行防晒;室外工作人群则需提高防晒倍数,可选择 SPF>30、PA+++ 的防晒类护肤品进行防晒。如需在海边、高原游玩,可选择 SPF50+、PA++++ 的防晒类护肤品进行防晒。

(4)对防晒的附加要求:如消费者需要外搽防晒类护肤品时有一定的遮瑕,可选择无机防晒类护肤品或在乳化型防晒类护肤品基础上涂抹固体型防晒类护肤品,以达到提亮肤色、遮瑕的作用。如消费者希望所使用的防晒类护肤品较为轻薄,不容易堵塞毛孔,可选择 O/W 乳化型或凝胶型防晒类护肤品及防晒喷雾。

(5)其他:孕妇要选择温和、安全、添加剂少、没有其他功效的防晒类护肤品。

2. 合理使用

(1)外搽防晒类护肤品的时间、剂量与频率:目前,国际通用实验室检测防晒类护肤品功效时,涂布皮肤的剂量均为 $2.0mg/cm^2$。而人们在实际生活中的使用量仅为 0.05~0.75mg/cm^2。研究表明,SPF 值与使用剂量之间存在线性关系,当防晒剂的厚度减少 50% 时,SPF 值仅为原有 SPF 值的平方根,例如,SPF 25 的产品,涂抹剂量减少 50% 时 SPF 值仅为 5。因此,需增加涂抹次数,一般在出门前 15 分钟涂抹产品,每隔 2~3 小时重复涂抹,最好以 $2mg/cm^2$ 的剂量涂敷于全面部,才能达到产品标识上的 SPF 及 PA 的效果。

(2)清洗:一般防晒类护肤品晚上可用洗面奶及清水清洗。抗汗防水性防晒类护肤品则需要先用卸妆水或卸妆乳进行清洁,然后再用洗面奶及清水彻底清洁,避免使用卸妆油清洁,以免堵塞毛孔。

(3)光损伤性皮肤病患者的防晒类护肤品应用:由于大多数光损伤性皮肤病与 UVB 和 UVA 均相关,应尽量选择广谱防晒类护肤品。应依据皮肤病分期、分型合理使用。

1)光敏性皮肤病(PLE、CAD):在急性期一般不建议外搽防晒类护肤品,多以遮盖防晒为主。亚急性期及慢性期选择 SPF50+/PA++++ 的广谱防晒类护肤品进行防晒,应注意防晒类护肤品的剂型,防晒喷雾可用于手臂、前胸、后背等面积较大的皮肤表面。由于防晒喷雾比较轻薄,一般每个部位需连续喷四次,然后用手轻轻拍打均匀;面部可用乳化型防晒类护肤品,按每次 $2mg/cm^2$ 均匀地涂抹于面部各部位,外出前 15 分钟需外搽防晒霜,每隔 2~3 小时重复涂抹一次。

2)黄褐斑:应当外搽防晒类护肤品,要既能防 UVB,又能防 UVA 及蓝光的防晒剂,以保护皮肤免受光辐射的影响。应根据季节、环境选择防晒类护肤品,室外工作者在春夏季、高原地区选择 SPF>50、PA++++ 的防晒类护肤品,在秋冬季、平原地区选择 SPF>30、PA+++ 的防晒类护肤品。室内工作者选择 SPF<30、PA++ 的防晒类护肤品。面部可用乳化型防晒类护肤品,按每次 $2mg/cm^2$ 均匀地涂抹于面部各部位,外出前 15 分钟需外搽防晒霜,每隔 2~3 小时重复涂抹一次。

3）敏感性皮肤:高度敏感时,暂时避免外搽防晒类护肤品,可采用戴帽子、戴口罩、打伞等遮盖防晒。

轻度敏感时,可外搽能防 UVB、UVA 且抑制炎症的防晒剂,以保护皮肤免受紫外线的损伤。选择及使用方法同黄褐斑。

4）痤疮:防晒类护肤品的防晒效果选择和黄褐斑、敏感性皮肤等相同,但痤疮患者有时皮肤较为油腻,外搽或口服维 A 酸类药物时皮肤会出现干燥、脱屑、敏感。因此,需依据皮肤类型选择合适的防晒类护肤品剂型。皮肤较为油腻时可选择乳化型、凝胶型或喷雾型防晒类护肤品;皮肤较为干燥、敏感时则选择乳化型防晒类护肤品。

（刘 玮 何 黎 涂 颖）

第三节　化妆品在敏感性皮肤中的应用

一、概述

敏感性皮肤（sensitive skin）（图 6-1）特指皮肤在生理或病理条件下出现的一种高反应状态,可表现为灼热、刺痛、瘙痒及紧绷感等主观症状,伴或不伴红斑、毛细血管扩张及脱屑等客观体征。近年来,由于人们护肤方式的变化,滥用护肤品或过度清洁,环境污染和精神压力增大等导致敏感性皮肤不断增加,发生率达 32.4%~56%。某些皮肤病,如痤疮、玫瑰痤疮、AD 等也可伴有皮肤敏感。目前,研究认为敏感性皮肤的发生是累及皮肤屏障 - 神经血管 - 免疫炎症的复杂过程,在内在及外在因素的相互作用下,皮肤屏障受损,引起感觉神经传入信号增强,导致皮肤对外界刺激反应性增强,引发皮肤免疫炎症反应,从而严重影响人们的容貌及身心健康。

二、化妆品在敏感性皮肤护理中应用的必要性

根据敏感性皮肤的发生机制,具有修复皮肤屏障、抑制炎性细胞因子、保湿及降低血管高反应性功效的护肤品可有效缓解及改善敏感性皮肤的临床症状。

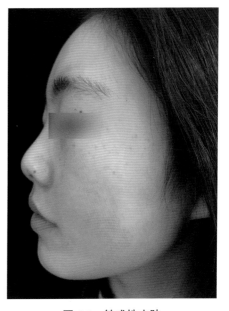

图 6-1　敏感性皮肤

（一）修复皮肤屏障功能

国内学者何黎研究表明,敏感性皮肤皮损中 TJ 上的 claudin-5 表达降低,说明其存在皮肤屏障受损,皮肤屏障受损后激活 TRPV1,引起皮肤血管、神经高反应性,促进炎症与免疫反应,引起敏感性皮肤的临床症状。痤疮、玫瑰痤疮、AD、脂溢性皮炎等面部皮肤病可伴有皮肤敏感,同时,在这些皮肤病治疗中常需口服或外搽维 A 酸类药物及外用糖皮质激素类药物,这些药物也可破坏皮肤屏障。激光、光电、化学剥脱等医美治疗后,可短暂破坏皮肤屏障功能,若不及时修复受损的皮肤屏障,可出现皮肤敏感症状。因此,在治疗上述皮肤病或进行敏感性皮肤护理时,所选择的护肤品常需具有修复皮肤屏障的功效。

（二）抑制炎性细胞因子

痤疮、玫瑰痤疮、AD、脂溢性皮炎等面部皮肤病可伴有敏感性皮肤的症状,这些皮肤病常伴有炎症反应。因此,在这类皮肤病所致的敏感性皮肤日常皮肤护理时,所选择的护肤品还需具有抑制炎性细胞因子的功效。

（三）保湿

敏感性皮肤易出现皮肤干燥、脱屑。因此,所选择的护肤品还需具有保湿功效。

（四）降低血管高反应性

敏感性皮肤 TRPV1 被激活,引起血管高反应性,常伴有红斑、灼热、刺痛、紧绷等症状。因此,在敏感性皮肤的日常皮肤护理时,所选择的护肤品还需具有降低血管高反应性的功效。

三、化妆品在敏感性皮肤护理中的应用

适用于敏感性皮肤的功效性护肤品应具有修复皮肤屏障、抑制炎性细胞因子、保湿及降低血管高反应性等功效,因此,可选用舒缓、改善面部皮肤泛红类功效性护肤品进行日常皮肤护理。护肤品剂型可包括面膜、水剂、乳剂以及霜剂。

（一）单独使用

对于单纯的敏感性皮肤,可以单独外用具有修复皮肤屏障、舒缓、抑制炎性细胞因子、保湿功效的舒缓类护肤品进行敏感性皮肤护理。

皮肤高度敏感时,主要表现为红斑、毛细血管扩张等客观症状,伴有明显灼热、刺痛、瘙痒等主观症状,此时不用洗面奶清洁皮肤,可用清水、棉质毛巾洗脸;外用舒缓类面贴膜,1 次/d,每次 10~15 分钟,连续 3~5 天舒缓皮肤,同时外搽舒缓类保湿水,为皮肤提供水分;再外搽舒缓类保湿乳,每天 2 次。此时,暂不选用外搽防晒类护肤品进行防晒,可选用戴帽子、戴口罩、打伞等物理防晒。

轻度敏感时,皮肤有少量红斑、毛细血管扩张及脱屑,仍有轻微灼热、刺痛、瘙痒等主观症状,必要时可用较为温和的舒缓类洁面乳清洁皮肤,每周 2~3 次,平常用清水、棉质毛巾洗脸即可;外用舒缓类面贴膜,每周 2~3 次,每次 10~15 分钟,再外搽舒缓类保湿霜,2 次/d;不外用面贴膜时可外搽舒缓类保湿水,为皮肤提供水分,再外搽舒缓类保湿霜,2 次/d。外出时需外搽既能防 UVB,又能防 UVA 的防晒类护肤品,以保护皮肤免受紫外线的损伤。

当敏感性皮肤的主观症状消退后,皮肤仍有泛红或毛细血管扩张,需配合外搽改善面部皮肤泛红类保湿霜。

（二）与药物协同使用

痤疮、玫瑰痤疮、AD、脂溢性皮炎等皮肤病伴有皮肤敏感时,在积极进行外用及口服药物

治疗原发皮肤病的同时,也应当联合外用具有修复皮肤屏障、舒缓、抑制炎性细胞因子、保湿功效的舒缓类护肤品加强皮肤护理。根据皮肤状况酌情选用温和的舒缓类洁面乳清洁皮肤;外用舒缓类面贴膜,每周 2~3 次,每次 10~15 分钟,再外搽舒缓类保湿霜,2 次 /d;不外用面贴膜时可外搽舒缓类保湿水,为皮肤提供水分,再外搽舒缓类保湿霜,2 次 /d。当这些皮肤病的临床症状好转后,如出现痤疮后红色痘印、玫瑰痤疮的泛红反应时,可选择改善面部皮肤泛红类保湿霜改善其泛红及毛细血管扩张。如为色素增加的痘印,可用祛斑美白类保湿霜。

系统或外用维 A 酸类药物以及糖皮质激素类药物所致皮肤敏感,酌情使用温和的舒缓类洁面乳清洁皮肤后,外搽舒缓类保湿水以及保湿霜,2 次 /d,修复皮肤屏障、加强保湿、缓解皮肤敏感。

（三）医美治疗后

激光、光电或化学剥脱治疗后皮肤出现短暂的敏感状态时,可每天外用舒缓类面贴膜,以达到舒缓、保湿皮肤的作用,3~5 天后改为每周 2~3 次外用;同时外搽舒缓类保湿水;再用舒缓类保湿乳或保湿霜,2 次 /d 涂抹。外出时选用戴帽子、戴口罩、打伞等遮盖防晒,以保护皮肤免受紫外线的损伤。脱痂后需外搽既能防 UVB,又能防 UVA 的防晒类护肤品。

（四）注意事项

敏感性皮肤所选用的舒缓类及改善面部皮肤泛红类功效性护肤品不仅具有功效性、可控的安全性和专业性等特点,其功效性和安全性须得到实验及临床验证。敏感性皮肤应避免过度清洁,提倡使用较为温和的清洁剂,不使用含有皂基及偏碱性、表面活性剂剂量较高、含有乙醇的清洁剂。在使用过程中如未依据患者的症状及诱因合理选择,或过于频繁地使用清洁剂及面贴膜也可能增加皮肤负担加重皮肤敏感。因此,应合理选择合适的舒缓类及改善面部皮肤泛红类护肤品,并注意使用频率,对舒缓类及改善面部皮肤泛红类护肤品的活性成分过敏者需停止使用。

（涂颖　何黎　王晓莉）

第四节　化妆品在面部皮炎护理中的应用

本节主要介绍功效性护肤品在玫瑰痤疮、激素依赖性皮炎、脂溢性皮炎、化妆品皮炎中的应用。

一、玫瑰痤疮

（一）概述

玫瑰痤疮(acne rosacea)(图 6-2)是一种好发于面中部的慢性炎症性皮肤病,临床上皮肤出现潮红、红斑、丘疹、脓疱、毛细血管扩张等症状,伴或不伴干燥、瘙痒、灼热等自觉症状。食用辛辣食物、热饮、高温和寒冷刺激、情绪紧张或激动、吸烟、饮酒、内分泌障碍、蠕形螨感染、围绝经期等是其主要诱发因素。其确切的病因与发病机制尚不完全清楚,目前认为其发病机制与免疫炎症反应、血管神经功能紊乱及皮肤屏障受损等有关。玫瑰痤疮好发于 30~50 岁女性人群,不仅对患者面部美观造成影响,还会危害患者的心理健康,降低生活质量。

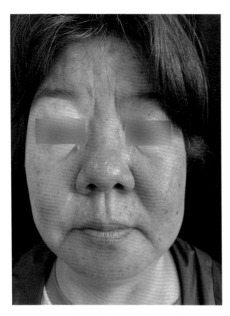

图 6-2　玫瑰痤疮

（二）化妆品在玫瑰痤疮护理中应用的必要性

根据玫瑰痤疮的发生机制,具有抑制炎性细胞因子、降低血管神经高反应性和修复皮肤屏障功效的护肤品可有效地缓解及改善玫瑰痤疮的临床症状。

1. 抑制炎性细胞因子　由于各种外界刺激,如紫外线、蠕虫感染等可通过 TLR2 途径及可能的维生素 D 依赖与非依赖通路、内质网应激途径等直接或间接导致激肽释放酶 5（kallikrein 5, KLK5）活性增强,KLK5 加工抗菌肽使其成为活化形式抗菌肽 LL-37 片段,从而诱导玫瑰痤疮患者血管新生和促进炎症反应。因此,所选择的护肤品需具有抑制炎性细胞因子的功效。

2. 降低血管神经高反应性　玫瑰痤疮患者受到物理、化学、精神等刺激后,容易出现灼热、瘙痒、刺痛及紧绷感等主观症状,严重影响患者的生活质量。研究发现,玫瑰痤疮的发生主要与 TRPV1 的激活有关。同时,多种刺激因素作用于支配血管的皮肤神经末梢引起血管高反应性,也激活角质形成细胞、血管内皮细胞、成纤维细胞等释放大量神经递质,这些神经递质通过神经末梢表面的 TLR 及蛋白酶激活受体,又反过来促进天然免疫的激活,维持并扩大炎症过程。长期的炎症因子刺激及 VEGF 的表达增加还可促进血管增生。因此,在玫瑰痤疮的皮肤护理中,所选择的护肤品需具有降低血管及神经高反应性的功效。

3. 修复皮肤屏障功能　近年来,研究发现玫瑰痤疮存在皮肤屏障受损,可导致角质形成细胞产生一系列的炎症因子,干扰皮肤自我修复,使皮肤敏感性增加。因此,所选择的护肤品应具有修复皮肤屏障的功效。

（三）化妆品在玫瑰痤疮护理中的应用

适用于玫瑰痤疮的功效性护肤品应具有抑制炎性细胞因子、降低血管神经高反应性和修复皮肤屏障的功效,因此可选用舒缓类及改善面部皮肤泛红类功效性护肤品进行日常皮肤护理。护肤品剂型可包括面膜、水剂、乳剂以及霜剂。

1. 与药物协同使用　可依据玫瑰痤疮的不同分期,采用外用药物联合具有修复皮肤屏障、舒缓、抑制炎性细胞因子、保湿功效的舒缓类护肤品序贯治疗玫瑰痤疮。

（1）急性期:玫瑰痤疮患者急性期需使用药物联合舒缓类功效性护肤品治疗,此时,应根据皮肤的敏感程度合理选择护肤品的种类。可每天早晚使用清水或温和的舒缓类洁面乳,晚上外敷舒缓类面膜 1 次,每次 10~15 分钟,再外搽舒缓类保湿霜,2 次 /d,急性期暂时不用防晒霜,以遮盖式防晒为主。

（2）亚急性期:玫瑰痤疮患者亚急性期时仍需使用药物联合舒缓类功效性护肤品治疗,此时,可减少舒缓类面膜的使用次数,清洁皮肤后外敷舒缓类面膜,2~3 次 / 周,每次 10~15 分钟,然后再外搽舒缓保湿霜,2 次 /d,不外敷面膜时清洁皮肤后外搽舒缓类保湿水,为皮肤提供水分,再外搽舒缓保湿霜,2 次 /d。最后,外搽既能防 UVA 又防 UVB 的防晒剂,若皮肤无法耐受,可外出戴帽子、口罩、打伞等遮盖防晒。

2. 单独使用　玫瑰痤疮患者缓解期可单独使用舒缓类及改善面部皮肤泛红类功效性护肤品。每天早晚使用清水或温和的舒缓类洁面乳清洁面部皮肤，然后外搽舒缓类保湿水，再外搽舒缓类保湿霜，2 次 /d。白天外搽舒缓类保湿霜后再外搽防晒剂，使用方法同上。如果玫瑰痤疮患者在缓解期时仍存在持续性红斑，可每天晚上外搽舒缓类保湿霜后，在红斑处再外搽改善面部皮肤泛红类保湿霜，以改善持续性红斑症状。

二、激素依赖性皮炎

（一）概述

激素依赖性皮炎（corticosteroid addictive dermatitis）（图 6-3）是由于长期反复不规范外用糖皮质激素药物或含有糖皮质激素的护肤品引起的一种反复发作的慢性皮肤炎症。其发病机制主要与皮肤屏障受损、炎症反应、激素本身的不良反应等相关。该病主要发生在面部，是一种损容性皮肤病，严重影响患者的身心健康。

（二）化妆品在激素依赖性皮炎护理中应用的必要性

根据激素依赖性皮炎的发生机制，具有修复皮肤屏障、抑制炎性细胞因子、保湿功效的护肤品可有效地缓解及改善激素依赖性皮炎的临床症状。

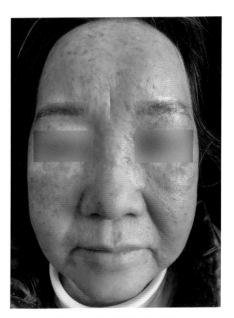

图 6-3　激素依赖性皮炎

1. 修复皮肤屏障功能　较长时间外用糖皮质激素会导致皮肤屏障功能异常：TEWL 增高；表皮分化增殖受抑制；颗粒层内板层小体数量减少，表面脂质分泌较少，皮肤屏障结构破坏，对外界微生物、细菌的抵抗能力下降，极易导致病情反复发作。因此，在激素依赖性皮炎的日常皮肤护理中，所选择的护肤品应具有修复皮肤屏障的功效。

2. 抑制炎性细胞因子　皮肤屏障功能异常会导致皮肤抵抗力下降，抗原进入引起超敏反应或细菌定植增加，皮肤抗感染免疫能力下降。研究表明，激素依赖性皮炎患者皮损真皮中有大量炎性细胞浸润，炎症反应在激素依赖性皮炎的发病中发挥着重要的作用。因此，所选择的护肤品还需具有抑制炎性细胞因子的功效。

3. 保湿　激素依赖性皮炎患者常出现皮肤干燥、脱屑等症状，因此，所选择的护肤品也需具有保湿功效。

（三）化妆品在激素依赖性皮炎护理中的应用

适用于激素依赖性皮炎的功效性护肤品应具有修复皮肤屏障、舒缓、抑制炎性细胞因子、保湿功效，因此可选用舒缓类功效性护肤品进行日常皮肤护理。护肤品剂型可包括面膜、水剂、乳剂以及霜剂。

1. 与药物协同使用　激素依赖性皮炎急性及亚急性期可采用药物联合舒缓类功效性护肤品治疗，使用方法同玫瑰痤疮的急性期。

2. 单独使用　激素依赖性皮炎缓解期可单独应用舒缓类功效性护肤品，使用方法同玫瑰痤疮的缓解期。

三、脂溢性皮炎

（一）概述

脂溢性皮炎（seborrheic dermatitis）（图6-4）是一种常见的慢性、反复发作性的炎症性皮肤病，好发于头面部及胸背部等皮脂溢出部位。脂溢性皮炎的发病是内在因素与外在因素综合作用的结果，主要与皮脂腺分泌过多、免疫炎症反应、皮肤屏障受损、微生物感染等相关。面部脂溢性皮炎严重影响患者面部美观程度，对其身心健康较为不利。

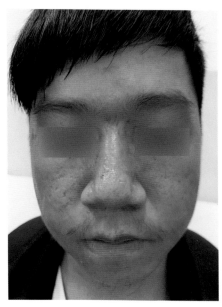

图 6-4　脂溢性皮炎

（二）化妆品在脂溢性皮炎护理中应用的必要性

依据脂溢性皮炎的发生机制，修复皮肤屏障、抑制炎症等可改善脂溢性皮炎的皮肤状况。

1. 修复皮肤屏障功能　脂溢性皮炎患者的皮肤屏障功能因皮肤炎症反应而受到破坏，TEWL增加，皮肤角质层含水量减少，皮脂含量变化及抵御外源性刺激能力下降，不仅使脂溢性皮炎患者对局部刺激高敏感性，而且更容易受到微生物及毒素的影响，从而加剧皮肤屏障的破坏，导致恶性循环。因此，在脂溢性皮炎的日常皮肤护理中，所选择的护肤品应具有修复皮肤屏障的功效。

2. 抑制炎性细胞因子　脂溢性皮炎患者皮损处存在炎症反应，因此所选择的护肤品还需具有抑制炎性细胞因子的功效。

（三）化妆品在脂溢性皮炎护理中的应用

适用于脂溢性皮炎的功效性护肤品应具有修复皮肤屏障、舒缓、抑制炎性细胞因子、保湿等功效，因此可选用舒缓类功效性护肤品进行日常皮肤护理。护肤品剂型可包括面膜、水剂、乳剂以及霜剂。

1. 与药物联合使用　脂溢性皮炎有明显红斑时，可采用口服及外用药物联合舒缓类功效性护肤品治疗。每天早晚使用清水或温和的舒缓类洁面乳清洁皮肤，晚上外敷舒缓类面膜2~3次/周，每次10~15分钟，再外搽舒缓类保湿霜，2次/d，然后再外搽药膏。不外敷面膜时清洁皮肤后外搽舒缓类保湿水，为皮肤提供水分，再外搽舒缓保湿霜，2次/d，然后再外搽药膏。最后，外搽既能防UVA又防UVB的防晒剂。

2. 单独使用　轻度脂溢性皮炎可直接选用舒缓类功效性护肤品，每天早晚使用清水或温和的舒缓类洁面乳清洁皮肤，晚上外敷舒缓类面膜，2~3次/周，每次10~15分钟，再外搽舒缓类保湿霜，2次/d。不外敷面膜时清洁皮肤后外搽舒缓类保湿水，为皮肤提供水分，再外搽舒缓类保湿霜，2次/d。早上出门前外搽防晒剂，使用方法同上。

四、化妆品皮炎

（一）概述

化妆品皮炎（cosmetic dermatitis）（图6-5）是接触化妆品而引起的刺激性接触性皮炎和

变应性皮炎,是化妆品皮肤病的主要类型,占化妆品皮肤病的 70% 以上,以中青年女性发病率最高。该病的发病机制分为刺激性和变态反应性两种,主要与不合理使用化妆品所致的皮肤屏障受损及随之导致的炎症反应相关。由于面部是此病的常发部位,发病后给患者带来很大的困扰,严重影响患者的身心健康。

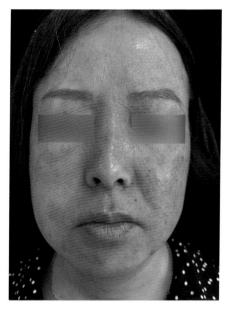

图 6-5　化妆品皮炎

（二）化妆品在化妆品皮炎护理中应用的必要性

化妆品皮炎的传统治疗需迅速脱离过敏原,应用糖皮质激素对症处理,皮疹一般持续 1~2 周才会消退。但这样治疗容易导致激素依赖性皮炎的发生,且疗效欠佳,易反复。面部护肤品皮炎由于部位特殊,治疗困难,特别是外用药物受限。因此,辅助外用修复皮肤屏障、舒缓、保湿、光防护作用的功效性护肤品可作为护肤品皮炎的重要辅助治疗手段,对护肤品皮炎的治疗发挥重要的作用。

1. 修复皮肤屏障功能　化妆品皮炎由于面部常存在炎症反应,破坏皮肤屏障,TEWL 增加,如不修复受损的皮肤屏障,则会进一步加重局部炎症反应,形成恶性循环。同时,当化妆品皮炎得到缓解后,有时面部皮肤仍会存在干燥、脱屑、敏感等症状,如不加以改善,会导致化妆品皮炎的反弹。因此,在化妆品皮炎的日常皮肤护理中,所选择的护肤品应具有修复皮肤屏障的功效。

2. 抑制炎性细胞因子　化妆品皮炎常存在皮肤屏障受损,皮肤屏障一旦受损没有及时修复则会引发局部炎症反应,皮肤常出现红斑等症状。因此,所选择的护肤品还应具有抑制炎性细胞因子的功效。

3. 保湿　化妆品皮炎患者常出现皮肤干燥、脱屑等症状。因此,所选择的护肤品也应具有保湿功效。

（三）功效性护肤品在化妆品皮炎中的应用

大多数患者认为化妆品皮炎是由外搽护肤品所致,因此在治疗过程中常有这样的理解误区——认为只需药物治疗,不能外搽任何类型的护肤品。但化妆品皮炎常存在皮肤屏障受损、局部炎症反应,皮肤常表现为红斑、干燥、脱屑等症状,因此需要外用具有修复皮肤屏障、舒缓、抑制炎性细胞因子、保湿功效的护肤品改善上述临床症状,舒缓类功效性护肤品可用于化妆品皮炎的日常皮肤护理。所选用的护肤品剂型可包括面膜、水剂、乳剂以及霜剂。

化妆品皮炎急性及亚急性期需以药物联合舒缓类功效性护肤品治疗,使用方法同玫瑰痤疮急性期。缓解期可单独使用舒缓类功效性护肤品维护皮肤正常生理功能,使用方法同玫瑰痤疮缓解期。

（顾华　何黎　涂颖）

第五节 化妆品在痤疮护理中的应用

一、概述

寻常痤疮(acne vulgaris)是一种在青少年和成年人中常见的累及毛囊皮脂腺的慢性炎症性皮肤病,好发于面部、前胸、后背等皮脂溢出部位。其发病机制主要包括毛囊及皮脂腺导管上皮的过度角化,微生物尤其是痤疮丙酸杆菌的定植,雄激素诱导的皮脂腺过多分泌、局部炎症反应及皮肤屏障受损。寻常痤疮已成为全球发病率排名第八的疾病,可以导致炎症后色素沉着和永久性瘢痕,严重影响患者的容貌及身心健康。

二、化妆品在痤疮护理中应用的必要性

根据痤疮的发生机制,具有清洁皮肤、抗粉刺、抑制炎症反应、修复皮肤屏障、调节皮肤微生态功效的护肤品可有效地缓解和改善痤疮的临床症状,在痤疮的全程管理上均发挥了重要的作用。

(一)清洁皮肤

痤疮患者在雄激素作用下皮脂腺增生,皮脂分泌增多,皮肤表面的微生物菌群分布和丰度也会发生变化。因此,皮肤清洁剂的使用显得尤为重要,需要根据所分泌的皮脂量,调节清洁剂使用量和清洁频率。但需注意,过度清洁会导致 TEWL 增加,水分降低,杀灭皮肤表面正常微生物,有害菌的数量增加,因此正确、合理地使用皮肤清洁剂就显得很重要。

痤疮患者可选用无脂质成分、弱酸性或中性 pH、有一定收敛性和轻度剥脱作用的清洁类护肤品,理想的痤疮清洁剂应该是不致粉刺、不致痘、低敏感、无刺激的产品。如有明显丘疹、脓疱时可使用含二硫化硒或硫黄的清洁剂达到控油、抑菌的作用。系统使用或外用维 A 酸类药物治疗痤疮患者时,皮肤会转变为干性甚至敏感性皮肤,此时可选用温和的兼有保湿及舒缓功效的清洁剂,以减少对皮肤屏障的影响,维护皮肤屏障的稳态。

(二)抗粉刺

痤疮多以粉刺或者微粉刺起病,使用调节油脂分泌、具有角质溶解或剥脱功效的护肤品,可以阻止粉刺转变为丘疹、脓疱等炎性皮损,起到预防痤疮发生、加重的作用。

(三)抑制炎性细胞因子

痤疮常伴有局部炎症反应,选择具有抑制炎性细胞因子功效的护肤品,在伴有炎性痤疮皮损中与抗生素类药物同时使用,可以减少细菌耐药及药物的不良反应。

(四)修复皮肤屏障功能

痤疮治疗过程中容易导致皮肤屏障受损,如清洁产品的过度使用,外用或口服维 A 酸类药物,皮肤容易出现红斑、干燥、脱屑、敏感或光敏等不良反应。同时,很多痤疮患者会接受各种类型的激光、强脉冲光、化学剥脱术等治疗,也容易导致皮肤屏障受损,使用具有修复皮肤屏障功效的护肤品,可减轻皮肤敏感和光敏等,提高患者对治疗的耐受性。

（五）调节皮肤微生态

目前,已有研究发现超过 19 个细菌门类在皮肤上定植,主要包括放线菌（51.8%）、硬壁菌（24.4%）、蛋白菌（16.5%）及类杆菌（6.3%）,其中,主要属类是棒状杆菌属、丙酸杆菌属及葡萄球菌属。毛囊皮脂腺微生态在痤疮发生发展过程中有重要的作用。临床上,炎性痤疮的治疗常首选四环素类抗生素,而抗生素的治疗不但有导致微生物耐药的问题,还会破坏皮肤微生态平衡。常用的异维 A 酸通过减少皮脂分泌而显著降低痤疮丙酸杆菌的含量,但皮脂分泌的减少,可能导致链球菌和葡萄球菌比例上升,产生类似于 AD 患者皮肤微生物的组成。因此,在痤疮防治的各个环节,适时、适量地使用具有调节皮肤微生态功效的护肤品可协助痤疮患者皮肤达到微生态平衡。如外用含甘露糖和线状透明颤菌生物量的润肤剂,外用含长双歧杆菌裂解液的润肤霜等,可使皮肤微生物组正常化,还可改善皮肤屏障功能。

三、化妆品在痤疮护理中的应用

适用于寻常痤疮的功效性护肤品应具有清洁皮肤、抗粉刺、抑制炎性细胞因子、修复皮肤屏障、调节皮肤微生态等功效,因此可选用祛痘控油类功效性护肤品进行日常皮肤护理。如痤疮患者系统或外用维 A 酸类药物治疗时,皮肤常出现干燥、脱屑等症状时,则可选用具有修复皮肤屏障、抑制炎性细胞因子、保湿功效的舒缓类护肤品。另外,痤疮治疗后常遗留炎症后红斑及色素沉着,此时还可选择改善面部皮肤泛红类及祛斑美白类功效性护肤品、化妆品减少痤疮后红斑及色素沉着。护肤品剂型可包括面膜、水剂、乳剂以及霜剂。

（一）单独使用

轻度（Ⅰ级）痤疮（图 6-6）患者可单独使用祛痘控油类功效性护肤品改善痤疮皮疹,调节皮肤水油平衡。根据皮肤情况,选用具有控油作用的清洁产品,并酌情调整使用频率。夏季皮肤较为油腻时,可每天早晚用洗面奶进行皮肤清洁,特别油腻者可在中午加洗一次;冬季皮肤较为干燥时,可每晚或隔天用洗面奶进行皮肤清洁,早晨温水清洁即可。清洁完毕后可外搽祛痘控油类保湿水或爽肤水补水。随后依据皮肤类型,选择祛痘控油类凝胶剂或乳剂进行皮肤保湿。夏季皮肤较为油腻时,一般选用祛痘控油类凝胶剂保湿;冬季皮肤较为干燥时,可选用 O/W 进行保湿。每天外搽清透防晒霜。

（二）联合药物、光电及化学剥脱治疗使用

口服或外搽维 A 酸类药物时,皮肤会变得较为干燥,甚至敏感（图 6-7）,此时可选用温和的舒缓类洗面奶,每晚或隔天进行皮肤清洁,早晨则用温水清洁,随后外搽舒缓类保湿水及乳剂或霜剂,再外搽舒缓类保湿霜,2 次/d。每天出门前外搽防晒乳或防晒霜。

口服其他药物时,可根据皮脂量的多少,调节清洁剂的使用量和使用频率,以皮肤不油腻、不干燥为

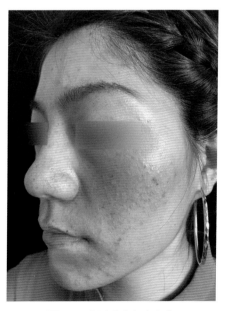

图 6-6 轻度（Ⅰ级）痤疮

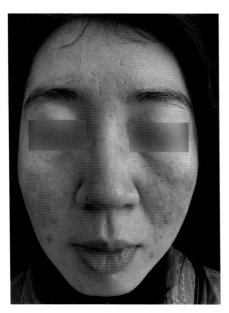

图 6-7 寻常痤疮患者口服
异维 A 酸引起皮肤敏感

度。随后外搽祛痘控油类保湿水或爽肤水,然后外搽祛痘控油类凝胶剂或舒缓类保湿乳进行保湿,每天外搽清透防晒霜。

激光、光子或化学剥脱治疗后,皮肤易出现敏感、干燥、脱屑等或炎症反应,术后 1 周内外敷舒缓类面膜,1 次 /d,每次 10~15 分钟;3~5 天后,选择舒缓类洁面乳清洁皮肤,每晚 1 次,白天用清水洁面,然后外搽舒缓类保湿水,再外涂舒缓类乳剂或霜剂,2 次 /d。1 周后配合使用具有光防护作用的清透防晒霜。

(三)痤疮后遗留炎症后红斑及色素沉着

痤疮患者治疗好转后如出现炎症后红斑,需配合外搽改善面部皮肤泛红类功效性护肤品,可每晚在外搽舒缓类保湿霜后再将改善面部皮肤泛红类保湿霜外涂于炎症后红斑上,以减轻红斑。如出现炎症后色素沉着时,则需配合使用祛斑美白类功效性护肤品,每晚在外搽舒缓类保湿霜后,再将祛斑美白霜外涂于炎症后色素沉着处,可有效地减轻炎症后色素沉着。

(项蕾红 何 黎)

第六节 化妆品在光敏性皮肤病护理中的应用

一、概述

光敏性皮肤病是一组慢性炎症性皮肤病,通常是由日光,特别是紫外线引起的延迟性超敏反应。其机制可能是光能通过光化学途径改变了半抗原的结构,新生的半抗原与皮肤蛋白结合形成全抗原,刺激机体发生免疫炎症反应,可导致皮肤屏障受损。光敏性皮肤病主要包括 PLE、CAD、光线性痒疹、光接触性皮炎等。该类皮肤病皮损易反复发作,难治愈,病程长,甚至迁延终身,严重影响患者的身心健康。

二、化妆品在光敏性皮肤病护理中应用的必要性

光敏性皮肤病好发于面颈部、双手等曝光部位,随着病程的发展,还可累及躯干等非曝光部位,严重影响患者的身心健康。根据光敏性皮肤病的发生机制,具有抑制炎性细胞因子、修复皮肤屏障功能、保湿及防晒功效的护肤品可有效地缓解及改善光敏性皮肤病的临床症状。

(一)抑制炎性细胞因子

多形性日光疹(PLE)是紫外线诱导产生的自体表皮抗原引发的一种迟发型超敏反应,由 UVB 诱导的正常个体与 PLE 患者皮损中细胞因子表达比较,与朗格汉斯细胞迁移相关的细胞因子,如 IL-1、IL-18、TNF-α 在 PLE 患者中表达降低,而与 Th1 相关的细胞因子,如

IL-12、IFN-γ、IL-6 表达无差别,提示朗格汉斯细胞迁移性的降低与 PLE 发病有关。

最新研究发现,lncRNA RP11-356I2.4 调节了重组人 TNF-α 诱导蛋白 3 是导致 CAD 炎症反应形成的重要机制,IFN-γ、IL-1β、IL-6、IL-12 等是导致 CAD 炎症反应的主要细胞因子。

因此,PLE 及 CAD 等光敏性皮肤病存在炎症反应,所选用的护肤品应具有抑制炎性细胞因子的功效。

（二）修复皮肤屏障功能

研究表明,PLE 患者皮损处 TEWL 值较正常人高,表皮含水量低于正常人,同时,酸性神经酰胺酶表达降低,说明其存在皮肤屏障受损。光敏性皮肤病临床常外用糖皮质激素治疗,反复外用糖皮质激素可破坏及加重其皮肤屏障受损,进一步会促进皮肤炎症反应。光敏性皮肤病多发生于中老年患者,该类患者皮脂、汗腺分泌下降,表皮含水量不足,皮肤屏障结构不健全。因此,所选择的护肤品还需具有修复皮肤屏障的功效。

（三）保湿

光敏性皮肤病患者皮肤屏障受损,TEWL 增加,皮肤常出现干燥、脱屑、苔藓样变,因此需外用具有保湿功效的护肤品。

（四）防晒

光敏性皮肤病是由 UVA 及 UVB 引起的一类皮肤病,因此在治疗过程中还需外搽具有防晒功效的护肤品。

三、化妆品在光敏性皮肤病护理中的应用

适用于光敏性皮肤病的功效性护肤品应具有抑制炎性细胞因子、修复皮肤屏障、保湿、防晒等功效,因此可选用舒缓类、保湿类及防晒类功效性护肤品进行日常皮肤护理。护肤品剂型可包括面膜、水剂、乳剂及霜剂。

（一）与药物协同使用

依据光敏性皮肤病的临床分期及不同皮损特点,采用药物联合功效性护肤品序贯治疗光敏性皮肤病。

1. 急性期 光敏性皮肤病处于急性期时,在红斑基础上会出现糜烂、渗出,可依据湿疹急性期有糜烂、渗出处理。当无明显糜烂、渗出时（图 6-8）,面部每天晚上用清水清洁后,用舒缓类面贴膜,1 次 /d,每次 10~15 分钟,再外搽舒缓类保湿乳,连续 3~5 天;每天早上不用面膜时,清洁皮肤后外搽舒缓类保湿水,再外搽舒缓类保湿乳,然后在皮损处外用钙调磷酸酶抑制剂,1~2 次 /d。颈部及手部等其余部位皮损先外用糖皮质激素类乳膏、氧化锌等药膏,1~2 次 /d,然后再外搽保湿类乳剂,2 次 /d。

在急性期时主要采用遮挡式防晒,一般不外搽防晒剂。在室内时,需拉上窗帘,出门时可用遮阳伞、太阳帽、口罩、衣物等直接遮挡住日光。

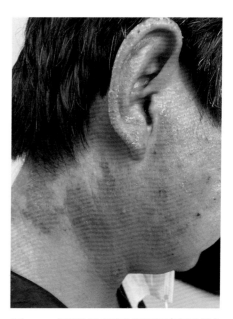

图 6-8 多形性日光疹（无明显糜烂渗出）

2. 亚急性期　光敏性皮肤病处于亚急性期时,红斑颜色变浅、变暗,出现脱屑、结痂(图 6-9),口服抑制炎症、抗光敏等药物的同时,采用外用药物联合舒缓类及保湿类功效性护肤品序贯治疗。

（1）面部:可参照本章第三节中轻度敏感皮肤护理方法进行面部皮肤护理,然后外搽钙调磷酸酶抑制剂于皮损处,1~2 次 /d。当皮损明显减轻后,可逐渐减少外用药物使用次数,皮损消退后停用外用药物,继续外搽舒缓类保湿霜,以预防复发。外搽舒缓类保湿霜的次数应依据季节有所变化,当春夏季皮肤较为湿润时,外搽 2 次 /d;当秋冬季皮肤较为干燥时,则外搽 3~4 次 /d。

（2）颈部、手部等其余部位:可参照湿疹(亚急性期)的方法采用外用药物及保湿类霜剂治疗。

亚急性期可采用外搽防晒类护肤品及遮光的方式进行防晒。在室内时,需拉上窗帘防护紫外线的照射,如果有接触到紫外线照射的可能(强荧光、驱蚊灯等)或外出,还需外搽广谱防晒类护肤品进行防晒。应注意防晒类护肤品的剂型,防晒喷雾可用于手臂、前胸、后背等面积较大的皮肤表面,由于比较轻薄,一般每个部位需连续喷 4 次,然后用手轻轻拍打均匀;面部可外搽防晒霜,按每次 2mg/cm² 均匀地涂抹于面部各部位,4 次 /d 才可达到较好的防晒效果,外出前 15 分钟外搽防晒霜,每隔 2~3 小时重复涂抹 1 次。

3. 慢性期　光敏性皮肤病处于慢性期(图 6-10)时,皮损逐渐增厚,苔藓样变,口服抑制炎症、抗光敏等药物的同时,采用外用药物联合保湿类功效性护肤品序贯治疗。

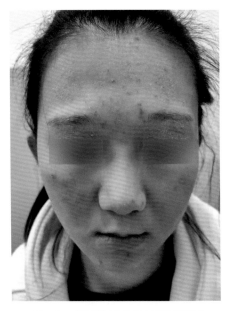

图 6-9　多形性日光疹(亚急性期)

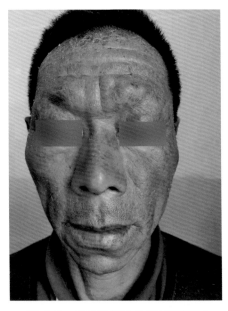

图 6-10　慢性光化性皮炎(慢性期)

可参照湿疹(慢性期)采用外用药物联合保湿类霜剂进行治疗。需注意,由于长期外用糖皮质激素可进一步加重皮肤屏障受损,应避免慢性期长期使用糖皮质激素,尽量以保湿类功效性护肤品代替。防晒方式同本病亚急性期。

（二）单独使用

当光敏性皮肤病皮损消退后,可长期单独外搽功效性护肤品预防复发。面部可参照轻度敏感性皮肤的方法加强皮肤护理；颈部、手部等其余部位可参照湿疹（亚急性期）的方法加强皮肤护理。在选择护肤品时，应注意对产品配方成分有过敏者需避免使用，必要时可做斑贴试验及光斑贴试验以避免接触过敏。

（何　黎　涂　颖）

第七节　化妆品在黄褐斑护理中的应用

一、概述

黄褐斑（chloasma）是一种临床常见的慢性、获得性色素增加性皮肤病，多对称分布于面颊部，为黄褐色斑片，形如蝴蝶，亚洲育龄女性发病率高达 30%。目前，研究认为黄褐斑的发病与遗传、日光、性激素等有关，涉及黑色素合成增加、皮损处血管增生、炎症反应及皮肤屏障受损等机制。长期以来，黄褐斑临床治疗效果欠佳、极易复发，严重影响患者的容貌及身心健康，降低生活质量。

二、化妆品在黄褐斑护理中应用的必要性

临床上引起黄褐斑的原因很多，常见的包括日光照射、炎症后色素沉着过度、光敏剂的使用、女性雌激素增多（如妊娠）等。因病因复杂，治疗效果不明显，虽然化学剥脱、光电治疗等对本病均有一定的效果，但其疗程长，一般超过半年，且复发率高，并易造成永久性色素脱失或继发性色素沉着，严重者可形成瘢痕。因此，根据黄褐斑的发病机制，具有抑制黑色素合成及转运、修复皮肤屏障、抑制炎症反应、抗氧化功效的护肤品可有效地缓解和改善黄褐斑的临床症状，甚至预防其复发。

（一）抑制黑色素合成及转运

人类皮肤颜色取决于表皮黑色素细胞所产生的黑色素数量及皮肤最外层的分布情况，黑色素的合成、转运、代谢等紊乱均可造成色素沉着。黑色素的代谢经历黑色素小体形成、黑色素小体成熟、黑色素的合成、含大量黑色素的黑色素小体被转运四个阶段。黑色素生成机制主要为：TYR 可将 L-酪氨酸氧化为多巴醌，多巴醌发生自氧化转变为多巴和多巴色素，多巴色素的产物 5,6-二羟基吲哚羧酸与 5,6-二羟基吲哚进一步被氧化成真黑色素。在半胱氨酸或谷胱甘肽的作用下，多巴醌还可形成半胱酰胺多巴进而合成褐黑色素，真黑色素和褐黑色素能够形成混合色素。TYR、TRP-1 和 TRP-2 是黑色素合成的重要限速因素，TYR 作为黑色素合成的关键限速酶，其过表达会造成黑色素异常沉着。

因此，抑制 TYR 及影响黑色素细胞功能、黑色素小体形成、转运等过程以及加速含有较多黑色素颗粒的角质形成细胞脱落，从而干扰或抑制黑色素的合成和转运，起到改善黄褐斑皮损的作用。

（二）修复皮肤屏障

何黎教授研究发现黄褐斑患者存在皮肤屏障受损，TEWL 增加。同时，由于某些黄褐斑患者需要行光电治疗或化学剥脱治疗，如术后皮肤护理不当，可进一步加重皮肤屏障受损程

度。由于紫外线是导致皮肤色素沉着的最主要因素,而皮肤屏障受损可导致皮肤对紫外线的抵御能力下降,进一步加强了紫外线照射诱导的黑色素合成,过度的色素合成可导致疾病的复发加重或治疗效果不佳。因此,需选用具有修复皮肤屏障功效的护肤品。

(三)抑制炎性细胞因子

何黎教授研究发现部分黄褐斑患者皮损处炎性介质表达增加,光电治疗后也可导致炎性细胞因子释放,说明其皮损处存在局部炎症反应。因此,在黄褐斑的治疗过程中所选用的护肤品还需具有抑制炎性细胞因子的功效。

(四)抗氧化

紫外线照射可引起皮肤的氧化应激,氧自由基明显增加,也可导致黑色素合成增加,因此所选择的护肤品还需具有抗氧化功效,减少氧自由基生成。

三、化妆品在黄褐斑护理中的应用

适用于黄褐斑的功效性护肤品应具有抑制黑色素合成及转运、修复皮肤屏障、抑制炎性细胞因子、抗氧化等功效,因此可选用舒缓类及美白祛斑类功效性护肤品进行日常皮肤护理。护肤品剂型可包括面膜、水剂、乳剂及霜剂。依据黄褐斑临床分期及分型联合外用药物、光电治疗及化学剥脱等治疗黄褐斑。

(一)与药物联合使用

依据《中国黄褐斑诊疗专家共识》(2021版),黄褐斑可分为活动期和稳定期。活动期皮损处泛红,搔抓后皮损发红,真皮浅层可见数量不等的中等折光的单一核细胞浸润,部分可见高折光的噬色素细胞。稳定期皮损无泛红,搔抓后皮损不发红,真皮浅层浸润的单一核细胞减少。

黄褐斑临床上还可分为单纯色素型(melanized type,M型)(图6-11),此时玻片压诊皮损不褪色,Wood灯下皮损区与非皮损区颜色对比度增加;以及色素合并血管型(melanized with vascularized type,M+V型)(图6-12),玻片压诊皮损部分褪色,Wood灯下皮损区与非皮损区颜色对比度增加不明显。

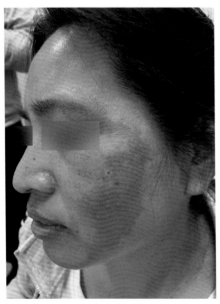

图6-11 黄褐斑(单纯色素型)

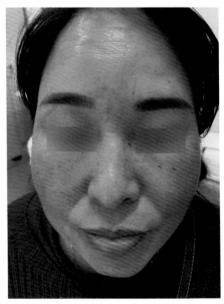

图6-12 黄褐斑(色素合并血管型)

活动期及 M+V 型黄褐斑患者早晚用温和的舒缓类洗面奶清洁皮肤,然后外搽舒缓类保湿霜,2 次 /d,晚上外搽保湿霜后再在皮损处外搽外用药物。稳定期及 M 型黄褐斑患者早晚用祛斑美白类洗面奶清洁皮肤,然后外搽舒缓类保湿霜,2 次 /d,晚上外搽保湿霜后,再在皮损处外搽外用药物。

(二)与光电及化学剥脱治疗联合使用

激光、光子以及化学剥脱治疗也是临床上色素沉着性皮肤病治疗手段之一,但由于这些治疗不同程度地影响了皮肤屏障功能,如术后护理不当,非常容易引发炎症后色素沉着。因此,光电及化学剥脱术后一定要加强皮肤护理,可参照本章第十二节及第十三节进行皮肤护理。

(三)单独使用

当口服及外用药物或者使用光电及化学剥脱治疗后,黄褐斑的皮损得到明显改善停用治疗后,可继续外用祛斑美白类功效性护肤品。早晚用祛斑美白类洁面乳清洁皮肤后,外搽祛斑美白类保湿水,然后再外搽祛斑美白类保湿霜。

(四)防晒

日光是导致黄褐斑发生的首要因素,黄褐斑的治疗中还需全程防晒。近年来,有报道日光中的紫外线及可见光都可导致黄褐斑发生。因此,选择防晒剂时不仅需注意对紫外线的防护作用,还需防护可见光,从而减少日光对黑色素合成的影响。防晒剂的使用方法请见本章第二节。

(顾 华 何 黎 王晓莉 杨 智)

第八节 化妆品在皮肤老化护理中的应用

一、概述

皮肤老化(skin aging)有两个类型,一个是自然过程引发的内源性老化,另一个是环境因素导致的外源性老化。内源性老化由机体内在因素(主要为遗传因素)引起,明显特征为皮肤出现皱纹、松弛和干燥脱屑,见于暴露部位和非暴露部位。而外源性老化则由外界环境,包括日晒、重复的面部表情、重力作用、睡眠的姿势、吸烟等引起,而其中最主要的影响因素是紫外线长期照射导致的皮肤损害,即光老化。皮肤老化是内源性老化和外源性老化共同作用的结果。皮肤老化是不可逆的过程,衰老对个人的生活、工作、社交等有着不同的心理与生理影响,除了引发容貌改变外,也可以引发焦虑、抑郁、自卑等一系列的心理问题。因此,如何延缓皮肤衰老一直是研究的焦点。

二、化妆品在皮肤老化护理中应用的必要性

皮肤老化可出现皱纹、松弛、干燥和脱屑,还可伴有色素沉着、皮肤暗沉,依据皮肤老化的发生机制及临床表现,具有抗皱、抗氧化、抗糖化、修复皮肤屏障、保湿、抑制黑色素合成转运等功效的护肤品可有效地改善皮肤老化的临床症状。

（一）抗皱

胶原蛋白和弹性蛋白是皮肤真皮层的两类重要蛋白,相互网状交联形成真皮骨架结构。衰老的皮肤合成胶原蛋白和弹性蛋白能力下降,胶原纤维变粗,异常交链,最终导致皮肤骨架坍塌、弹性下降、皱纹增多。因此,需选用具有抗皱功效的护肤品,通过修复真皮成纤维细胞,补充胶原蛋白和弹性蛋白,促进成纤维细胞分泌胶原蛋白和弹性蛋白。

（二）抗氧化

根据衰老的自由基学说,清除过量的活性氧自由基也是抵抗衰老的有效手段。因此,所选择的护肤品还需具有抗氧化功效。

（三）抗糖化

糖化(glycation)反应,又称非酶糖基化,是还原糖(如葡萄糖等)以及糖类衍生物上的羰基,与蛋白质、脂质或核酸等大分子上的游离氨基发生的不可逆的非酶性缩合反应。不同于发生在内质网和高尔基体中的酶促糖基化反应,糖化是一种非酶催化的自发反应,该反应会使得成熟蛋白的稳定性和功能性降低,其生成的产物——晚期糖基化终产物(advanced glycation end products,AGE)和它们的交联体与晚期糖基化终产物受体结合,引起细胞氧化应激敏感性上升,引发氧化损伤和炎症、促进黑色素和ROS等一系列级联反应,使生理平衡失衡,导致代谢紊乱,是导致皮肤衰老、肤色暗沉等结果的主要因素之一。

因此,护肤品中可添加一些抗糖化功效的活性成分,预防皮肤老化,如维生素B_1、维生素B_6(吡多胺)、烟酰胺等,可以通过抑制AGE前体及其他中间产物的生成以减少AGE累积;维生素C可以通过螯合金属离子并阻断ROS来间接抑制AGE生成;肌肽可以先一步与晚期糖基化终产物受体结合,从而阻止AGE与其结合引发的级联反应;硫辛酸能够修饰并保护蛋白,降低蛋白与糖结合的概率,并使蛋白不易受氧化损伤的影响。

（四）修复皮肤屏障

皮肤老化后其屏障功能下降,同时部分人群接受各种类型的激光、强脉冲光、化学剥脱术等治疗,也容易导致皮肤屏障功能进一步受损。因此,皮肤老化急需使用具有修复皮肤屏障功效的护肤品。

（五）保湿

皮肤表面的皮脂膜和角质形成细胞内的天然保湿因子共同维持皮肤的湿润状态。当皮肤衰老时,皮脂膜受损,皮肤屏障功能减弱,TEWL增加,皮肤含水量减少,导致皮肤干燥、脱屑,加重皮肤老化的临床症状。因此,所选择的护肤品应具有保湿功效。

（六）抑制黑色素合成及转运

光老化最主要的特点之一就是出现皮肤暗沉及各种色斑,这些斑点严重影响皮肤美观。因此,所选择的护肤品还应具有抑制黑色素合成及转运的功效。

三、化妆品在皮肤老化护理中的应用

适用于皮肤老化的功效性护肤品应具有抗皱、抗氧化、抗糖化、修复皮肤屏障、保湿、抑制黑色合成转运等功效,因此可选用抗皱类、舒缓类、祛斑美白类功效性护肤品进行日常皮肤护理。护肤品剂型可包括面膜、水剂、乳剂及霜剂。

（一）单独使用

皮肤老化早期,如仅表现为轻微的皮肤粗糙、干燥、细纹、皮肤暗沉等,都可以通过单独外搽抗皱类功效性护肤品缓解或减轻。每天早晚用温和的抗皱类洗面奶清洁皮肤,然后再外搽抗皱类保湿水及保湿霜,2 次 /d。

如皮肤较为暗沉伴有色素沉着,可选用祛斑美白类功效性护肤品改善临床症状,每天早晚用温和的祛斑美白类洗面奶清洁皮肤,然后再外搽祛斑美白类保湿水及保湿霜,2 次 /d。

（二）与药物联合使用

为改善皮肤老化,有时可局部外用维 A 酸乳膏,对局部的皱纹、点状色斑以及皮肤的粗糙程度均有显著的改善。维 A 酸乳膏有一定刺激性,因此需加强皮肤护理。每天早晚用舒缓类洁面乳清洁皮肤,然后再外搽舒缓类保湿水及保湿霜,晚上外搽舒缓类保湿霜后在局部皮肤老化明显处外搽维 A 酸乳膏。

（三）与化学剥脱联合使用

通过化学物质作用于皮肤表层引起皮肤不同水平的可控损伤,从而诱导皮肤表层和真皮结构重建,起到治疗作用。利用果酸、三氯乙酸等化学剥脱后,皮肤细纹及斑点减少,皮肤弹性增加。由于化学剥脱术受到剥脱剂的种类、浓度、使用次数及术后处理等因素的影响,可能产生色素沉着、色素脱失,甚至瘢痕等。因此,化学剥脱术后可选择舒缓类功效性护肤品加强皮肤护理,详见本章第十三节。

（四）强脉冲光及激光技术

国内外文献报道,强脉冲光技术在去除面部色素斑、毛细血管扩张、细小皱纹和毛孔粗大方面均已取得较好的效果。射频激光通过射频波使真皮胶原纤维收缩,松弛的皮肤被拉紧,随后热效应促使胶原增生,新生的胶原重新排列,数量增加,进而达到祛皱效果。点阵激光通过产生一系列微小的激光束作用到皮肤的治疗区,选择性热损伤促进真皮内胶原蛋白形成和皮肤老化的修复,同时微治疗损伤区间的正常皮肤加速了皮肤的修复,详见本章第十二节。

（张丽 何黎 王飞飞 杨智）

第九节　化妆品在湿疹护理中的应用

一、概述

湿疹（eczema）是由多种内外因素引起的一种皮肤炎症性疾病,以多形态皮损、对称分布、易于渗出、自觉瘙痒、反复发作、易发展为慢性为临床特征。目前,湿疹的病因尚不完全明确,多认为与机体内因、外因及社会心理因素相关,机体内因包括皮肤屏障受损、免疫功能异常、炎症反应相关;外因多与环境或食物中过敏原、微生物等相关;紧张、焦虑等社会心理因素会诱发或加重湿疹。湿疹是皮肤科最常见的皮肤病,发病年龄、性别无明显差异,病程不规则,常反复发作,瘙痒剧烈,严重影响患者的生活质量。

二、化妆品在湿疹护理中应用的必要性

根据湿疹的发病机制,具有修复皮肤屏障、抑制炎性细胞因子、保湿功效的护肤品可有效地缓解和改善湿疹的临床症状,甚至预防其复发。

(一)修复皮肤屏障功能

湿疹患者常存在皮肤屏障受损,由于其表皮细胞间水肿,使得细胞间隙增大,皮肤屏障功能不健全,TEWL 增加;湿疹皮损中炎性细胞浸润,影响皮肤正常的生理代谢,使得脂质、天然保湿因子减少,存在皮肤屏障受损。此外,目前湿疹的外用药物大多为糖皮质激素类药物,长期反复外搽糖皮质激素可加重皮肤屏障受损,因此需选用具有修复皮肤屏障功效的护肤品。

(二)抑制炎性细胞因子

湿疹的发病与外源性刺激及患者本身的过敏素质有关,组织学特征表现为表皮细胞间水肿,伴有不同程度的棘层肥厚及浅表血管周围淋巴性细胞浸润,表明湿疹皮损中有炎性细胞浸润,存在局部炎症反应。因此,需选用具有抑制炎性细胞因子功效的护肤品。

(三)保湿

湿疹患者皮肤屏障受损,TEWL 增加,皮肤常出现干燥、脱屑、粗糙。因此,需外用具有保湿功效的护肤品。

三、化妆品在湿疹护理中的应用

适用于湿疹的功效性护肤品应具有修复皮肤屏障、抑制炎性细胞因子、保湿等功效,因此可选用保湿类功效性护肤品进行日常皮肤护理。护肤品剂型可包括乳剂及霜剂。

(一)与药物协同使用

可依据湿疹的不同分期,采用糖皮质激素或钙调磷酸酶抑制剂联合保湿类功效性护肤品序贯治疗湿疹。

1. 急性期

(1)有糜烂、渗出:减少清洁次数,此时主要以药物治疗为主,可用硼酸或中药湿敷,减少渗出,加强收敛,必要时可在湿敷液中加用糖皮质激素的针剂,加强抑制局部炎症治疗。

(2)无明显糜烂、渗出:减少清洁次数,外用糖皮质激素或钙调磷酸酶抑制剂于皮损处,1~2 次 /d,然后再外搽保湿类乳剂,1~2 次 /d,外用药物及保湿类护肤品的使用量可遵从外用药物的指尖单位(fingertip unit,FTU)原则。1 个 FTU 定义为:从管口直径 5mm 的标准外用药膏管中挤出的可以覆盖从示指远端指节皱褶处到示指尖的软膏剂量。1 个 FTU 约重 0.5g,用于涂抹 2 个手掌面积的范围。

2. 亚急性期 亚急性期红斑颜色变浅、变暗,出现脱屑(图 6-13),可继续外用糖皮质激素或钙调磷酸酶抑制剂于皮损处,1~2 次 /d。然后外搽保湿类霜剂,可依据季节调整使用次数,春夏季外搽次数为 2 次 /d;秋冬季由于皮肤较干燥,需增加使用次数,外搽次数为 2~3 次 /d,特别是秋冬季北方更易干燥,可将外搽频率适当增加,以皮肤润泽为宜。当湿疹皮疹明显好

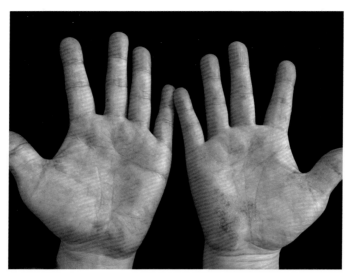

图 6-13　湿疹（亚急性期）

转后，可逐渐减少外用药物的使用剂量，从 1~2 次 /d
逐渐减至 2 次 / 周，直至停药，但保湿类霜剂的使用
频率仍按原来的使用。

3. 慢性期　慢性期时皮损增厚，苔藓样变
（图 6-14），此时更需注意修复皮肤屏障及保湿。可
先外搽保湿类霜剂，依据季节调整使用频率，同亚急
性期，然后再外搽糖皮质激素或钙调磷酸酶抑制剂
于皮损处，1~2 次 /d。如皮疹较厚，必要时还可在外
搽保湿类霜剂及药物时采用封包的形式加强透皮
吸收。

（二）单独使用

当湿疹皮损完全消退，逐渐停止外用药物后，还需
继续外搽保湿类霜剂加强皮肤护理，可预防湿疹复发，
仍依据季节及地域调整使用频率，方法同亚急性期。

（刁庆春　唐海燕　何　黎）

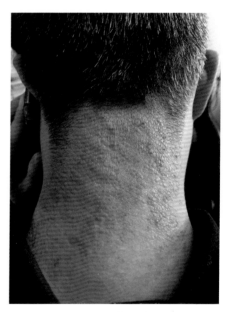

图 6-14　湿疹（慢性期）

第十节　化妆品在特应性皮炎护理中的应用

一、概述

特应性皮炎（AD）是皮肤科常见的慢性、复发性、炎症性皮肤病（图 6-15）。近十年来，
我国 AD 患病率增长迅速。2019 年我国 AD 的患病人数达 6 150 万人，预计将以 0.8% 的复
合年增长率增长。AD 的发病与遗传和环境等因素密切相关，其中，遗传因素主要影响皮肤

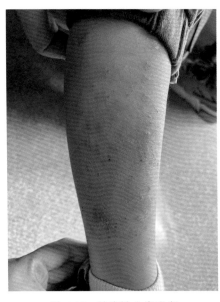

屏障功能及免疫平衡,皮肤屏障不健全,外界变应原的不断刺激,导致以 Th2 细胞活化为主的免疫炎症反应。此外,皮肤屏障受损还常导致以金黄色葡萄球菌定植增加和菌群多样性下降的皮肤菌群紊乱。AD 具有反复发作、慢性持续,伴有严重瘙痒、睡眠缺失等特点,严重影响患者及家庭的生活质量。

图 6-15 特应性皮炎患者

二、化妆品在特应性皮炎护理中应用的必要性

根据 AD 的发病机制,具有修复皮肤屏障、抑制炎性细胞因子、保湿功效的护肤品可有效地缓解和改善特应性皮炎的临床症状,甚至预防其复发。同时,AD 常需外用糖皮质激素制剂治疗,外用护肤品可有效地减少外用激素的使用量,避免不良反应发生。

(一)修复皮肤屏障功能,抑制炎性细胞因子

皮肤屏障功能主要是调节皮肤的渗透性,保存水分,减轻紫外线及病原微生物对皮肤的损伤。研究表明,皮肤屏障功能障碍是 AD 发生的核心机制之一。AD 患者皮肤(特别是皮损处)神经酰胺和角质层 FLG 表达减少,是引发皮肤屏障功能障碍的主要原因。皮肤屏障受损可导致皮肤 pH 上升,TEWL 增加,角质层含水量下降以及皮脂含量降低,从而导致皮损发生、瘙痒加剧以及皮肤和系统的 Th2 介导的炎症反应,Th2 介导的炎症反应进一步促进特应性进程(食物过敏、哮喘等)。研究表明,护肤品中的润肤剂可改善 AD 的皮肤屏障功能,降低 TEWL,增加皮肤含水量,从而改善 AD 临床症状,如缓解皮肤干燥、减轻红斑、皲裂及苔藓样变,缓解皮肤瘙痒,甚至轻度 AD 患者规律使用功效性护肤品即能达到临床缓解。因此,各国临床指南均将润肤剂作为 AD 治疗的基础。

(二)减少外用糖皮质激素制剂类药物的使用

由于外用糖皮质激素制剂的潜在不良反应,目前各国指南均指出不能长期应用,尤其提示婴幼儿及儿童应根据不同部位、皮损状态选择合适强度的外用糖皮质激素制剂,并酌情限制使用时间。AD 患者规律使用润肤剂可在一定程度上减少外用糖皮质激素制剂的用量。国外多项为期 3~6 周的研究表明,AD 患者每天规律外用润肤剂可以减少外用糖皮质激素制剂的使用。在 AD 治疗缓解期,还可每周 2 次或更多次外用润肤剂作为长期维持治疗。此外,一项针对儿童 AD 的研究显示,隔日外用糖皮质激素制剂联合每日两次保湿类护肤品的治疗效果与单一每日 1 次或每日 2 次激素疗法效果相同。因此,仅外搽润肤剂,即单一润肤剂疗法,被推荐用于长期缓解婴幼儿及儿童皮肤干燥及瘙痒。

(三)减少特应性皮炎复发

在 AD 缓解期,规律使用润肤剂可延长 AD 缓解时间,减少 AD 的复发。我国曾对 0~2 岁婴儿期 AD 患儿进行多中心随机对照研究,在急性时期时,AD 患儿皮损处外用糖皮质激素及含有青刺果油的润肤剂每天 2 次,直至进入维持期,试验组继续每天 2 次全身外用润肤

剂,对照组不使用。结果表明使用润肤剂的试验组复发风险显著低于对照组,复发率低于对照组,平均复发时间较对照组延长,同时与不使用润肤剂的对照组相比,可显著改善临床症状,提高生活质量。另有针对 2~12 岁儿童 AD 的临床观察研究发现,在 AD 治疗缓解期每天 2 次使用含有神经酰胺的润肤剂及每天 1 次沐浴,与单纯每天 1 次沐浴患儿相比,首次复发时间延长了近 2 个月。

对于有特应性家族史的高危婴儿,自出生后每天应用润肤剂可以显著降低 AD 发病率。Simpson 等曾对 124 名有 AD 高危因素的新生儿进行随机对照研究,干预组自 3 周龄起每天至少 2 次全身涂抹润肤剂,对照组不使用润肤剂,6 个月后干预组 AD 的患病率显著低于对照组,相对风险降低 50%。Horimukai 等也曾对 118 名有家族高危因素的 AD 患者进行了为期 32 周的早期润肤剂干预的随机对照研究,结果表明与对照组相比,干预组使用润肤剂明显降低 AD 的患病率(约 32%),但皮肤过敏的发生率无明显差别。因此,婴儿自出生后早期坚持应用润肤剂是安全又有效地预防 AD 的方法,且可显著降低治疗产生的经济负担。

三、化妆品在特应性皮炎护理中的应用

(一)剂型的选择

需要综合考虑 AD 患儿个体差异、皮肤状态、季节、气候等因素,总体需具备以下几个特点:吸湿能力强,不受外界湿度影响;无色无味,无毒无刺激,无侵蚀性;与其他物质相容性好,不易氧化。护肤品有多种剂型,常用的有润肤露、润肤霜和润肤膏。不同季节所用的护肤剂型也不同,一般冬季用润肤膏、春季和秋季用润肤霜、夏季用润肤露较合适。

(二)使用频率及用量

多数指南推荐每天使用 1~2 次润肤剂进行皮肤护理,对于皮损或干燥部位可适当增加使用次数,剂量建议足量大量应用。《中国特应性皮炎诊疗指南》(2020 版)建议患者足量多次使用润肤剂,沐浴后应该立即使用润肤剂,建议儿童用量至少每周 100g,成年人用量每周 250g。《2018 欧洲共识指南:成人和儿童特应性皮炎的治疗》推荐 AD 儿童每周使用润肤剂 100g,成年人每周使用润肤剂 500g。外用润肤剂同样可以遵从 FTU 原则。亦有文献按照不同年龄儿童的具体各个部位指导外用剂量。

(三)与药物联合使用

可依据 AD 的临床分期(急性期、亚急性期及慢性期)选择合适剂型的功效性护肤品联合外用药物治疗 AD,具体见本章第九节。

(四)单独使用

当皮损消退后,逐渐停止外用药物,还需继续外用具有修复皮肤屏障、保湿功效性的护肤品,依据季节及地域调整使用频率,可预防 AD 复发。

(五)注意事项

护肤品中的某些传统成分,在儿童尤其是 AD 患儿的应用存在风险,如婴儿外用过量尿素可能引起皮肤刺激及肾功能损害,因此婴儿应避免使用,学步期儿童较成年人应用更低的浓度。丙二醇具有刺激性及毒性,应避免 2 岁以下儿童应用含丙二醇的护肤品。此外,应避免含有整蛋白的变应原(如花生、燕麦等)和半抗原成分(羊毛脂、甲基异噻唑啉酮等),以免增加过敏风险,尤其是 2 岁以下儿童谨慎使用。

对于中重度 AD 患者,单独使用护肤品并不能控制病情且皮肤耐受性差,仍需要抑制炎症治疗,如糖皮质激素的使用。此外,当发生感染时,单独使用润肤剂而未有效地实施抑制炎症的治疗,将显著增加发生播散性细菌和病毒感染的风险,必要时需联合糖皮质激素和/或抗生素药膏治疗 AD。由于 AD 患者皮损部位及非皮损部位均存在不同程度的皮肤屏障功能异常,因此建议全身使用润肤剂。

(王 珊 马 琳)

第十一节　化妆品在银屑病护理中的应用

一、概述

银屑病(psoriasis)是一种遗传与环境共同作用诱发的免疫介导的慢性、复发性、炎症性、系统性疾病,典型临床表现为鳞屑性红斑或斑块,局限或广泛分布。根据临床表现,可分为寻常型银屑病、关节病型银屑病、红皮病型银屑病、脓疱型银屑病四大类,其中寻常型银屑病最为常见。寻常型银屑病发病机制尚不完全清楚,目前认为涉及遗传、免疫、环境等多种因素,通过以 T 淋巴细胞介导为主、多种免疫细胞共同参与的免疫炎症反应,引起角质形成细胞过度增殖、皮肤屏障功能不健全所致。本病多合并其他代谢性疾病,治疗困难,常罹患终身,对患者的健康、生活影响很大,是全球防治研究的重点皮肤病。

二、功效性护肤品在银屑病中应用的必要性

根据寻常型银屑病的发生机制,具有修复皮肤屏障功能、抑制炎性细胞因子、保湿功效的护肤品可有效地缓解及改善寻常型银屑病的临床症状。

(一)修复皮肤屏障

寻常型银屑病存在皮肤屏障受损,组织学上可表现为角质形成细胞增殖及分化活跃,导致皮肤"砖墙结构"不稳定,破坏了原有皮肤屏障功能。此外,寻常型银屑病患者皮损中 FLG、INV 及 LOR 表达异常,板层小体结构和功能异常以及 TJ 相关蛋白表达异常,也会导致皮肤屏障受损;寻常型银屑病还存在局部炎症反应,影响皮肤正常的代谢,使表皮脂质、天然保湿因子减少,减弱皮肤屏障功能。寻常型银屑病常选择糖皮质激素、维 A 酸类药物、维生素 D_3 衍生物、钙调磷酸酶抑制剂等外用药治疗,长期外搽糖皮质激素可引起皮肤萎缩变薄、毛细血管扩张等不良反应,维 A 酸类药物有一定的刺激性,可引起皮肤干燥、脱屑。因此,所选用的护肤品应具有修复皮肤屏障的功效。

(二)抑制炎性细胞因子

细胞免疫功能尤其是 T 细胞在银屑病的发病中起着关键作用,并通过一系列复杂的细胞因子和趋化因子的调控作用,导致表皮细胞的异常增殖等相应的改变而最终导致银屑病的发生。寻常型银屑病皮损中炎症介质的释放,激活了下游的细胞因子及信号通路,导致免疫功能失衡,反过来又会刺激产生更多的炎症介质,形成恶性循环,加重病情,使病情迁延。因此,所选择的护肤品还需具有抑制炎性细胞因子的功效。

（三）保湿

寻常型银屑病患者皮肤屏障受损，TEWL 增加，皮肤常出现干燥、脱屑、苔藓样变，因此需外用具有保湿功效的护肤品。

三、化妆品在寻常型银屑病护理中的应用

适用于寻常型银屑病的功效性护肤品应具有修复皮肤屏障、抑制炎性细胞因子、保湿等功效，因此可选用舒缓类及保湿类功效性护肤品进行日常皮肤护理。护肤品剂型可包括乳剂及霜剂。在《中国银屑病诊疗指南（2018 完整版）》中，已经明确提出外用保湿剂作为寻常型银屑病的基础治疗，将功效性护肤品的使用提到了新的高度，在寻常型银屑病的科学管理中可起到良好的辅助作用。

（一）与药物协同使用

根据病程，寻常型银屑病分为进行期、静止期、退行期三期，可依据患病部位及寻常型银屑病临床分期选择不同剂型的保湿类和舒缓类功效性护肤品。

1. 皮损位于颜面部 位于颜面部的寻常型银屑病皮损红斑颜色较明显，鳞屑较少，炎症反应较重，可选用较为温和的舒缓类清洁剂清洁面部皮肤，根据皮肤耐受情况，每晚或 2~3 天一次，其他时间则仅用棉质毛巾和清水清洁。可选用舒缓类面贴膜，1 次 /d，每次 10~15 分钟，连续 3~5 天舒缓皮肤，随后可改为外搽舒缓类保湿水，再外搽舒缓类保湿乳，2 次 /d，使用护肤品后可外搽钙调磷酸酶抑制剂，1~2 次 /d。

2. 皮损位于躯干及四肢

（1）进行期：一般选用清水洗浴或使用既有保湿又有清洁作用的清洁剂，水温 35~37℃ 为宜，时间不超过 15 分钟，可适当减少清洁次数，每周 1~2 次。外搽保湿类霜剂，每天 1~2 次。皮损较厚，鳞屑较多时，可在皮损处外搽糖皮质激素或维 A 酸类药物，必要时外搽药物后进行封包护理，增加局部药物吸收，增强药物疗效。皮损较薄，红斑颜色较明显时可外搽糖皮质激素或维生素 D_3 衍生物，2 次 /d。

（2）静止期：此时皮损颜色变浅，厚度变薄，鳞屑减少（图 6-16），清洁方法同进行期，但需依据季节及地域的不同，增加保湿类霜剂的使用频率，秋冬季由于皮肤较干燥，需增加使用次数，外搽次数为 2~3 次 /d，特别是秋冬季北方更易干燥，可将外搽频率增加至 4~5 次 /d，以皮肤润泽为宜，保湿霜 3~4 次 /d；春夏季的北方则可适当减少外搽保湿类霜剂的频率，一般每天 1~2 次；南方的秋冬季则需外搽保湿类霜剂 2~3 次 /d，春夏季可改为外搽保湿类乳剂，1~2 次 /d。然后再在皮损处外搽糖皮质激素、维 A 酸类或维生素 D_3 衍生物，2 次 /d。

（3）退行期：此时皮损较前明显消退，鳞屑明显减少（图 6-17），可适当减少外用药物的使用频率，但保湿类霜剂的使用方法及频率不变，依据静止期的使用方法继续使用，进一步改善寻常型银屑病皮损，加强皮肤护理。

3. 特殊部位寻常型银屑病 生殖器部位寻常型银屑病可使用温和的保湿类乳剂作为联合外用药物治疗的重要选择，避免局部刺激。对于发生在皱褶部位的反向银屑病，局部使用保湿类乳剂滋润皮肤，增强皮肤屏障功能。对于轻度银屑病患儿，通常只需局部治疗，推荐常规应用保湿类霜剂，一般每天 1~2 次。

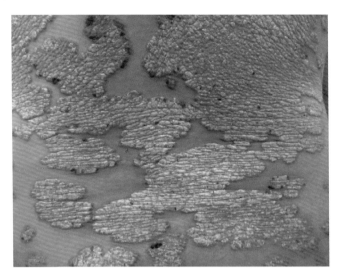

图 6-16 寻常型银屑病（静止期）

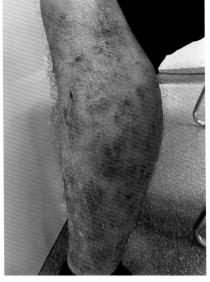

图 6-17 寻常型银屑病（退行期）

4. 特殊人群寻常型银屑病 在妊娠及哺乳期的寻常型银屑病患者一般禁用维 A 酸类药物,慎用维生素 D_3 衍生物,可选用保湿类霜剂作为最安全一线皮肤护理,一般每天 1~2 次。

（二）与光疗联合使用

临床用于寻常型银屑病治疗的紫外线为窄谱 UVB（NB-UVB）及新发展的 308nm 准分子激光和 308nm 准分子光。光疗的不良反应主要有皮肤瘙痒、干燥、红斑、疼痛等。每次照射后外用保湿类霜剂可预防皮肤干燥及瘙痒发生,如已出现皮肤干燥或瘙痒,涂抹保湿类霜剂也可以缓解症状,可提高患者对治疗的依从性,提高临床疗效和患者的生活质量。光疗前不宜涂抹任何外用药或保湿类霜剂,以便发挥光疗的最大效应。

（三）单独使用

当寻常型银屑病皮损明显消退,逐渐停用外搽药物后,可外搽保湿类霜剂预防银屑病复发。参照静止期的皮肤护理方法选择和使用保湿类霜剂。总之,寻常型银屑病持之以恒的皮肤护理是有助于治疗和预防复发的。

（刁庆春　胡祥宇）

第十二节　光电治疗术后皮肤护理

一、光电治疗技术

（一）激光

激光（laser）是特定工作物质在激励源的作用下发生粒子反转,通过谐振腔内的振荡和放大,产生正反馈式的连锁反应,发射出的单色平行的光,具有相干性和能量高度集中的特点。激光进入皮肤后,为皮肤中的特定色基所吸收,并与皮肤组织相互作用,产生一系列复杂的生物学效应,主要包括以下方面。

1. 热效应 激光的热效应与组织达到的温度和照射时间均密切联系。当皮肤温度达到43~44℃时,皮肤就会出现潮红;45℃时皮肤开始有痛觉;47~48℃就可能出现水疱;55~60℃时,皮肤出现凝固性坏死;100℃时,组织中的水达到沸点而导致气化;300~400℃以上时,皮肤组织会发生炭化,进而燃烧、气化。临床上常用二氧化碳激光、铒激光的炭化或气化作用去除浅表皮肤良性赘生物及肿瘤。

选择性光热作用原理是现代激光发展史上的一个重要里程碑,它指出当入射激光的波长与靶色基自身的固有吸收峰匹配,且照射时间短于靶色基的热弛豫时间时,就可以选择性地破坏靶色基,而不损伤周围正常组织。短脉冲调Q激光利用这一原理,选择合适的波长,并控制脉宽,使大部分色素增生性皮肤病与血管增生性皮肤病的无创性治疗得以实现。

2003年,激光治疗进入点阵时代。这种技术基于局灶性光热作用,利用一些特殊的技术手段(扫描手具或透镜等),使激光发射出很多直径细小且一致的光束,作用于皮肤后在其中产生很多大小一致、排列均匀的三维柱状热损伤带,称为微热损伤区(microscopic thermal zone, MTZ)。在点阵激光作用的区域内,仅有MTZ是热损伤区域,而其周围的皮肤组织则一般保持完好,在创伤修复的过程中充当活性细胞的储库,迅速迁移至MTZ完成表皮再生的过程。与经典的激光全层磨削相比,点阵激光损伤范围大为减小,创面愈合更快,不良反应显著减轻。点阵激光分为两大类:非气化型(即非剥脱型)点阵激光和气化型(即剥脱型)点阵激光,通常以水分子作为靶色基,在光老化及皱纹、瘢痕、浅表色素增生性等疾病的治疗有广泛的应用。

2. 光机械作用 光照射在物体表面时,光子与之碰撞所产生的辐射压力称为光压。超强功率密度和能量密度的激光可以产生一次可观的光压,当热能导致组织液由液相向气相转变,组织热膨胀,会产生高达数十乃至数百个大气压冲击波,称为二次光压。由于皮秒激光的脉宽短,高峰值功率,因此比调Q激光有更强的光机械作用。

3. 光化学效应 组织吸收了激光能量后,产生一系列的化学反应及改变,从而影响细胞的代谢。

4. 电磁场效应 很多经过聚焦的激光达到或超过一定强度,会产生电磁场效应,导致蛋白质与核酸的变性,产生大量自由基,引起生物膜的脂质过氧化和组织细胞损伤。

(二)强脉冲光和发光半导体

强脉冲光(intensive pulsed light, IPL)是一种以脉冲方式发射的强光,属于非激光光源,有多色性、非相干性和非平行性的特点。其光源是惰性气体(通常为氙气)闪光灯,波长一般在400~1 200nm,发射的强光经过聚光和不同滤光片过滤,可获取所需的不同波段。IPL是宽谱光,可以被血红蛋白、黑色素和水分子同时吸收,通过光调作用和选择性光热作用,提高真皮成纤维细胞的增殖和活性,刺激胶原纤维和弹力纤维的合成和重新排列,去除浅表黑色素,广泛地用于浅表色素增生性疾病(如雀斑、脂溢性角化、黄褐斑等)、血管增生性疾病(如浅表鲜红斑痣、毛细血管扩张、酒渣鼻、痤疮延迟性红斑等)、面部年轻化、脱毛等疾病。

光调作用也被称为生物刺激作用。该作用是利用发光半导体、激光或其他光源来调控细胞的活性,而不是以发热方式通过诱发热损伤修复机制来进行嫩肤治疗。光调作用可以改变细胞膜的通透性,为线粒体提供能量,刺激成纤维细胞合成更多的胶原蛋白和弹性蛋白,对改善老化皮肤,促进创伤后愈合及减少瘢痕形成,都具有积极的作用。

(三)射频

射频(radio frequency, RF)是一种高频交流变化电磁波。射频对组织的生物学作用主要是热效应,在医学上有着相当广泛的应用。射频通过电热作用对组织进行切割、切除、电灼、消融及电凝等,从而达到去除病灶、治疗疾病的目的。其作用于真皮甚至皮下组织,产生柱状的热损伤带,引起胶原纤维的即刻收缩并继而产生创伤后修复反应,上调 I 型胶原 mRNA 的表达,引起新的胶原纤维合成,并导致胶原重塑,这是射频应用于美容领域,紧肤除皱和改善瘢痕的基础。

射频的作用有两个特点:首先,射频的作用与皮肤色素关系不大,通过表皮预冷技术在保护表皮的同时选择性向真皮和皮下组织传递热能,产生的热效应主要取决于皮肤阻抗,这一特点使射频在治疗深肤色人群时具有相当的优势;其次,射频的穿透深,可加热至真皮深层甚至皮下脂肪,不但促进胶原纤维合成,还可使真皮与皮下组织中的纤维隔膜收缩,因而能有效地治疗皮肤松弛。

二、化妆品在光电治疗术后护理应用的必要性

(一)缓解光电治疗术后常见不良反应

1. 减轻疼痛不适 由于光电治疗的热效应,治疗时常常会有不同程度的疼痛感。疼痛程度存在个体差异,不同设备、部位、年龄以及技术操作等与疼痛有一定的相关性。减轻疼痛的方法主要有术中对治疗部位表面冷却(接触式冷却、冷风冷却和制冷剂喷射冷却)和局部使用麻醉药物,术后使用冰敷、冷凝胶敷料或面膜进行冷敷也可减轻疼痛。

2. 消除红斑水肿 光电治疗的热效应使治疗区域出现红斑反应,是皮肤发生浅 II 度烫伤的一种表现,发生于激光术后 24 小时以内,有时伴发风团或者局部水肿。眼周、口周和颈部更易出现水肿反应,3~5 天内消退。同步冷却或治疗后冷喷具有抑制炎症功效的保湿水,使用冷凝胶敷料可以减轻红斑水肿程度,缩短持续时间。

3. 避免水疱 皮肤浅 II 度烫伤的一种表现,往往在长脉宽、高能量密度治疗后出现,可立即发生,也可延迟发生。通过调整治疗参数、治疗前进行光斑测试、加强冷却等方法避免水疱发生,水疱出现后可形成结痂,结痂一般 1~2 周后缓解,需加强皮肤的抑制炎症、保湿、防晒,以避免色素沉着。

4. 减轻渗出结痂 水肿反应严重或出现水疱时,尤其是剥脱性激光治疗术后,创面常有渗出和结痂反应。利用特别设计的功效性护肤产品建立封闭无菌的湿性创面修复环境,防止继发感染,有助于创面的修复,减少皮肤色素改变和瘢痕的形成。

5. 减轻紫癜 细小的血管被激光销毁后发生破裂导致皮下紫癜和出血,通常是一种治疗有效的标志。多数情况下,紫癜在治疗即刻发生,一般 7~10 天内消退,在此期间,需修复皮肤屏障,抑制炎症、保湿。

6. 缓解干燥、脱屑、瘙痒和皮肤敏感 激光术后,特别是过度接受高能量强脉冲光或者剥脱性激光治疗后,常出现皮肤干燥、脱屑、瘙痒、不适等表现,甚至形成敏感性皮肤。激光的热效应可以使角质层中的角蛋白变性,破坏角质层的正常结构;抑制糖基化神经酰胺

合成酶的活性,影响神经酰胺的生成;影响皮脂膜中亚油酸、亚麻酸及脂质成分的含量和构成,从而降低皮肤的抑制炎症作用。研究发现,即使接受一些非剥脱的激光,甚至调 Q 激光治疗以后,透过表皮水分丢失在治疗后即刻就会升高,持续 1 个月后才逐步恢复正常。因此,光电治疗后需要加强保湿,可选用保湿类护肤品,尤其是含有生理性脂质的仿生修复体系帮助角质层屏障修复的保湿类护肤品,可减轻上述不良反应,降低皮肤敏感状态的发生。

7. 避免感染 感染不常见,可为细菌、真菌和病毒等感染。细菌感染常由葡萄球菌引起,好发于剥脱性光电治疗伴有渗出、水疱和结痂的治疗后。一般发生于术后 4~7 天,需要及时处理,可以外用含莫匹罗星、夫西地酸等抗生素制剂,严重者可口服抗生素。一些无菌的湿性敷料,在创面形成相对封闭的环境,有助于预防感染的发生。

(二)避免光电治疗术后并发症

1. 避免色素沉着 色素沉着常见于 Fitzpatrick III ~V 型皮肤。光电治疗后的红斑和水肿反应持续时间越长,消退后越容易出现色素沉着,日晒可加重色素沉着。色素沉着一般 2~6 个月消退,部分患者可能持续时间更长。恰当的参数设置和操作手法对预防色素沉着至关重要。治疗早期积极地促进红肿反应的消退,严格防晒并酌情使用物理性的遮光剂,外用左旋维生素 C 等抗氧化剂减轻氧化性损伤,对预防色素沉着发生有积极的意义。对已出现的色素沉着,可以外用 2%~4% 氢醌霜,并联合使用含有熊果苷、左旋维生素 C、壬二酸或传明酸等成分的祛斑美白类护肤品可改善色素沉着。

2. 避免色素减退和脱失 色素减退及脱失非常少见,大多由于过度治疗引起。色素减退一般 3~6 个月可以恢复,持续存在的色素减退或者色素脱失应尽量避免发生,可以酌情外用糖皮质激素制剂、钙调磷酸酶类制剂、含补骨脂制剂,并联合准分子激光或窄波 UVB 治疗。配合使用具有保湿、抑制炎症功效的舒缓类护肤品,减轻炎症反应,可减少此类现象的发生。

3. 避免瘢痕 瘢痕的出现提示严重的光电损伤,是真皮胶原弹力纤维和皮肤附属器结构受到了不可逆的损伤,可能存在家族易感性。常因治疗能量过大、重复治疗过度、不恰当的冷却方式、术后感染等所致。尽早采用染料激光或联合 CO_2 点阵激光有较好的治疗效果,同时可以外用硅酮敷料。

三、化妆品在光电治疗术后护理的应用

(一)基础护理

光电术后伴随皮肤黏膜的修复及各种不良反应,因此,无论是剥脱性还是非剥脱性的光电治疗,恰当的基础护理是必需的。

1. 清洁 对于非剥脱性的光电治疗,红肿期可用纯净水轻轻地清洗,红肿消退后可选用弱酸性,不含皂基类表面活性成分的清洁类护肤品温和清洁。对于剥脱性的光电治疗,创面愈合前一般不建议清洁,若因渗出较厚的结痂,可考虑采用生理盐水或者无菌的矿泉水轻轻地清除厚痂。

2. 保湿 光电治疗后可损伤皮肤的角质层屏障功能,引起干燥、脱屑,甚至皮肤敏感。因此,需使用具有修复皮肤屏障、抑制炎症、保湿功效的舒缓类保湿乳或保湿霜进行皮肤护理,2 次 /d。建议选用不含任何色素、香料、防腐剂等易引起皮肤敏感成分,配方精简的产品。推荐使用含有生理性脂质的仿生修复体系帮助角质层屏障的修复。

3. 防晒　光电术后皮肤屏障受损,对日光的抵御能力下降,很容易引起皮肤炎症反应及色素沉着,因此,建议严格防晒。对于剥脱性的光电治疗,创面愈合之前采用遮盖式防晒,戴太阳帽、墨镜、穿长袖上衣及长裤、撑防紫外线伞等物理性的防晒手段,创面愈合,结痂脱落后可外搽安全性高且广谱的防晒类护肤品。对于非剥脱性的光电治疗,在物理性防晒的基础上,还可酌情外用安全性高且广谱的防晒类护肤品,首选物理防晒剂,推荐防晒霜的防晒指数(SPF)>30,PA+++~++++。

(二)剥脱性光电治疗后功效性护肤品的使用

剥脱性光电治疗术后修复是一个复杂的过程,需要经历止血和炎症反应期、表皮新生期、肉芽组织形成期、纤维和基质形成期、创面收缩期、血管新生期以及基质和胶原重塑期等阶段。预期的并发症包括持久性的红斑、色素改变,甚至出现感染、瘢痕。为尽可能降低术后并发症的发生,获得最佳的治疗效果,需加强术后创面护理,其原则是预防感染,促进愈合,避免瘢痕形成。一般分为以下几个时期。

1. 红肿渗出期　一般在术后的第1~3天可以使用敷料封闭创面,等渗液减少后可去除敷料,在创面上使用抗生素软膏。研究及临床均证实湿性创面愈合更快。其中惰性水凝胶敷料接近细胞外基质,生物相溶性好,与创面不粘连,有助于创造最佳的创面湿性修复环境。不断地外用含有抗生素的凡士林软膏,能够预防感染,防止创面结成硬痂,促进创面愈合。治疗后即刻及早期积极外用左旋维生素C等抗氧化剂成分的护肤品,可以有效地减轻术后的红肿反应,减少渗出,缩短恢复期,对预防炎症后色素沉着也有积极的意义。

2. 表皮新生期　当MTZ小于500μm时,表皮再生可以在术后1~2天内完成,无明显肉芽组织,从而实现无瘢痕愈合。此时,角质层尚存在微小的表皮坏死区域,1周左右表皮坏死碎屑脱落,1个月左右治疗区域完全被正常角质层取代。在这一阶段,使用一些特殊的促创面愈合的软膏及含有高活性表皮生长因子的护肤品,形成封闭式的湿性愈合环境,可促进创面再上皮化,促使薄痂脱落,对预防感染和继发的瘢痕形成有重要的意义。在此阶段,使用含有HA、类人胶原蛋白等成分的无菌保湿敷料,也有助于为创面修复提供良好的湿性修复环境。术后结痂脱落后,患者需要继续使用修复皮肤屏障、抑制炎症、保湿作用的舒缓类保湿乳或保湿霜,2次/d,严格的防晒也是必需的。

3. 基质和胶原重塑期　术后1周,真皮内成纤维细胞数量显著增加,功能活跃。术后1~3个月,成纤维细胞在真皮热凝固带周围,尤其是内部大量聚集,可见新生的胶原纤维和弹力纤维。在此阶段,联合使用含成纤维细胞生长因子、血小板生长因子等成分的药物或护肤品,能促进真皮基质和胶原的重塑,减少瘢痕的发生。术后早期,在点阵孔道关闭前,使用含抗氧化成分的护肤品,可促进成纤维细胞表达bFGF,促进胶原合成。

(三)非剥脱性光电治疗后功效性护肤品的使用

与剥脱性光电治疗相比,非剥脱性治疗恢复期较短,不良反应较少且较轻。但由于光电治疗的热效应,术后积极地冷喷及湿敷,或采用惰性冷凝胶材质敷料冷敷,减少术后的红肿反应,对防止产生持久性的红斑、引起继发炎症后色素沉着,同时减少水疱、渗出,预防术后继发感染,都有积极的意义。

此外,指导患者养成良好的皮肤护理习惯及有效的术后护理,温和清洁,在治疗区域使用成分精简的保湿和防晒产品,术后1个月内尽量少化妆或不化妆,从而减少接触性皮炎和感染的发生。术后可外喷含FGF、EGF或各类具有促进创面愈合的其他生长因子的产品,以促进术后角质层屏障的修复。

(项蕾红)

第十三节　化学剥脱术后皮肤护理

一、概述

化学剥脱术(chemical peeling)是在皮肤上使用一种或数种腐蚀性化学试剂,使表皮和/或真皮浅层部分脱落,去除某些皮肤病变,利用其新生皮肤细腻光滑的特点达到局部美容效果的一种治疗方法。化学剥脱术尤其适用于面部皮肤暗沉、油腻、粉刺、色斑和细纹等皮肤问题,也可去除皮肤的某些赘生物。

化学剥脱术的实质是人为控制的化学灼伤,可通过降低角质形成细胞的粘连性和角质堆积,活化类固醇硫酸酯酶和丝氨酸蛋白酶降解桥粒,从而加速角质层老化细胞脱落,色素颗粒也随着角质细胞脱落而减少,使肤色变浅、消退。还可促进真皮胶原纤维增生,HA的合成,改善皮肤质地,使皮肤年轻化。此外,还具有抑制炎症抗菌等作用。根据作用层次分为浅度剥脱、中度剥脱和深度剥脱。常见的化学剥脱剂有α-羟基乙酸(乳酸、丙酮酸、苦杏仁酸)、β-羟基乙酸(水杨酸)、三氯醋酸、间苯二酚、Jessner溶液等。临床上多针对不同皮肤问题和皮肤类型,选用不同酸种类和浓度,对患者进行个性化的化学剥脱术。

二、化妆品在化学剥脱术后护理应用的必要性

(一)减少术后不良反应

化学剥脱治疗后会导致皮肤角质变薄、干燥、红斑(图6-18)、灼热、刺痛,甚至水疱等一系列不良反应,因此需要外用修复皮肤屏障、抑制炎症、保湿功效的舒缓类护肤品,以减轻不良反应的发生。

(二)增加治疗效果

化学剥脱术后皮肤角质层变薄,皮肤吸收能力增强,及时使用具有保湿、抗氧化功效的保湿类护肤品,在减少术后不良反应发生的同时,还可增加皮肤水合作用以及清除氧自由基,增加化学剥脱术治疗老化、色素增加性皮肤病的疗效。

三、化妆品在化学剥脱术后护理的应用

依据化学剥脱术的剥脱深度及皮肤类型合理选择和使用护肤品。

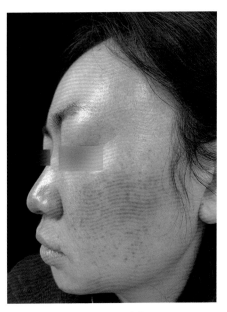

图6-18　化学剥脱术后红斑

（一）剥脱深度

1. 浅度剥脱　剥脱深度从表皮的颗粒层到真皮的乳头层。患者常有一定的灼热和刺激感,在治疗结束后可外敷具有抑制炎症、修复皮肤屏障功效的舒缓类冷敷贴面膜,以减轻灼热及刺痛感,继之使用舒缓类保湿喷雾、保湿乳等。术后 3~7 天,皮肤处于恢复状态,建议温水洁面,涂抹具有修复皮肤屏障、保湿、抑制炎症功效的舒缓类保湿乳或保湿霜,以及物理性防晒霜。7 天以后,可根据皮肤状况,酌情用温和的舒缓类洗面奶清洁,随后使用舒缓类保湿水及保湿霜进行补水、保湿。此外,在化学剥脱术治疗痤疮时,皮肤油腻,粉刺较多,可适当使用含有壬二酸、超分子水杨酸、果酸等活性成分的祛痘控油类护肤品减少皮脂分泌,减轻粉刺。如果皮肤暗沉、色斑较多时,可早晚加用含左旋维生素 C、虾青素、传明酸、熊果苷、谷胱甘肽等活性成分的抗氧化或祛斑美白类护肤品,减少色素生成。需要注意的是,术后全程防晒可以避免化学剥脱术后的红斑、色素沉着等不良反应。

2. 中度剥脱　剥脱深度可至真皮网状层浅层,此时,刺痛和灼烧感较强,可用于治疗细小皱纹、光线性角化病、痤疮凹陷性瘢痕。术后可外敷具有抑制炎症、修复皮肤屏障功效的冷敷贴面膜,同时用舒缓类喷雾冷喷或冰敷缓解皮肤不适感。此时术后皮肤可能出现结痂,痂皮一般需要 5~7 天脱落,不要人为剥脱,容易诱发感染并且易发生色素沉着、红斑和瘢痕。在痂皮脱落前,建议清水洁面,如果痂皮处有感染(红肿、溢脓),则痂皮处不要碰水,可用生理盐水清洁,涂抹抗生素软膏。洁面后涂抹具有修复皮肤屏障、保湿、抑制炎症功效的舒缓类保湿乳或保湿霜,采用墨镜、帽子、遮阳伞等遮盖式防晒。痂皮完全脱落后,皮肤往往呈淡粉色,可使用抗氧化类及舒缓类护肤品减轻红斑及色素沉着发生。为了巩固改善皱纹、嫩肤、修复凹坑等疗效,护肤品中的超氧化物歧化酶成分、维生素 C 等抗氧化成分可减轻光老化带来的胶原降解和色素增多;细胞生长调节剂等促进成纤维细胞的增殖,促进胶原合成,外出可涂抹防晒剂。

3. 深度剥脱　剥脱深度常可达真皮网状层中部,偶尔用于治疗皮肤的癌前病变,深度皱纹或者白癜风的皮肤漂白,总体而言亚裔人群极少使用。治疗过程疼痛非常明显,常常需要静脉镇静或者全身麻醉,术后常需要口服抗生素和阿昔洛韦等预防感染,使用油纱条包扎,定期换药,防止瘢痕形成。待皮肤痂皮完全脱落,可以使用添加修复成分(青刺果油、牛油果油、天然保湿因子)且油脂含量较高的舒缓类护肤品,严格防晒。

（二）皮肤类型

1. 干性皮肤　原则上干性皮肤的状态不适合化学剥脱。但目前已有针对干性皮肤合并黄褐斑等皮肤问题的化学剥脱剂,中和方式往往使用酶法中和,治疗过程中刺痛和灼烧感较弱,所以临床上也使用化学浅表剥脱治疗。此外,有些皮肤可因化学剥脱治疗后出现干性皮肤。

干性皮肤在护肤品的选择需要遵循修复皮肤屏障、保湿、防晒的原则。清洁时使用温和的舒缓类洁面乳,不宜选择泡沫性清洁力强的洁面产品;涂抹具有保湿、修复屏障功效的舒缓类保湿水、精华、乳、霜,无机类或有机类防晒剂都可适用。同时,还可定期外敷舒缓类面膜,一般每周 2 次左右,以避免敏感性皮肤发生。

2. 中性皮肤　属于理想状态的皮肤,在化学剥脱术后可根据自身皮肤问题选择护肤品。以治疗色素增加性皮肤病为主时,术后除了外用具有修复皮肤屏障、保湿、抑制炎症功效的舒缓类护肤品外,还可选用祛斑美白类护肤品。治疗老化的皮肤皱纹、皮肤暗沉时,则宜选用抗氧化及抗皱类护肤品。以改善皮肤粗糙为主时,可适当选用含有少量果酸、维A酸、水杨酸类成分的祛痘控油类护肤品。有时也可将这些护肤品搭配使用,例如,色素增加性皮肤病化学剥脱术后,可在睡前避光使用祛斑美白类护肤品,白天使用抗氧化及抗皱类护肤品。

3. 油性皮肤 除了可以增加化学剥脱剂的浓度和停留时间外,日常护肤宜选用控油清洁力稍强的祛痘控油类洗面奶,然后用质地轻薄的舒缓类乳液,在某些T区油脂分泌旺盛或者粉刺集中处,也可单独点涂含有少量果酸、维A酸、水杨酸类成分的祛痘控油类护肤品。定期外敷含有果酸、水杨酸等成分的祛痘控油类面膜可以减少油脂。防晒宜选用有机类防晒剂,易于清洁。

(梁虹 戴杏)

第十四节 间充质疗法后皮肤护理

一、概述

间充质疗法(mesotherapy),又称为美塑疗法,即采用注射等微创方式将药物或其他活性物质分布到皮内、皮下结缔组织(筋膜、脂肪)、肌肉等组织内的治疗方法,也可以将其看作为一种新型的物理辅助经皮给药技术。该疗法遵循了"微量—适当频率—正确层次"的原则。

间充质疗法最早于1952年由Dr. Pistor提出,1958年他将间充质疗法描述为"最小剂量在正确位置注射"。Pistor于1964年成立了法国间充质疗法治疗学会,并于1976年在吕布雷举行了第一次间充质疗法的国际会议。1987年法国国家医学科学院正式承认间充质疗法的合法性。1988年意大利皮肤科医师发现将大豆卵磷脂(PTC)注入皮下,具有溶脂的效果,自此间充质疗法正式踏入美容、塑身的市场。目前,该疗法被广泛地应用于面部年轻化、生发、溶脂、治疗色素增加性皮肤病和敏感皮肤等领域。

二、化妆品在间充质疗法后护理应用中的必要性

(一)减少术后不良反应

针对不同适应证,间充质疗法所用产品及注射方式有所不同,有时可能需要多种注射方式及不同配方的产品联合使用。虽然间充质疗法的注射层次大多比较浅,每个注射点的剂量很小,总体安全性较好,但因刺破了皮肤,治疗过程中有明显的疼痛感,术后即刻有不同程度的水肿、瘀青或小的皮丘,还因破坏皮肤屏障功能,会出现明显的红斑,有时皮肤会变得干燥、敏感,甚至色素沉着。除了注射时及时按压出血处,并保证每个点注射量极小、分布均匀以避免术后皮肤出现水肿、瘀青或小的皮丘,术后即刻使用具有修复皮肤屏障功能、抑制炎症、保湿作用的面膜冷敷可减轻术后红斑、敏感、干燥等症状。

(二)增加治疗效果

间充质疗法是一种新型的物理辅助经皮给药技术,刺破皮肤后为皮肤护理产品的吸收

提供了大量的吸收通道。有研究报道,这些吸收通道一般会"持续开放"24~48小时。因此,间充质疗法后除了注意皮肤修复护理外,还可外用保湿类、抗氧化类护肤品,促进其吸收,加强对老化、色素沉着等皮肤问题的治疗效果。

三、化妆品在间充质疗法后护理中的应用

间充质疗法术后皮肤的恢复状态与不同的微创注射方式(滚针、水光针、美塑枪、一次性注射器注射、纳米微针等)、不同的产品及剂量、不同的治疗层次(表皮、真皮、皮下等)息息相关。这些"变量"衍生出许多难以预料的结果。因此,难以抉择护肤品的选用,需要依据间充质疗法抓住"皮肤反应"的特点合理正确地选择功效性护肤品。

(一)术后即刻

不论哪种间充质疗法治疗,术后即刻皮肤通道是开放的,这时外敷含有修复皮肤屏障、保湿功效的舒缓类面膜能减少皮肤的透皮水丢失。

(二)治疗后1天

研究表明,间充质疗法术后24小时皮肤的透皮水丢失基本接近治疗前,间接说明了术后24小时皮肤屏障功能基本恢复正常。因此,术后24小时内可使用舒缓类喷雾或生理盐水清洁皮肤,然后涂抹舒缓类功效性护肤品增加透皮吸收。也有部分学者进行的自身对照临床观察发现,术后24小时内开始涂抹含有维生素C、维生素E的抗氧化类功效性护肤品,1~2次/d,连续使用3~7天,虽然皮肤红斑反应和刺痛感略有增强,但皮肤明显透亮白皙,可用于色素增加性皮肤病、皮肤老化的治疗中;但在治疗敏感性皮肤时,则不建议立即使用含有维生素C、维生素E的抗氧化类功效性护肤品。

(三)治疗后2~7天

这期间皮肤逐渐恢复正常,红斑和瘀青也逐渐消散。可以使用清水或温和的舒缓类清洁剂轻柔洁面,使用具有舒缓、保湿、抑制炎性细胞因子功效的舒缓类保湿水、乳、霜,并且根据皮肤有无紧绷感、灼热感适当外敷舒缓类面膜,一般2~3次/周。

(四)治疗7天以后

这时绝大部分患者的皮肤屏障功能已经恢复正常,可以使用适合的洁面产品适度清洁皮肤(油性皮肤选择泡沫状、干性皮肤选择氨基酸配方乳液状)。需要注意的是,敏感性皮肤在进行间充质疗法后,外用添加青刺果油、虾青素、神经酰胺、HA、胶原蛋白等具有舒缓、修复、抑制炎性细胞因子功效的舒缓类功效性护肤品,涂抹次数可适当增加至每天3~4次,以物理防晒剂为主。如果间充质疗法术后皮肤瘀青明显,可适当使用铜蓝蛋白精华,通过提高皮肤血管供氧量,增加吞噬细胞的功能,协同皮肤干细胞的分化增殖工作,缩短色素沉着期。

根据治疗目的和皮肤类型选择抗老化类功效性护肤品或祛斑美白类功效性护肤品。非敏感性皮肤防晒剂遵循不含香料、防腐剂、乙醇等成分即可,物理防晒或化学防晒剂不做特殊要求。

当然,间充质疗法在育发、减脂等美容领域也有广泛应用,掌控皮肤屏障功能恢复的时间点,以及皮肤病理生理特点对选择功效性护肤品具有指导意义。

(梁 虹 戴 杏)

第十五节　婴幼儿和儿童皮肤护理

一、概述

皮肤从新生儿期、婴幼儿期、学龄前期、学龄期到青春期是一个逐渐发育成熟的过程，从皮肤的厚度、角质层的功能、黑色素细胞的功能、皮脂腺及汗腺的分泌情况等在各个年龄段都有不同的结构功能特点。因此，对于不同年龄段的皮肤需要根据其不同生理特点，采取不同的护理方式，以达到保持皮肤健康美观，增强皮肤屏障功能并预防疾病发生的作用。

本节根据不同年龄段健康婴幼儿和儿童皮肤护理需求，结合国内外护肤品在临床上的专家共识、指南及临床研究对护肤品在婴幼儿和儿童这一特殊人群中清洁、保湿和防晒三方面的应用进行详细阐述。

二、化妆品在婴幼儿和儿童日常皮肤护理中的应用

（一）新生儿（0~28天）的皮肤护理

新生儿期是胎儿向婴儿的过渡期，也是从宫内水环境逐渐适应宫外含氧干燥环境的转变过程，该阶段皮肤屏障功能最为薄弱，适度清洁保护皮肤屏障，是新生儿皮肤护理的重点。

1. 清洁　新生儿洗澡时，需要注意室内温度和水温，建议室温维持在26~28℃，水温38℃左右，多采取盆浴的方式。一般清水洗澡可以清除皮肤上约65%的油脂和污垢，如新生儿皮肤表面有较多的油脂、粪便、尿液和微生物时，可选用清洁剂。2016年版《中国新生儿皮肤护理指导原则》提出，选择对皮肤无刺激的清洁剂清洗皮肤效果优于清水。在选择新生儿清洁产品时应注意以下原则。

（1）清洁剂的pH：已有研究证实，皮肤表面pH和沐浴用水硬度与儿童AD患者发病正相关。因此，选择pH为5.5~7.0的中性或弱酸性温和清洁剂，对婴幼儿眼部及皮肤的刺激性和皮肤pH影响最小。传统皂类清洁剂中含有皂基，通过形成皂盐乳化皮肤表面污物而发挥清洁作用，由于皂盐呈碱性（pH>7.0），可中和皮肤表面酸性外膜，增加角质层肿胀度，破坏皮肤屏障功能，使皮肤变得干燥、敏感，如同时应用硬水洗澡，可加重皮肤屏障损害及刺激作用。

（2）清洁剂的成分：选用合成类清洁剂，通过表面活性剂的乳化和包裹作用清洁皮肤，比皂类清洁剂性质温和、刺激性明显减小。如配方中添加保湿剂及润肤剂能进一步减轻表面活性剂对皮肤屏障的破坏作用，降低皮肤敏感性。不同类型表面活性剂复合配方（如阴离子、两性离子、非离子性混合）可以增加微胶粒体积，使其透皮吸收率更低，不易穿透皮肤屏障、对皮肤的刺激性较小。

（3）选用含低致敏性防腐剂和香精香料的清洁剂：防腐剂是护肤品中的必需品，可以防止高含水环境中细菌的过度繁殖。然而，防腐剂、香精、香料也是许多接触性皮炎的致病因

素。因此,新生儿洗护产品要注意避免添加高致敏性防腐剂和香精、香料,并选择安全阈值大的品类。

(4)避免选用添加抗菌成分的皂类:皂类本身的碱性以及抗菌成分可对皮肤表面正常定植菌群产生影响,影响皮肤表面的菌群平衡,对新生儿的皮肤屏障造成进一步损伤。

综上,新生儿沐浴时应选择对新生儿无眼部刺激、中性或弱酸性、无皂基清洁皂或液体清洁剂,不含致敏性防腐剂、香精、香料和抗菌成分,浴后皮肤不干燥、保持皮肤光泽润滑,预防皮肤疾病的发生。

2. 保湿　保湿是皮肤基础护理的重要组成步骤,特别是存在皮肤屏障功能不成熟的新生儿、婴幼儿皮肤。在常规含有封闭成分、保湿成分及润肤成分之外,添加可模拟表皮脂质功能,修复皮肤屏障功效的保湿剂尤其适合新生儿及婴幼儿皮肤。

建议保湿剂在浴后 5 分钟内使用,可以明显增加皮肤含水量,保湿效果更好。可 12 小时一次或按需使用。涂抹时需轻柔涂抹,避免用力摩擦造成新生儿,尤其是低体重儿的皮肤损伤。

建议新生儿保湿剂的选择:选用不含易致敏性香料、染料、乙醇和防腐剂的保湿剂;应根据新生儿皮肤干燥程度、季节、地域和环境温湿度等选择保湿剂的剂型,一般秋冬季可选择膏剂,而春夏季则选择霜剂或乳剂。新生儿保湿剂最好使用单剂量包装或专用容器,以保持无菌,从而避免皮肤感染。

(二)婴幼儿的皮肤护理

婴幼儿(0~3 岁)户外休闲时间和活动量逐渐增多,衣物遮盖减少,皮肤护理需求亦相应增加,除清洁保湿外,防晒也应作为日常皮肤护理项目之一。

1. 清洁　1 岁以内仍以盆浴为主,用手直接清洗比海绵或毛巾更好,注意面颈部、皱褶部和尿布区的清洁。待婴幼儿可独自站立行走后,应开始淋浴。1 岁以内小婴儿在会爬之前,洗澡频率可每周 2 次或隔日 1 次;当活动量增加或季节和环境变化温度升高时,可适当增加次数。洗澡时建议室温维持在 21~24℃,此时体感比较舒适,也不会过热,水温不应高于 37℃,在 34~36℃更为理想。关于洗澡时间,临床研究多建议新生儿为 5~10 分钟,对于婴幼儿,洗澡会使其心情愉悦,洗澡时间可适当延长。此外,该年龄段的儿童活动量逐渐增多,出汗及皮脂分泌量逐渐增多,奶渍、尿液及粪便也可能会沾到皮肤上,清水虽然可以洗掉大部分污物,但当部分污物无法洗净时,可选择既可清洁皮肤,又不造成皮肤紧绷、干燥,红斑、刺激和瘙痒等损伤的清洁剂。目前,诸多研究显示,婴幼儿皮肤对配方合理的液体清洁剂耐受性更好,其皮肤屏障功能的成熟过程也不受影响。美国妇女健康、产科和新生儿护理协会均推荐使用配方合理且添加了保湿成分的弱酸性或中性液体清洁剂给婴幼儿洗澡,新生儿或小婴儿可以用清洁身体的沐浴液洗头;较大的婴幼儿可选用温和的不刺激眼睛的洗发香波。

2013 年北京儿童医院对 130 名 0~6 个月的健康婴儿进行了一项研究,评估三种皮肤护理方法对婴幼儿皮肤状况的影响。该研究将受试者随机分为单用清水洗澡、温和清洁剂 + 润肤剂、清水 + 润肤剂,发现温和清洁剂 + 润肤剂组婴幼儿皮肤整体状态(皮肤含水量、屏障功能、pH)均优于其他两组。

2. 保湿　目前,关于保湿剂在健康婴幼儿使用的临床研究发现,婴幼儿早期使用保湿剂尤其功效性保湿产品,不仅有助于维持和改善皮肤屏障功能,减少外界有害物质入侵,还可以预防过敏性疾病的发生。Lowe 等将有过敏性疾病家族史的新生儿随机分为两组,分别使用含有神经酰胺的润肤剂(试验组)和普通润肤剂(对照组),每天 2 次,连续使用至 6 个月并随访至 12 个月,结果发现,6 个月随访时试验组 AD 发病率低于对照组;12 个月随访时试验组 AD 发病率明显低于对照组,甚至食物过敏的发病率也明显低于对照组,提示功效性保湿剂可以显著降低 AD 及食物过敏等过敏性疾病的发生。

健康婴幼儿应根据皮肤干燥程度、季节、地域和环境温湿度等选择合理的润肤剂:秋冬季时应选择膏剂,春夏季应选择霜剂或乳剂;保湿剂使用时应适量薄层涂抹,腋下、腹股沟等皱褶部位需注意少量,避免浸渍或菌群过度繁殖;婴幼儿出牙期间在口周皮肤涂抹适量保湿剂可起到保护作用。健康婴幼儿保湿剂的选择可参考新生儿保湿剂的选择标准,需注意避免使用含十二烷基硫酸钠成分的保湿剂,因其可以溶解角质层脂质,使角蛋白变性,提高皮肤表面 pH,破坏皮肤屏障功能。

3. 防晒 婴幼儿黑色素细胞生成黑色素小体和合成黑色素的功能不成熟,易受到紫外线的损伤,合理防晒在婴幼儿皮肤护理中非常重要。婴幼儿应尽量避免紫外线照射最强的上午 10:00 至下午 4:00 外出,每天 1~3 次日光浴,每次 10 分钟即可保证 1 天维生素 D 的需要量。6 个月以下婴幼儿因其体表面积与体重比较高,不良反应风险较高,不建议涂抹防晒产品,可通过打遮阳伞、戴宽檐帽、戴太阳镜、穿防晒长衣裤等物理方式遮盖防晒。6 个月以上的婴幼儿,防晒措施仍以衣物等遮盖防晒为主,如需要选择防晒霜时,在日常环境下,可选择 SPF15~30,PA+~+++ 的防晒霜;处于曝晒环境时,可选择 SPF30~50,PA++~+++ 的防晒霜。从防晒霜防晒机制角度选择,以物理防晒霜为宜。

4. 特殊部位 尿布区是 2 岁以下婴幼儿皮肤护理的重点之一。正确护理尿布区皮肤是预防尿布皮炎和治疗尿布皮炎的关键。尿布区皮肤护理包括常规的尿布区皮肤的清洁、干爽,尿布的及时更换,以及涂抹含有氧化锌或凡士林的护肤剂保护尿布区皮肤。

2016 年一项对 0~2 岁的尿布皮炎和健康婴幼儿的臀部皮肤菌群微生态研究发现,葡萄球菌和厌氧球菌为臀部皮肤菌群中的优势菌群,尿布皮炎患儿臀部金黄色葡萄球菌丰度高于对照组,而表皮葡萄球菌和长双歧杆菌的丰度显著低于健康儿童。使用含有矿物油、甘油、凡士林和蜂蜡为主要成分的护臀霜涂抹于皮损 7 天,不仅尿布皮炎痊愈,表皮葡萄球菌和溶血葡萄球菌的丰度也恢复。该项研究提示护臀霜对尿布皮炎有辅助治疗作用。

(三)儿童期(4~12 岁)皮肤护理

儿童期皮肤发育逐渐成熟,清洁和保湿的日常皮肤护理习惯已经养成,仅需根据个人活动量、皮肤状态和季节环境等因素进行调整。但是学龄期儿童的皮脂腺分泌逐渐旺盛,角质形成细胞增生活跃,开始出现痤疮、毛囊炎等皮肤问题,因此该年龄段皮肤护理需要加强面部清洁、控油、保湿和防晒。

1. 面部清洁

(1)水温:面部清洁可以使毛囊皮脂腺导管保持通畅,一般建议每天早晚用温水洗脸(水温 37~40℃),因为冷水不易去除油脂,降低洁肤效果,热水又容易促进皮脂分泌。

(2)清洁剂:可选用一些中性或弱碱性且具有保湿作用的控油洁面产品,针对油性及痤疮皮肤可选用含有能充分清洁皮肤表面过多皮脂的表面活性剂、抑制皮脂分泌的活性成分,或使蛋白变性、角质溶解的低浓度水杨酸、果酸、视黄醛等组分,或含有二硫化硒或硫黄等的清洁剂,以达到控油、抑菌,改善和预防痤疮的功效;清除皮肤表面的灰尘、皮脂、微生物及角质细胞等,根据皮脂量的多少,调节清洁剂使用量和频率,以皮肤不油腻、不干燥为度。

此外,需要注意的是,过度清洁会破坏皮脂膜,经皮失水增加,反馈性刺激皮脂腺分泌皮脂而出现"外油内干"现象,所以洗脸次数不宜过多,选用温和功效性控油保湿洁面乳可避免上述情况发生。

2. 控油保湿　清洁皮肤后,皮肤通常容易干燥,需选用具有保湿作用的护肤品,对于痤疮患儿,使用含有控油成分的保湿类护肤品为佳,剂型一般为凝胶或乳剂。注意选用不含矿物油或蔬菜油的非油性产品,以免导致粉刺形成。

3. 防晒　此阶段儿童户外活动多,运动量大,建议儿童户外活动时间避开紫外线强的时段,或当儿童在阳光下的阴影长度短于身高期间尽量避免室外活动。防晒剂的使用参见本章第二节。

（申春平　梁源　马琳）

第十六节　老年人皮肤护理

一、概述

老龄化是 21 世纪人口变化的最大特征。随着社会的进步,人民生活水平的提高,我国人口老龄化问题日趋明显。据国家卫生健康委员会公布,2021 年我国居民人均预期寿命已达到 78.2 岁,60 周岁及以上人口超过 2.6 亿人,其中 65 周岁及以上人口超过 1.9 亿人。就世界范围而言,预计到 2050 年,全球 60 岁及以上的老年人将超过总人口的 1/4。随之而来的各种慢性退行性疾病逐渐成为影响人类生命健康的主要因素。相关皮肤疾病的发生率也将大大增加,大部分 65 岁以上的老年人至少有一种皮肤问题,皮肤干燥、瘙痒、淤积性皮炎等长期困扰老年人的生活,严重影响生活质量。最近几十年来,人们对皮肤的结构和功能以及皮肤老化的机制有了更深入的了解。事实上,许多老年人的皮肤问题可以通过积极、科学的皮肤护理加以预防或延缓其发展。

二、老年人皮肤护理原则

（一）温和清洁

清洁剂中的皂基或表面活性剂可引起皮肤屏障功能损伤,在屏障功能已经受损的老年人中,过度清洁将加重皮肤干燥。因此,对于老年人这一特殊群体,正确的清洁习惯对皮肤健康尤为重要。老年人皮肤干燥,洗澡不宜过于频繁,在炎热的夏季或南方可 1 次 /d 或 2~3 次 / 周,而在寒冷、干燥的地区建议每 1~2 周 1 次;洗澡水的温度以 34~36℃为宜。烫澡或用过热的水洗澡可加速皮肤表面油脂成分的流失;洗澡时间不宜过长;避免使用碱性大的肥皂,主张用温和的沐浴液（pH 为 6~7）;使用质地柔软的毛巾,动作要轻柔,避免过度摩擦或拍打（搓澡）,以免损伤皮肤角质层。

（二）充分保湿，促进皮肤屏障修复

老化的皮肤角质层脂质含量减少，含水量下降，屏障功能容易受损，TEWL增加，表现为皮肤干燥、脱屑，甚至皲裂。老年人需要每天外搽足量的保湿类霜剂，特别在洗澡结束，以浴巾擦干皮肤后，应立即外搽保湿类霜剂，尤其是头面部、颈部、前臂及小腿等皮肤外露部位。保湿类霜剂的使用可补充皮肤油脂，恢复皮脂膜并减少TEWL，缓解皮肤干燥。

若产品中含有神经酰胺、HA、烟酰胺等可促进屏障功能恢复的成分，保湿效果会更好。神经酰胺是主要的细胞间脂质成分，在老年人的皮肤中含量减少，外源性补充神经酰胺可以增强皮肤的水合能力。HA是真皮细胞外基质的主要成分，具有强大的吸水能力，可以通过氢键与自身重量1 000倍的水结合，在皮肤表面可减少水分挥发，改善角质层水化，高效保湿。烟酰胺可以刺激表皮神经酰胺和游离脂肪酸的合成，降低TEWL，同时加速角质形成细胞分化，具有保湿和屏障修复的作用，烟酰胺还有淡化细纹，预防紫外线诱导皮肤癌的作用。

（三）提高防晒意识

老年人皮肤屏障功能下降，自身的抗氧化体系薄弱，对于日光的防护能力下降，长期紫外线的照射，皮肤会出现光老化的改变。与此同时，老年人群中有防晒习惯的人占比要明显低于年轻人群，因此，提高老年人群的防晒意识、指导他们采取正确的防晒方式和使用防晒产品对延缓皮肤老化、减少皮肤癌的发生具有重要的意义，可参照本章第二节加强防晒。研究表明，光老化的皮肤中表皮维生素E的含量仅为正常皮肤的56%，外源性补充维生素E可加速自由基的清除，对抗紫外线诱导的皮肤损伤。

三、常见的老年性皮肤病及皮肤护理

（一）老年性皮肤瘙痒症

瘙痒症是一种仅有皮肤瘙痒而无原发性皮损的皮肤病，临床主要表现为局限性或全身性皮肤瘙痒，可有烧灼、蚁行感等。搔抓可引起继发性皮损，如抓痕、血痂、苔藓样变等。严重的皮肤瘙痒可明显影响老年人日常生活和睡眠质量，甚至引发焦虑和抑郁。皮肤干燥是老年性皮肤瘙痒症最常见的病因，研究显示30%~85%的老年人存在皮肤干燥问题，65岁以上的老年人中，12%有慢性瘙痒。由于老年人细胞间脂质和天然保湿因子合成减少，角质层水合能力下降，同时，pH的增高又进一步影响了脂质合成和加工、削弱了细胞间紧密连接结构，加重了皮肤屏障损伤，导致TEWL增加，角质层含水量减少，出现皮肤干燥。老年人容易发生瘙痒症，除了皮肤干燥、屏障功能损伤外，其他如神经精神因素、系统性疾病（糖尿病、尿毒症、胆汁淤积、恶性肿瘤等）、药物因素等均可诱发或加重皮肤瘙痒。无论是何种原因引起的皮肤瘙痒，都会因搔抓使表皮结构进一步被破坏，皮肤屏障功能损伤加重，形成瘙痒—搔抓—瘙痒的恶性循环。

老年性皮肤瘙痒症护理的重点是缓解皮肤干燥，修复皮肤屏障功能。避免使用碱性强的肥皂，建议使用弱酸性或中性的合成型清洁剂，非离子表面活性剂和两性离子表面活性剂较阴离子或阳离子表面活性剂对角质层损伤更小；淀粉浴可以改善皮肤干燥，具有镇静、止痒作用。燕麦生物碱可以抑制炎性细胞因子的释放，燕麦水浴也有助于缓解瘙痒。但水温不宜过高，建议34~36℃。首选含有乳酸、甘油、尿素等保湿成分的保湿类护肤品，尤其是在洗浴后，全身均匀涂抹，每周可使用500g以上。可依据季节调整使用次数，春夏季外搽次数

为 2 次 /d；秋冬季由于皮肤较干燥，需增加使用次数，外搽次数为 2~3 次 /d，特别是秋冬季北方更易干燥，可将外搽频率增加至 4~5 次 /d，以皮肤润泽为宜。此外，薄荷、樟脑具有清凉、镇静作用，可外用对症止痒。

（二）老年性湿疹

对于老年性皮肤瘙痒症，若不采取加强皮肤保湿护理，增加皮肤水合作用，修复皮肤屏障及针对瘙痒的治疗，则皮肤将因剧烈搔抓而变得更为干燥，皮肤常出现红斑、丘疹、丘疱疹、脱屑，呈典型的湿疹改变。由于这样的湿疹在干燥、缺乏油脂基础的皮肤上发生，故又称为乏脂性湿疹。乏脂性湿疹亦可归入晚发 AD 的范畴。这些都与老年人细胞间脂质和天然保湿因子合成减少，角质层水合能力下降，皮肤变薄、经表皮水分丢失增加，代谢减缓、外泌腺分泌减少等因素有关。老年性湿疹好发于冬季，还与空气湿度低、气候干燥等因素有关。

患者教育十分重要，加强皮肤护理，做好保湿，以缓解皮肤的干燥状况，使皮肤尽量保持润泽。保湿类霜剂的外用、淀粉浴或燕麦浴是重要的辅助治疗。在肥厚、皲裂明显的部位可采用封包疗法，涂抹保湿类霜剂（如凡士林或含有尿素、尿囊素、维生素等的润肤乳）后使用保鲜膜或一次性手套封包，时间为 2~6 小时。

对红斑、丘疹等湿疹样皮损，可参照 AD 的皮肤护理基础上外用糖皮质激素制剂或钙调磷酸酶抑制剂。对皮疹全身泛发，严重影响生活质量的患者，可系统应用免疫抑制剂。

（三）淤积性皮炎

淤积性皮炎又称静脉曲张性湿疹，好发于伴有静脉曲张或深静脉血栓的老年人。发病机制主要是血流淤滞，引起纤维蛋白外渗，进而导致表皮、真皮之间的氧气弥散和营养运输受阻。近年来，研究认为皮损处微血管周围白细胞外渗，其分泌的 MMP 可引起海绵水肿和真皮乳头血管增生等病理改变，而在老化的皮肤中，MMP 的活性更强。临床可表现为水肿、渗出、暗褐色色素沉着等，长期不愈可形成溃疡。

治疗的关键在于减轻下肢静脉压，治疗原发病，注意休息，减少活动，休息时抬高下肢，或穿弹力袜或用弹力绷带等促进血液回流，必要时可考虑外科手术治疗。在皮肤护理方面，清洁时避免使用含有香料或者色剂等添加成分的肥皂，减少对皮肤的刺激。在急性渗出期，可用 3% 硼酸液冷湿敷来减轻水肿，预防感染。湿敷后外用氧化锌油或乳剂。慢性期需规律使用润肤剂，促进皮肤屏障修复。短期使用中效糖皮质激素有利于控制瘙痒症状，促进皮疹消退。若形成溃疡，可用生理盐水冲洗后外用抗生素软膏或用生物敷料。

（四）皮肤肿瘤

肿瘤在老年人中高发。脂溢性角化病是老年人最为常见的表皮良性增生性病变，可发生在皮肤的任何部位，是皮肤内源性老化的重要标志。在 48% 的皮损中，可检测到成纤维细胞生长因子受体 3（fibroblast growth factor receptor 3，FGFR3）基因突变，类似的基因突变也出现在膀胱癌中，但在脂溢性角化病中，这一基因突变并不导致角质形成细胞的恶性增殖。光线性角化病是长期日光照晒所致，多见于头面部及手背、前臂等光暴露部位，是外源性老化即光老化的重要标志。光线性角化病是一个癌前期病变，若不治疗，可演变为鳞状细胞癌。基底细胞癌、鳞状细胞癌和黑色素瘤是最常见的三种皮肤恶性肿瘤，老龄化是最重要的独立危险因素。长期的紫外线暴露导致 DNA 反复损伤，而随年龄增长参与 DNA 修复的酶活性下降，基因突变增加。加之老年人皮肤免疫功能下降，不能及时清除恶性增殖的突变细胞,最终导致皮肤恶性肿瘤的发生。

预防皮肤肿瘤的发生,防晒十分重要。过度或长期的日光照射不但能加速皮肤衰老,产生光老化,严重者可以诱发皮肤肿瘤。关于防晒剂的选择与应用请参阅本章第二节。

(五)压疮

压疮是在长期受压部位,皮肤上所发生的溃疡,是活动受限或长期卧床者,尤其是营养不良或伴糖尿病等系统疾病者常见的并发症。随年龄增长,皮肤结构和功能发生改变,如表皮更新变慢、真表皮交界处变平、表皮易与真皮分离,真皮胶原重塑及弹力纤维变性,老年人皮肤脆性增加,加之长期压力作用引起的缺血性损伤,形成溃疡。压疮愈合困难,影响老年患者的生活质量,严重时可继发感染,甚至危及生命。

日常的皮肤护理在压疮的预防中有重要的作用。患者应勤翻身,定期更换体位;护理人员应经常用手按摩受压部位,以改善局部血液循环;间断使用性质温和的清洁剂,擦拭时选用质地柔软的布料,动作轻柔,避免用毛巾过度摩擦;干燥的皮肤更易形成压疮,使用合适的保湿剂有利于预防压疮。在剂型的选择上软膏最好,可阻止水分蒸发,保湿时间长;若已出现破溃可外用抗生素,并联合生长因子喷雾或敷料促进皮肤愈合;若患者有大小便失禁,尿液和粪便对皮肤有较强的刺激性,应及时清理,然后再涂抹鞣酸软膏等保护皮肤免受排泄物刺激。

(仲少敏 那君 朱学骏)

参 考 文 献

[1]刘玮.防晒剂的临床研究与应用[J].实用皮肤病学杂志,2009,2(2):133-134.
[2]何黎.重建皮肤屏障在湿疹治疗中的重要性[J].皮肤病与性病,2009,31(3):12-13.
[3]刘秋慧,徐子刚,李丽,等.特应性皮炎患儿与健康儿童皮肤屏障功能的对比[J].中国皮肤性病学杂志,2012,26(2):109-111.
[4]何黎,罗盛军,KUMAR S.温和保湿洁肤产品对干燥皮肤的临床功效[J].皮肤病与性病,2012,34(3):147-149.
[5]杨欢,王华.润肤剂在特应性皮炎基础治疗中应用的研究进展[J].中国皮肤性病学杂志,2014,28(1):81-83.
[6]中华医学会皮肤性病学分会免疫学组、特应性皮炎协作研究中心.中国特应性皮炎诊疗指南(2014版)[J].全科医学临床与教育,2014,12(6):603-606.
[7]李利,何黎,刘玮,等.护肤品皮肤科应用指南[J].中国皮肤性病学杂志,2015,29(6):553-555.
[8]中国医师协会皮肤科医师分会皮肤美容事业发展工作委员会.中国皮肤清洁指南[J].中华皮肤科杂志,2016,49(8):537-540.
[9]何黎,郑捷,马慧群,等.中国敏感性皮肤诊治专家共识[J].中国皮肤性病学杂志,2017,31(1):1-4.
[10]中国医师协会皮肤科医师分会皮肤美容事业发展工作委员会.皮肤防晒专家共识

（2017）［J］. 中华皮肤科杂志, 2017, 50（5）: 316-320.

［11］郑志忠, 李利, 刘玮, 等. 正确的皮肤清洁与皮肤屏障保护［J］. 临床皮肤科杂志, 2017, 46（11）: 824-826.

［12］王珊, 马琳. 特应性皮炎治疗挑战及解决对策［J］. 中华皮肤科杂志, 2018, 51（1）: 69-71.

［13］彭芬, 徐帅, 李曼, 等. 北京市两地区中老年女性对日光防护行为的调查［J］. 中华皮肤科杂志, 2019, 52（7）: 491-494.

［14］路坦, 王珊, 王榴慧, 等. 一种含青刺果油等提取物的润肤剂改善儿童特应性皮炎缓解期临床症状的多中心、随机、平行对照临床研究［J］. 中华皮肤科杂志, 2019, 52（8）: 537-541.

［15］中国抗粉刺类护肤品应用指南专家组. 抗粉刺类护肤品在痤疮中的应用指南［J］. 中国皮肤性病学杂志, 2019, 33（10）: 1107-1109.

［16］中华医学会皮肤性病学分会银屑病专业委员会. 中国银屑病诊疗指南（2018完整版）［J］. 中华皮肤科杂志, 2019, 52（10）: 667-710.

［17］舒缓保湿类护肤品在敏感性皮肤中应用指南专家组. 舒缓保湿类护肤品在敏感性皮肤中的应用指南［J］. 中国皮肤性病学杂志, 2019, 33（11）: 1229-1231.

［18］功效性护肤品在慢性光化性皮炎中的应用指南专家组. 功效性护肤品在慢性光化性皮炎中的应用指南［J］. 中国皮肤性病学杂志, 2020, 34（1）: 1-4.

［19］何黎, 郑捷, 马慧群, 等. 中国敏感性皮肤诊治专家共识（转载）［J］. 皮肤科学通报, 2020, 37（6）: 后插1-后插4.

［20］YALÇIN B, TAMER E, TOY G G, et al. The prevalence of skin diseases in the elderly: analysis of 4099geriatric patients［J］. Int J Dermatol, 2006, 45（6）: 672-676.

［21］GEHRING W, GLOOR M. Effect of topically applied dexpanthenol on epidermal barrier function and stratum corneum hydration. Results of a human in vivo study［J］. Arzneimittelforschung, 2000, 50（7）: 659-663.

［22］BORALEVI F, SAINT AROMAN M, DELARUE A, et al. Long-term emollient therapy improves xerosis in children with atopic dermatitis［J］. J Eur Acad Dermatol Venereol, 2014, 28（11）: 1456-1462.

［23］COWDELL F, STEVENTON K. Skin cleansing practices for older people: a systematic review［J］. Int J Older People Nurs, 2015, 10（1）: 3-13.

［24］DALL'OGLIO F, TEDESCHI A, FABBROCINI G, et al. Cosmetics for acne: indications and recommendations for an evidence-based approach［J］. G Ital Dermatol Venereol, 2015, 150（1）: 1-11.

［25］MEDING B, GRÖNHAGEN C M, BERGSTRÖM A, et al. Water exposure on the hands in adolescents: a report from the BAMSE Cohort［J］. Acta Derm Venereol, 2017, 97（2）: 188-192.

［26］BARROS B S, ZAENGLEIN A L. The use of cosmeceuticals in acne: help or hoax?［J］. Am J Clin Dermatol, 2017, 18（2）: 159-163.

［27］JOVANOVIC Z, ANGABINI N, EHLEN S, et al. Efficacy and tolerability of a cosmetic skin care product with trans-4-t-butylcyclohexanol and licochalcone a in subjects with sensitive skin prone to redness and rosacea［J］. J Drugs Dermatol, 2017, 16（6）: 605-610.

［28］STRNADOVA K, SANDERA V, DVORANKOVA B, et al. Skin aging: the dermal perspective［J］. Clin Dermatol, 2019, 37（4）: 326-335.

［29］WARD S. Eczema and dry skin in older people: identification and management［J］. Br J Community Nurs, 2005, 10（10）: 453-456.